纳米铝粉性能的分子动力学研究

**Molecular Dynamics Study on Properties of
Aluminum Nanoparticles**

刘平安 齐 辉 刘俊鹏 著

科学出版社

北 京

内 容 简 介

　　全书共 8 章：第 1 章为绪论；第 2 章和第 3 章为纳米铝粉的理化性能和制备方法，包括纳米铝粉的熔化机理和氧化特性、电爆炸法制备纳米铝粉的理论研究与特性控制；第 4 章从宏观实验角度上探究纳米铝颗粒的点火燃烧特性，包括点火破碎模型和点火扩散模型；第 5 章为纳米铝颗粒表面包覆技术，包括有机高分子物包覆、金属及碳材料包覆、有机小分子物包覆；第 6～8 章从分子动力学角度对纳米铝颗粒的各项性能进行了研究，包括反应分子动力学的简介、纳米铝颗粒的熔点、点火过程和燃烧过程、有机小分子包覆物对纳米铝颗粒表面性能、抗氧化性能和燃烧特性的影响、纳米铝颗粒点火燃烧团聚机理的研究。

　　本书可作为化学化工、材料科学与工程、物理等有关专业领域的高校教师、科研人员、研究生的参考书籍。

图书在版编目(CIP)数据

纳米铝粉性能的分子动力学研究=Molecular Dynamics Study on Properties of Aluminum Nanoparticles / 刘平安，齐辉，刘俊鹏著. —北京：科学出版社，2024.3

　ISBN 978-7-03-078003-4

　Ⅰ. ①纳… Ⅱ. ①刘… ②齐… ③刘… Ⅲ. ①纳米材料-铝粉-分子动力-研究 Ⅳ. ①TB383 ②O561

中国国家版本馆CIP数据核字(2024)第020138号

责任编辑：范运年 / 责任校对：王萌萌
责任印制：赵　博 / 封面设计：陈　敬

科学出版社 出版
北京东黄城根北街 16 号
邮政编码：100717
http://www.sciencep.com
涿州市般润文化传播有限公司印刷
科学出版社发行　各地新华书店经销
*
2024 年 3 月第　一　版　　开本：720×1000 1/16
2024 年 6 月第二次印刷　　印张：14
字数：280 000

定价：138.00 元

前　言

随着应用研究的深入，纳米铝基复合含能材料在先进武器弹药、固体推进剂或先进民用装置中逐渐得到应用。然而，在相应制备技术得到高度关注和逐步发展的同时，纳米铝颗粒在制备和应用过程的缺陷也逐渐显现，这极大地限制了纳米铝颗粒在含能材料领域的应用。为了加速纳米铝粉的应用研究从被动利用向主动控制转变，最终实现根据实际需求设计特定的燃料，就需要从现有的实验现象入手，研究纳米铝颗粒宏观性能与微观机理的内在对应关系。本书作者团队在重新思考纳米铝粉应用缺陷的同时，针对纳米铝颗粒的电爆炸制备、氧化与熔化、点火与燃烧、包覆改性与包覆层特性、纳米铝颗粒燃烧过程的铝原子扩散和铝颗粒聚合等过程，借助反应分子动力学模拟计算方法获得了相应的微观机理，并与实验现象对照印证了计算的合理性。书中论述的分子动力学模拟计算方法不仅为阐明纳米铝颗粒的能量特性提供了手段，更为后续的应用研究提供理论基础。本书所述内容涉及由微观到宏观跨尺度范围，因此通过不同名词加以区分。"纳米铝粉"侧重研究宏观性质和电爆炸过程；"纳米铝颗粒"侧重于微观性质与分子动力学模拟。

本书共分 8 章，分别对纳米铝粉的物化性质、包覆改性及能量特性进行了系统的阐述。第 1 章和第 2 章介绍金属含能材料的发展及纳米铝粉的物理与化学特性。第 3 章以电爆炸法制备纳米铝颗粒的实验过程为基础，采用分子动力学方法研究电爆炸中金属丝的解离机理和爆炸产物的特征。第 4 章归纳总结纳米铝颗粒的点火燃烧特性。第 5 章综述目前研究较为成熟的纳米铝包覆改性方法，主要论述了不同包覆层材料的包覆效果。第 6 章利用分子动力学模拟计算纳米铝颗粒的熔化、点火与燃烧过程。第 7 章在前几章的基础上，重点研究小分子包覆层对纳米铝颗粒性能的影响及相关的分子动力学模拟结果。第 8 章主要论述借助分子动力学计算重现纳米铝颗粒燃烧时的扩散与聚合过程。

本书以金属燃料研究为导向，从基本的化学理论和实验分析入手，循序渐进，逐步深化，注重传统化学理论与含能材料技术的相互交融，并大量引用国内外公开发表的相关学术成果，有针对性地面向航空宇航科学与技术、特种能源与工程、弹药与爆破工程、安全工程、航空宇航推进理论与工程等国防专业学生，也可为从事推进剂、武器装备工作的工程技术人员提供帮助和参考。

本书由刘平安整理、统稿，齐辉审定。刘平安参与了本书第 1 章和第 4~8 章内容的整理和撰写，齐辉参与了第 2 章和第 3 章内容的整理和撰写，吕方伟博士参与了第 3 章的计算分析，刘俊鹏博士参与了第 4 章和第 8 章的计算分析，孙若晨博士参与了第 5～7 章的计算分析。本书在编写过程中得到了各方面的支持和悉心帮助。在此，特别感谢中央高校基本科研基金(HEUCF/30221)对本书的资助。感谢汉光重工王孟军董事长的支持和帮助。感谢赵凤起研究员在本书的出版过程中提出的宝贵意见和付出的辛勤劳动。同时，非常感谢研究团队的宋乃孟老师、闫涛老师在本书写作过程中提供的帮助。在本书的撰写过程中参考了大量文献，在此向其作者表示诚挚的谢意！

　　限于作者水平，书中疏漏之处在所难免，敬请读者指正。

刘平安

2023 年 9 月

目　　录

第1章 绪　　论

1.1　金属含能材料的发展

高能材料在燃烧过程中以热的形式迅速释放出大量的化学能。在单分子含能材料中，燃料和氧化剂基团存在于单个分子中，因此反应速率由化学键的断裂和形成(化学动力学)控制[1]。然而，单分子含能材料的能量密度是有限的[1]。这可归因于化学稳定性要求和材料物理密度的限制[2]。另外，复合含能材料是通过燃料和氧化剂粒子的物理混合而合成的。图1.1显示了由铝(Al)和三氧化钼(MoO_3)颗粒组成的复合含能纳米材料[3]。纳米铝颗粒为球形，平均粒径为80nm，而MoO_3为长1nm、厚20nm的片状颗粒。美国航天飞机固体火箭助推器中使用的固体推进剂是复合高能材料的另一个例子。它是由高氯酸铵晶体和聚Taged P-mer黏合剂中的铝颗粒组成的[4]。复合含能材料的总体反应速率通常由质量扩散控制，因为燃料氧化剂颗粒是独立的实体[1]。由此产生的能量释放速率低于在运动控制过程中可以获得的相应值[1]。

图1.1　铝钼纳米复合材料的高倍扫描电镜图像

传统含能材料的能量密度可以通过添加金属粒子得到大幅提高。图1.2显示了在化学计量条件下，单分子含能材料和金属在纯氧中的燃烧焓。在体积一定的情况下，金属的燃烧焓高达138kJ/cm^3，远高于单分子化合物的燃烧焓(10^{-30}kJ/cm^3)。

其中能量密度最大的铍很少被使用，因为它的毒性极强且相对稀缺，同时成本很高，因此不利于工业应用[5]。在这里列出的元素中，硼的体积能量密度最高，为138kJ/cm³。然而，硼颗粒的点火会因氧化层（B_2O_3）的存在而明显延迟[6-8]。硼颗粒在含氧环境中的着火温度在1500~1950K变化，而与颗粒大小无关[6,8]。在某些情况下，由于亚稳的 HBO_2 的形成，硼在含氢气氛中的能量释放量明显减少[7]。点火和燃烧的困难限制了硼的实际应用，但人们正在考虑采用新的钝化材料和方法来提高硼颗粒的燃烧特性。例如，Bellott 等采用卤素钝化材料研究了粒径为 10~150nm 的硼颗粒在 10℃/min 升温速率下的氧化过程[9]。氟包覆硼颗粒的燃烧效率约为 75%，大于常规硼颗粒（约 50%）的燃烧效率[10]。

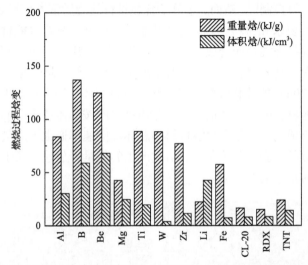

图 1.2　化学计量条件下金属和单分子含能材料在纯氧中燃烧的体积焓和重量焓

铝是地壳中含量最丰富的金属，使用起来相对安全。铝颗粒可用于太空[4]和水下推进[11]、爆炸[12]、烟火[13]和制氢[14]。有关微米级铝颗粒的主要问题之一是其较高的点火温度[15]。微米级和更大的铝颗粒在高达 2350K 的温度下才能被点火，这种高点火温度阻碍了铝颗粒在含能材料方面的应用[15]。另一个重要问题是颗粒团聚[16,17]，这会使铝颗粒的燃烧性能降低 10%[5]。当微米级的铝颗粒在更高的温度下点燃时，颗粒常会在固体火箭发动机的推进剂表面凝聚和聚集[18]。结块的存在导致两相流损失，因为它们减缓了流动速度，同时也不能完全传递流动的热能[5]。

与微米尺寸的粒子相比，纳米颗粒由于其独特和良好的物理化学性质，引起了广泛的关注[19]。黄金是众所周知的惰性材料，如果金颗粒的直径减小到 1~5nm，它们将表现出优异的催化性能[20]。纳米粒子的物理化学性质与尺寸的关系也很密切。例如，纳米铝颗粒的熔化温度随着粒径的减小而降低，从 10nm 时的 930K 降低到 3nm 时的 673K[21]。铝颗粒的着火温度也有类似的变化趋势，其随粒径的减小而降低,从 100mm 时的 2350K 降低到 100nm 时的 1000K[15]。

纳米颗粒的独特行为可部分归因于表面存在的大量欠配位原子及与这些表面原子相关的过剩能量。粒子表面层中原子所占的分数可以用以下公式计算[22]:

$$f = 1 - \left(1 - \frac{2\delta}{D_{\mathrm{p}}}\right)^3 \tag{1.1}$$

式中,D_{p} 为颗粒直径;δ 为表面壳层厚度。

随着颗粒尺寸从 1μm 下降到 10nm,表面原子占总原子数的分数从 0.17%剧增到 16%。表面原子有着更低的配位数,并且与颗粒内部的原子相比具有更高的能量。因此,对于纳米颗粒来说,尺寸效应是影响颗粒性质的一个重要因素。

尽管铝纳米颗粒的点火温度通常低于微米尺寸的颗粒,但固态扩散和/或黏性流动、烧结和聚集的问题依然存在[23]。此外,纳米颗粒的高比表面积(约为 $10^{-50}\mathrm{m}^2/\mathrm{g}$)将导致推进剂的黏度高[24]和机械强度差[25]。这些因素会降低推进剂密度,产生不稳定的燃烧,甚至导致发动机故障[26]。由于这些原因,纳米铝粉目前还没有用于实际的固体推进剂。同时,低活性金属含量也会抑制金属纳米粒子在实际应用中的吸附性能。此外,金属颗粒易被钝化氧化层覆盖。对于铝,氧化铝壳层厚度在 2~4nm[27]。图 1.3 显示了颗粒尺寸对铝颗粒中氧化层质量分数的影响。氧化层的质量分数随着颗粒尺寸的减小而增加,在 38nm 处达到粒子质量的 10%左右,粒子能量密度显著降低。研究表明,通过表面包覆改性可以提高纳米铝颗粒中的铝含量。例如,用镍包覆层代替氧化铝层,纳米铝颗粒中的活性铝含量可增加约 4%[28]。其他材料,如全氟烷基羧酸[29,30]、油酸和硬脂酸[31]包覆层也可适当提高纳米铝颗粒的能量释放率。

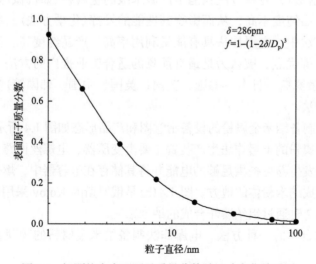

图 1.3 铝颗粒中表面原子质量分数随尺寸变化关系图

值得注意的是，尽管理论上纳米颗粒具有良好的能量释放率，但在粒子合成、处理和储存的过程中通常伴随着严重的安全问题。新生金属纳米粒子具有自燃性，在室温下暴露于氧化性气体中会发生自燃[22]。对于微米级和更大的颗粒，氧化反应通常会形成 2～4nm 厚的稳定氧化层[32]。纳米粒子的体积热容很低，化学反应释放的热量足以点燃粒子。理论分析表明，纳米粒子的临界粒径在 10～100nm 变化，而直径小于临界值的新生铝颗粒被预测为可自燃的[22,33,34]。因此，在处理金属纳米粒子时必须非常小心。

1.2　金属粉的电爆炸制备技术

1774 年，Nairne 用化学电池驱动串联电路，并在研究电路中的电流性质时偶然发现金属丝的电爆炸现象。现在，电爆炸金属丝常被用于研究 Z-箍缩等离子体控制技术、等离子喷涂技术、纳米粉制备技术等。

纳米金属粉的制备是金属丝电爆炸的重要工程应用。1857 年，Faraday 首次尝试使用电爆炸法制备金属粉末，并得到非常小的粒子。现在使用的电爆炸法制备纳米金属粉技术是 1970 年由托木斯克理工大学研究发展的。该技术是向金属丝通入高能量脉冲电流，金属丝在电磁的强烈作用下发生爆炸分解，爆炸散射产物(金属团簇、蒸气和带电粒子等)在与介质气体的热交换中冷却-凝结成纳米颗粒。如果介质气体与爆炸产物发生化学反应，则能够制得相应的金属化合物粉末。

受生产设备、工艺条件和生产成本的限制，有些方法无法实现工业化生产(如等离子溅射法)，有些方法只能生产微米级的金属粉(如机械球磨法)，有些方法得到的产品纯度不高，从而影响其性能的发挥(化学方法)。在制备纳米金属粉的各种方法中，电爆炸法具有能量利用率高、产品纯度高、活性高、可实现连续性生产等优点，被认为是最有前景的适合工业推广的方法。目前，世界上许多国家(俄罗斯、日本、德国、美国、英国、中国、韩国等)都在使用和研究这种制备方法。

电爆炸法制备纳米金属粉的设备示意图和产品形态如图 1.4 所示。由图 1.4(a)可知，纳米金属粉的电爆炸法生产装置主要由变压器、电螺丝回路及燃烧室三部分组成。脉冲发生器可提供足够的电能并将其储存在电容器中，爆炸腔是金属丝爆炸解离并生成纳米粉体的地方。图 1.4(b)是俄罗斯的 Kotov 采用电爆炸法在过热系数设定为 2 时通过铝丝爆炸合成的纳米铝粉。

作为分散金属的一种方法，电爆炸法制备纳米金属粉的物理参数典型值如表 1.1 所示。

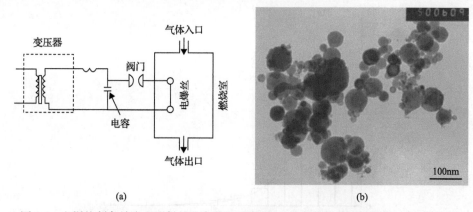

(a)   (b)

图 1.4   电爆炸制备纳米金属粉的生产装置示意图 (a) 和制备的纳米铝粉的 TEM 照片 (b)

表 1.1   电爆炸法制备纳米金属粉的物理参数典型范围

参数	数值
电容充电电压/kV	5~20
脉冲电流/kA	1~100
电流脉冲持续时间/s	$10^{-6} \sim 10^{-8}$
爆炸能量/(W/kg)	$>10^{13}$
爆炸温度/K	约 10^4
产物膨胀速率/(km/s)	1~5
输入能量	0.6~2.5 倍的升华能

能量沉积水平是影响爆炸机制的重要因素。根据沉积能量的多少，金属丝可能依次发生相爆炸、超临界爆炸和离子化爆炸。不同爆炸机制生产的粉体粒径分布差异很大。图 1.5 (a) 是直径 0.4mm 的铝丝在过热系数为 2.0 (e/e_s=2.0) 时的电爆炸中所合成纳米铝粉的粒径分布图[11]。在该模式下铝丝完全气化，纳米颗粒通过"自下而上"的途径生成，粒径大小服从对数正态分布。俄罗斯 Young-Soon 制备的铝粉粒径分布如图 1.5 (b) 所示[12]，当 e/e_s 为 0.91 时，多数粉体粒径为 100nm，但还存在 500nm 和 3μm 两个大粒径峰值。在欠热模式下 (e/e_s<1.0)，沉积能量中一部分被用来增加爆炸动能，但剩余能量不能够使金属材料完全气化，散射产物中含有大质量微米液滴、纳米团簇和金属蒸气。纳米颗粒的形成包含了"自上而下"和"自下而上"的多种途径，故粒径分布复杂。

在实际制备纳米金属粉时，为了节约能源，提高效率，采取了很多优化措施。为了增加击穿前沉积到金属丝的能量以消除核晕结构，研究者找到了许多有效的办法，如采用表面镀绝缘层、快前沿正极性脉冲、预热去除表面杂质和采用匹配型爆炸等。

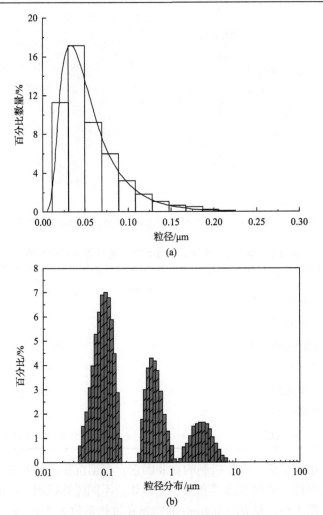

图 1.5　过热模式下金属粉体的粒径分布

(a) 直径 0.4mm 铝丝在过热系数为 2.0 (e/e_s=2.0) 的电爆炸中合成；(b) 俄罗斯 Young-Soon 制备的铝粉粒径分布

1.3　点火燃烧理论模型

1.3.1　点火温度的尺寸效应

铝颗粒的着火温度是颗粒大小的强相关函数。图 1.6 为铝颗粒尺寸对其点火温度的影响[31]，实验数据取自相关参考文献[32-43]。由于实验条件(包括仪器、样品类型、加热速率、氧化层厚度和氧化剂成分)的不同，实验数据存在很大的分散性。因此，在分析和解释数据时必须小心谨慎。例如，直径为 10mm 的铝颗粒的点火温度在 1000~2350K 范围内。然而，点火温度似乎有随粒径减小而降低的总趋势。通常在 1000K 以下，纳米铝颗粒就能够被点燃，远低于氧化物外壳的体熔点(2350K)。

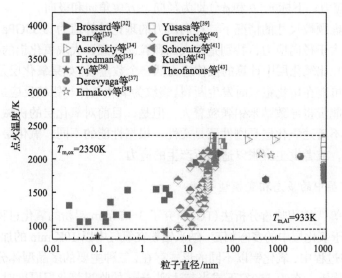

图 1.6 不同尺寸铝颗粒的点火温度

1.3.2 铝颗粒的理论点火模型

1. 纳米铝核熔化

铝纳米颗粒点火可能是由于铝核熔化时氧化层产生的裂缝。Rai 等[44]利用透射电子显微镜(TEM)和单颗粒质量研究了纳米铝颗粒的热机械和氧化行为，并在 293~1173K 的温度范围内进行光谱分析。考虑氧化层厚度约 3nm、直径在 20~30nm 范围内的颗粒。在高温阶段被加热的粒子图像显示，氧化层在铝核熔化时破裂。熔化后，铝核的密度从 2700kg/m³ 降至 2400kg/m³，变化了 11.1%。这就导致了压应力和拉应力分别在铝核和氧化层中累积。

假设氧化壳层是坚硬固体，核部分受到的压力可以估算为

$$\Delta p_c = -\Delta \rho_c \frac{K}{\rho_c} \tag{1.2}$$

式中，K 为块体铝的体积模量；ρ_c 为密度。

由氧化层产生的拉应力在 933K 温度下取值为 50GPa。由核产生的压力数值为 3.35GPa。氧化壳层和核界面的应力可以由以下方程计算出：

$$\sigma_r = -p \tag{1.3}$$

$$\sigma_\theta = \sigma_\varphi = p \frac{(D_p - 2\delta)^3}{D_p^3 - (D_p - 2\delta)^3} \tag{1.4}$$

式中，σ 为应力；下标 r、θ 和 ϕ 分别为径向、方位角向和极向。

在不考虑颗粒尺寸的情况下，径向压力的理论计算值为 3.35GPa。极应力和方位应力远大于径向应力，特别是较大的颗粒。注意，大块氧化铝的抗拉强度约为 0.1GPa[45]，比氧化层中计算的拉伸应力低一个数量级。如果氧化层是硬而脆的，分析表明它可能在熔化铝核时发生断裂。裂纹为氧化气体与铝核反应提供了途径，随后释放的能量将导致纳米铝颗粒着火。但是，目前对氧化层的机械性能尚未完全了解，并不清楚氧化层是刚性还是柔性。根据性能的不同，氧化层可能在铝核熔化时开裂，或者发生膨胀以适应所产生的应力。

2. 氧化层中的多态相变模型

Trunov 等[46]使用热重分析法(TG)研究了 3～14mm 铝粉的氧化过程，他将铝颗粒点火归因于氧化层中的多态相变。纳米铝粉在氧气中以 10K/min 的加热速率加热至 1500℃的过程中，氧化铝以不同的形式存在，三种主要的多晶型体分别是非晶、γ 和 α 相氧化铝。在约 550℃下或当其达到 5nm 的临界氧化层厚度时，非晶态氧化层将转变为 γ 氧化铝。γ 氧化铝的密度为 3660kg/m³，大于非晶多晶型 (3050kg/m³) [46]。在 γ-α 的相变过程中也会出现类似的现象。新形成的氧化层无法完全覆盖颗粒表面，由此产生的缺口有助于铝颗粒发生氧化。

对于不同的多晶型氧化物，其质量增长率(由氧化物层的质量扩散决定)可表示为[37]

$$\dot{m}_{i,\text{ox}} = \frac{C_i \exp(-E_i / R_g T_p)}{1/R_{i-1} - 1/R_i} \tag{1.5}$$

式中，E_i 为活化能；R_g 为气体常数；T_p 为颗粒温度；R 为颗粒半径，下标 $i-1$ 为初始材料；质量球形分布系数 C_i 的方程表示为

$$C_i' = C_i \left[X_i - (X_i - 1)\frac{\delta_i - \delta_{\text{m},i}}{\delta_{\text{e},i} - \delta_{\text{m},i}} \right] \tag{1.6}$$

$$\delta_{\text{e},i} = 2\delta_{\text{m},i} + G_i \exp(-L_i \beta) \tag{1.7}$$

式(1.6)和式(1.7)中，C_i' 为质量球形分布系数变化值；X_i 为经验修正系数；δ 为多态氧化壳层厚度；δ_e 为颗粒氧化层平均厚度；δ_m 为过渡层厚度；β 为加热速率；G_i 为壳层生长速率的温度系数。

当氧化层厚度小于临界值时，氧化层对扩散的阻力可以忽略不计，并且假定氧化速率受粒子表面的质量扩散控制。由多相转变造成的氧化物质量变化速率可由如下方程表示：

$$\dot{m}_{\mathrm{tr},(i-1)\to i} = 4\pi R_{i-1}^2 \rho_{i-1} F_{(i-1)\to i} T_{\mathrm{p}} \exp\left(-\frac{E_{(i-1)\to i}}{RT_{\mathrm{p}}}\right) \left\{1 - \exp\left(-\frac{K_{(i-1)\to i}\delta_{i-1}}{RT_{\mathrm{p}}}\right)\right\} \quad (1.8)$$

式中，F、K 为描述氧化铝厚度影响的参数。该模型的参数来源于对热分析实验数据的拟合。

表 1.2 列出了模型参数[46]。假设粒子在温度达到氧化层熔点(2320K)时点燃，通过能量平衡分析，采用连续介质传热模型可以确定纳米铝的着火温度。虽然分析结果预测了一个与尺寸相关的点火温度，但它的预测结果高于实测点火温度。对于粒径为100nm的颗粒，预测的点火温度为1350K，远高于1000K时的实验测量值。这种差异归因于预测模型只分析考虑了一个孤立的铝颗粒，而实验涉及的是一组可以烧结和团聚的颗粒，所以可以通过考虑自由分子效应来获得与实验数据一致性更好的预测模型。

表 1.2 多相转变模型中的参数

参数	数值	含义
E_{am} /(kJ/mol)	120	非晶相氧化铝能量
E_{γ} /(kJ/mol)	227	γ 相氧化铝能量
E_{α} /(kJ/mol)	306	α 相氧化铝能量
C_{am} /[kg/(m/s)]	5.098×10^{-8}	非晶相氧化铝生长质量速率
C_{γ} /[kg/(m/s)]	4.0784×10^{-3}	γ 相氧化铝生长质量速率
C_{α} /[kg/(m/s)]	2.3791×10^{-2}	α 相氧化铝生长质量速率
E_{am} /(kJ/mol)	458	非晶相氧化铝转 α 相活化能
$E_{\gamma\to\alpha}$ /(kJ/mol)	394	γ 相氧化铝转 α 相活化能
$K_{\mathrm{am}\to\gamma}$ /[J/(mol/m)]	1×10^{12}	非晶相氧化铝转 γ 相单位厚度所需能量
$K_{\gamma\to\alpha}$ /[J/(mol/m)]	1×10^{8}	γ 相氧化铝转 α 相单位厚度所需能量
$F_{\mathrm{am}\to\gamma}$ /[m/(s/K)]	2×10^{15}	非晶相氧化铝转 γ 氧化铝单位温度所需能量
$F_{\gamma\to\alpha}$ /[m/(s/K)]	5×10^{6}	γ 相氧化铝转 α 相氧化铝单位温度所需能量
$\delta_{\gamma}^{\mathrm{m}}$ /nm	5	γ 相氧化铝最小厚度
$\delta_{\alpha}^{\mathrm{m}}$ /nm	30	α 相氧化铝最小厚度

续表

参数	数值	含义
G_γ /nm	7.71	γ 相氧化铝特征长度
G_α /nm	116	α 相氧化铝特征长度
L_γ /(s/K)	1.066	γ 相氧化铝等温生长速率
L_α /(s/K)	0.439	α 相氧化铝等温生长速率
X_γ	200	γ 相氧化铝生长经验系数
X_α	150	α 相氧化铝生长经验系数

表 1.2 中列出的参数是通过在低加热速率(≈1K/min)下由微米级颗粒的氧化实验确定的。此外，该研究团队[47]还进行了加热速率高达 500K/min 的实验，并用以阐明加热速率效应。利用高升温速率实验获得的活化能与表 1.2 中列出的值一致。在最近的一项研究中[9]，研究者们使用热重分析法研究了铝纳米粒子的氧化动力学，以确定其在纳米尺度上的显著特征。图 1.7 显示了纳米铝粉在不同加热速率下的质量变化[9]。很明显，纳米铝颗粒的氧化过程在性质上与微米级颗粒相似。与微米级颗粒一样，第一个氧化步骤可归因于氧化层的非晶态 γ 相变，而第二个步骤可归因于 γ→α 相变。通过分析 TG 结果，进而解释了粒度分布对颗粒氧化过程的影响。

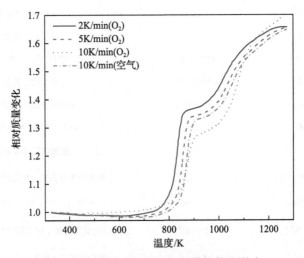

图 1.7 加热速率对纳米铝粉热性能的影响

图 1.8 以氧化层生长的活化能作为氧化层厚度的函数，显示出与氧化层厚度达 13nm 的微米颗粒的数值完全一致。对于扩散控制氧化，假设产物符合 $\rho D = C\exp(-E/(RT))$ 关系式，活化能和指前因子的变化可由以下方程描述[48]：

$$E_{am} = 154.2 - \frac{1.8 \times 10^6}{h^{11.1}} \tag{1.9}$$

$$\ln(C_{amorph}) = -5.01 - \frac{1.69 \times 10^7}{h^{15.4}} \tag{1.10}$$

式中，E_{am} 为非晶态氧化层生长的活化能；C_{amorph} 为指前因子；h 为氧化层厚度。

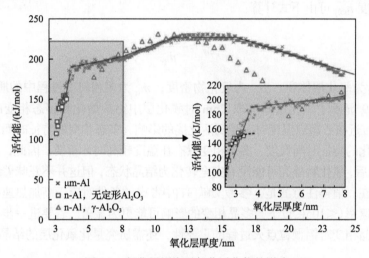

图 1.8 氧化层厚度对氧化活化能的影响

由于最初包含缺陷和缺陷的非晶态氧化层的均匀性增加，所以活化能随着氧化层厚度的增加而增加[48]。对于氧化层厚度高达 13nm 的微米级颗粒，该方程的计算结果与实验结果具有相当好的一致性。氧化层厚度的差异较大可归因于颗粒烧结所导致的粉末形态的变化[48]。这套方程组可以更好地描述纳米颗粒氧化层厚度的增长，并预测纳米铝颗粒何时可能发生相变和着火。

为了进一步了解铝核熔化和氧化壳层相变在纳米铝颗粒点火过程中扮演的角色，这里比较了这两个过程的时间尺度。熔化时间可以通过能量平衡方程计算：

$$h_m \frac{dm_p}{dt} = \dot{Q}_{loss} \tag{1.11}$$

式中，h_m 为熔化焓；m_p 为颗粒质量；$\dot{Q}_{loss}$ 为由热传导和热辐射引起的总热量流失。

对于纳米颗粒来说，热传导 $\dot{Q}_{cond}$ 和热辐射 $\dot{Q}_{rad}$ 可以通过颗粒温度 T 计算：

$$\dot{Q}_{cond} = \alpha \pi D_p^2 \frac{p_a \sqrt{8k_B T_a / (\pi m_a)}}{8} \left(\frac{\gamma + 1}{\gamma - 1} \right) \left(1 - \frac{T}{T_a} \right) \tag{1.12}$$

$$\dot{Q}_{rad} = \varepsilon\sigma A\left(T_a^4 - T^4\right) \tag{1.13}$$

式中，α 为调节系数；D_p 为颗粒直径；p_a 为外界压力；k_B 为玻尔兹曼常数；T_a 为外界温度；m_a 为气体分子质量；γ 为绝热系数；ε 为辐射率；σ 为 Stefan-Boltzmann 常数；A 为颗粒表面积。

对于微米级和更大尺寸的颗粒来说，仍可沿用连续传热模型。多相相变的特征时间尺度 τ_{poly} 可由下式计算：

$$\tau_{poly} \approx \frac{\rho_{ox}V_{ox}}{\dot{m}_{tr}} \tag{1.14}$$

式中，V_{ox} 为氧化层体积；ρ_{ox} 为氧化物密度；$\dot{m}_{tr}$ 为多相转变过程中的质量损失。

图 1.9 显示了氧化层厚度取 2nm 时氧化层中铝核熔化和多态相变的时间尺度[1]。在接近核心熔点温度时，受到活化能的影响，多态相变的特征时间尺度远大于核心熔化的特征时间尺度，多态相变只有在温度较高时才重要。因此，在熔化过程中/熔化后，氧化物外壳可能没有完全转化为结晶状态，但这并不意味着结晶过程完全不存在。值得注意的是，参考文献[31]中考虑的条件对应于高加热速率，在较低的加热速率（<105K/s）下，多晶相变的影响可能更为显著。若要进一步了解铝核熔化和多晶相变对铝颗粒点火过程的重要性，还需研究量化氧化层的结晶程度。

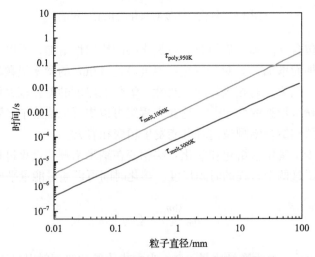

图 1.9　铝核熔化与氧化层多态相变的时间尺度

1.3.3　氧化层完整度和反应区前端位置

目前，氧化层外壳的机械性能并不完全清楚。最新的研究成果为探究纳米铝粒子的微观结构行为提供了一些新的见解。Rufino 等[49]研究了纳米铝粉氧化后氧化层的性质和结构变化。采用电爆炸法合成纳米颗粒并在空气(nano-G)和硬脂酸(nano-L)溶液中钝化,产物粒径约为 200nm,氧化层厚度约为 3nm。他们还研究了氧化层厚度为 23nm 的钝化粉末(nano-L-Ox,加热速率约为 1℃/min)。通过量热实验和原位中子衍射实验,观察到非晶氧化物层的结晶。此外,他们还通过监测电池参数的变化量化了颗粒的热膨胀,结果如图 1.10 所示[49]。对于所有样品,铝核的热膨胀与大块铝基本相同且不受氧化层结晶的影响,这意味着铝核可以自由膨胀而不受氧化层的约束。显然,这与铝核熔化时氧化层开裂的理论相矛盾。对于氧化层较厚(≈20nm)的颗粒,铝核的热膨胀显著降低,这表明铝核可能会产生内应力。

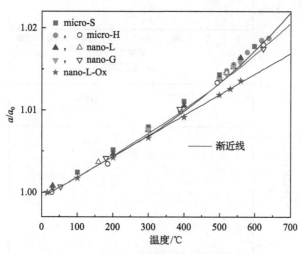

图 1.10 微米和纳米铝粉晶胞参数的热膨胀

研究人员还对铝核熔化前后纳米铝颗粒的微观结构行为进行了实验研究[50]。实验样品的粒子直径为 100nm,氧化层厚度为 2nm。借助高温 X 射线衍射分析、TEM 和高分辨率 TEM,通过监测晶格间距探测了铝核和氧化层外壳的膨胀。图 1.11显示了晶格膨胀和铝核中的压力随温度变化的结果[50],图中显示出熔化铝核的无限制膨胀会引起压力松弛。当铝粒子在核心部位被加热时,几乎没有超过熔化点,这与 Rufino 等[49]的研究结果一致。铝核熔化时,没有明显的压缩或压力积聚,这表明氧化层在本质上是柔性的。值得注意的是,当铝颗粒被加热时,非晶态氧化层转化为 g-氧化铝。由于结晶相比非晶态相的密度大,所以有人认为晶化转变应该有助于铝核内的压力积聚。考虑到没有观察到压力恢复,故推测结晶过程是不均匀和不完整的,并且存在的非晶态区域有促进压力松弛的现象。实验结果似乎支持了这一论点,如图 1.12 所示[50]。此外,采用原位 TEM 观察跟踪了粉末的整体形貌变化。图 1.13 显示了 300℃升温至 750℃时的 TEM 图像[51]。当温度达到750℃时,大部分颗粒熔化,液态铝流出。这项研究揭示了纳米铝颗粒的铝核熔化和结晶过程同时进行，从而导致氧化层出现缺口。

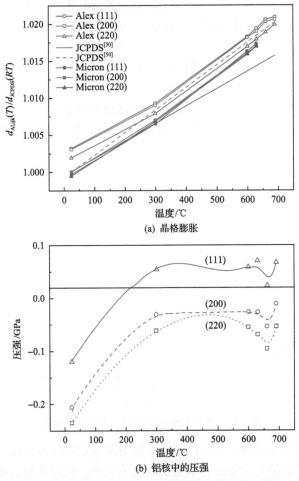

(a) 晶格膨胀

(b) 铝核中的压强

图 1.11　晶格膨胀(a)和铝核中的压强(b)随温度变化关系(加热速率约为 10℃/min)

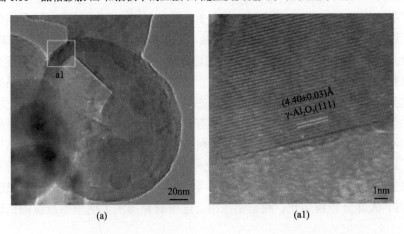

(a)　　　　　　　　　　　　　(a1)

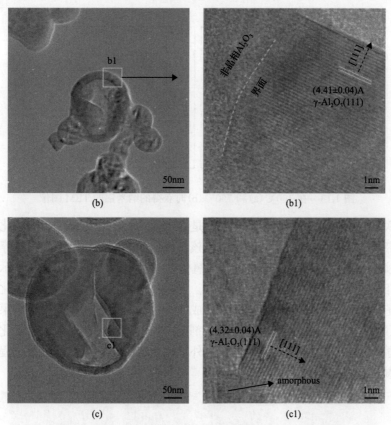

图 1.12 温度达到 660℃时纳米铝颗粒的高分辨 TEM 图像

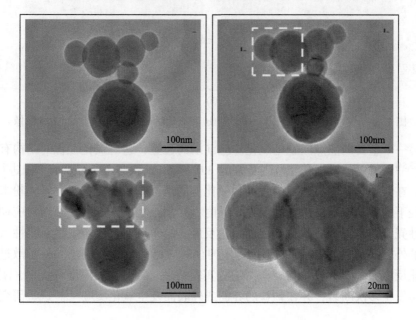

续图

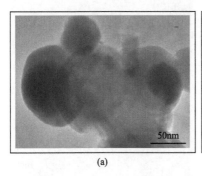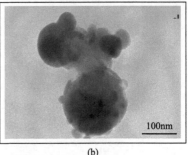

(a)　　　　　　　　　　　　　　(b)

图 1.13　在 300℃(a)和 750℃(b)时获得的纳米铝的 TEM 图像

有关颗粒氧化过程的一个重要问题是纳米铝颗粒的氧化部位,即氧化反应是发生在铝颗粒的外表面,还是发生在铝核和氧化层之间的界面上。Rai 等[51]进行了一项实验研究,以研究在不同温度下氧化的纳米铝的形貌。图 1.14 显示了在不同温度下氧化的铝颗粒的 TEM 图像[51]。当温度低于铝核的熔点时,氧化后的颗粒为实心球体,而在较高温度时,则形成空心颗粒。最近的实验研究结果也进一步证实了这一点[52]。氧化过程是由氧化剂的内扩散或铝在熔化前通过氧化层向外扩散来控制的,而在温度较高时,铝的外扩散速率占据上风,外扩散过程将导致空心颗粒的形成。

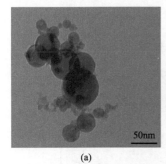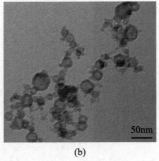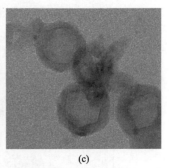

(a)　　　　　　　　　　(b)　　　　　　　　　　(c)

图 1.14　不同温度 800℃(a)、1000℃(b)和氧化后(c)空心铝颗粒的 TEM 图像

另一个重要的热点问题是氧化反应前沿的位置,它对氧化颗粒的结构有一定影响[53,54]。对两组标称粒径范围分别为 3.0～4.5μm 和 10～14μm 的粉末进行 TG 分析。在假设氧化速率与反应表面积成比例的情况下,比较了两种不同粉末在特定粒径下的颗粒增重随时间的变化。同时,采用三种不同的氧化模型对应韧性壳和刚性壳及核壳界面和颗粒外表面发生反应。结果表明,反应发生在刚性氧化物外壳的外表面,因此在较宽的温度范围内(400～1500℃),铝离子的外扩散过程控制氧化反应速率[14],这也与空心产物的实验结果一致[13]。在潮湿环境中,刚性氧化层会发生多次断裂,并在颗粒的界面或外表面发生氧化反应[15]。这些研究结果

表明氧化剂的性质对保持氧化层的完整性具有重要作用。需要指出的是，这些研究都是针对微米级颗粒进行的。

这些实验研究中采用的加热速率为 1K/min，比大多数实际应用中所关注的加热速率低一个数量级（约为 106K/s）。氧化层外壳的机械性能可能还取决于加热速率、外壳厚度和温度。进一步的研究有助于理解氧化物壳层在高加热速率下的性质。Puri 和 Yang[21]对钝化纳米铝颗粒在熔化过程中的热机械行为进行了分子模拟。其升温速率约为 10^{13}K/s，比差示扫描量热法（DSC）研究的升温速率高一个数量级。其粒径范围为 5～10nm，氧化层厚度在 1.0～2.5nm 范围内变化，通过分析模拟结果并未观察到氧化层开裂。图 1.15 显示了具有结晶和非晶态氧化层的铝颗粒的结果快照。值得一提的是，这些分子动力学模拟没有处理缺陷存在的问题，也没有建立原子间的势函数来处理复杂热机械行为的能力。

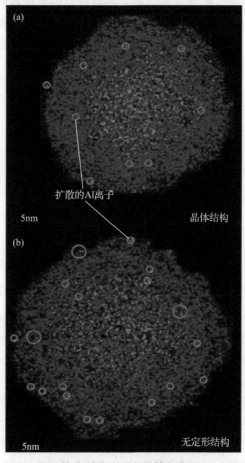

图 1.15 采用 Streitz-Mintmire 势函数分别模拟具有晶体氧化层（a）和非晶态氧化层（b）的铝离子（粒径为 5nm）在加热过程时的扩散

1.3.4　点火模型

综合不同的研究结果可以确定纳米铝颗粒的点火模式和机理[31]，如图 1.16 所示。在一个极端情况下，如果氧化层是硬脆的且应力没有放松，那么氧化层会因铝熔化产生的拉应力作用而出现缺口，熔化的铝核会通过氧化层的裂缝和缺口流到颗粒表面。由于纳米铝颗粒的体积热容低，所以随后的反应和热释放可使其发生点火。在另一个极端，如果氧化层是柔性的且压力被放松(如通过扩散或膨胀)，则不会观察到裂纹，并且颗粒氧化的主要特征是整个氧化层的质量扩散。根据铝和氧化剂分子的扩散系数推测出氧化反应发生在粒子的核壳界面或外表面。需要指出的是，界面氧化也会导致氧化层上的拉应力。氧化反应结束后，铝颗粒的质量几乎翻倍，而产品密度仅增加约 50%，这会导致颗粒内部产生附加应力。同时，由于几何约束，氧化层可能会连续开裂。若氧化反应发生在粒子的外表面，则不会发生这种行为。在铝核和氧化物外壳熔化时会加快扩散过程，例如，当温度从600K 增加到 2000K 时，扩散系数增加了两个数量级[31]，从而使铝颗粒的氧化速率大幅增加。

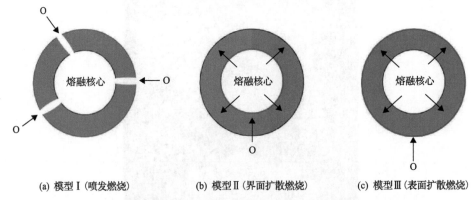

(a) 模型Ⅰ(喷发燃烧)　　　　(b) 模型Ⅱ(界面扩散燃烧)　　　　(c) 模型Ⅲ(表面扩散燃烧)

图 1.16　纳米铝颗粒的喷发燃烧、界面扩散燃烧和表面扩散燃烧氧化机理

另一种可能性是氧化机理介于两个极端之间。虽然壳体的某些区域可能允许应力膨胀和松弛，但其他区域可能会开裂。裂纹和扩散模式的相对重要性取决于铝核尺寸、氧化层厚度、氧化剂成分、加热速率等因素。这个重要问题目前仍然悬而未决。还需要注意的是，本节描述的许多过程也可能发生在微米级颗粒中，但由于微米级颗粒的体积热容相对较高，所以它们可能无法提供足够的能量来点燃颗粒。在相同的热刺激下，氧化层可能会开裂，但这些裂纹可能会通过氧化迅速消失。更重要的是，氧化过程中释放的能量可能并不会将颗粒加热到临界点(如氧化层熔化)，因此可能无法实现颗粒点火。一个适用于粒径从 10～100mm 铝颗粒的点火理论模型必须考虑颗粒体积热容和氧化层特性的变化、应力产生和松弛

的机制及氧化层的开裂和消失过程。

1.4　基于 ReaxFF 力场的分子动力模拟

　　原子尺度的计算化学技术为探索、开发和优化新型材料的性能研究提供了强有力的手段。基于量子力学(quantum mechanics，QM)的模拟方法在近几十年来越来越流行，这是因为成熟的商业计算软件使 QM 级别的计算应用更加广泛。在材料设计中，QM 计算经常作为理论指导和模拟筛选工具。然而，QM 计算固有的计算成本严重限制了其模拟规模。这一局限性通常使 QM 方法无法考虑系统的动态演化过程，从而阻碍了对影响材料整体行为的关键因素的理解。为了解决这个问题，QM 计算出的结构和能量数据常被用来训练经验力场，这些力场需要的计算资源要少得多，从而使仿真能够更好地来描述动态过程。这些经验方法主要包括反应力场(ReaxFF)，该方法牺牲了一定的模拟精度但只需很少的计算资源，从而使力场方法达到超过 QM 模拟可处理的数量级的模拟尺度成为可能。

　　传统的原子力场方法利用经验确定的原子间势计算作为原子位置函数的系统能量。经典的近似方法适合于非反应相互作用，如用调和势表示的角应变、范德瓦耳斯势表示的长程分子作用力及由各种极化方案表示的库仑相互作用。然而，这种描述不足以模拟原子连接性的变化(即模拟键断裂和化学反应)。如果在传统力场的基础上加入描述键连接相关项，经典力场就变为特殊的反应力场。在ReaxFF 反应力场中，原子间的相互作用关系可通过键级描述，而键级是根据原子间距离经验计算得到的。该反应力场隐含地处理了驱动化学键合的电子相互作用，从而使该方法可以模拟反应化学，而且相比 QM 的计算方法更加节省机时。

　　ReaxFF 方法论所提供的反应化学的经典处理方法为大量研究发生在纳米尺度上的现象打开了大门，而这些现象在以前的计算方法中是无法实现的。因为每个元素的 ReaxFF 描述可以跨相传递，所以 ReaxFF 能够模拟固态、液态和气态之间的界面反应。例如，无论氧原子是气相还是氧分子内的液相，还是在固体氧化物中，都可以用同样的数学形式来处理。这种可转移性再加上较低的计算时长及较长的模拟时间尺度使 ReaxFF 不仅能够考虑物质间的反应性，而且还可以计算动态因素，如扩散率、溶解度和物质在系统中的迁移，所以 ReaxFF 能够模拟多个相互接触阶段的复杂过程。

　　自 2005 年以来，ReaxFF 函数的形式逐渐稳定，仍有开发者们向电位中添加一些可选的添加项，如不稳定 Mg-Mg-H 零度角的角度项[55]或描述水性过渡金属离子所需的双阱角项[56]。戈达德和同事补充了一个范德瓦耳斯项(van der Waals)以提高硝胺晶体(ReaxFF lg)的计算精度[57]。然而，范德瓦耳斯项并不能与之前或之后的 ReaxFF 参数集兼容。van Duin 团队为黑索金开发了 2005 函数形式(通常称为"独立 ReacFF"），并集成在开源 LAMMPS 代码中[58]。2008-C/H/O 参数集针对整个 2001-C/H 训练集进行训练，而 2010 年和 2011 年 Si/O/H 参数集则根据整个 2003 年 Si/O/H 训练集进行验证。最后，2008 年，在一篇应用 ReaxFF 力场研究氧化铝和铝硅酸盐的文章中，Van Duin 教授等确定了力场文件的最终形式并沿用至今。考虑到 ReaxFF 函数形式的复杂性，开发者建议在将 ReaxFF 应用于生产规模模拟之前，对照独立的 ReaxFF 代码验证 ReaxFF。

由于 ReaxFF 参数基于 QM 模拟的计算结果，所以 ReaxFF 不要求提前定义原子间的连接性。ReaxFF 方法采用 bond-order 键级机制判断原子间的相互作用。键级是 ReaxFF 计算的核心机制。下式展示了如何用经验公式以原子间距为自变量计算键级：

$$
\mathrm{BO}_{ij} = \mathrm{BO}_{ij}^{\sigma} + \mathrm{BO}_{ij}^{\pi} + \mathrm{BO}_{ij}^{\pi\pi} = \exp\left[p_{\mathrm{bo1}}\left(\frac{r_{ij}}{r_0^{\sigma}}\right)^{p_{\mathrm{bo2}}} \right] + \exp\left[p_{\mathrm{bo3}}\left(\frac{r_{ij}}{r_0^{\pi}}\right)^{p_{\mathrm{bo4}}} \right]
$$
$$
+ \exp\left[p_{\mathrm{bo5}}\left(\frac{r_{ij}}{r_0^{\pi\pi}}\right)^{p_{\mathrm{bo6}}} \right]
\tag{1.15}
$$

式中，BO 为原子 i 和 j 间的键级；σ、π 和 $\pi\pi$ 为化学键；r_0 为平衡态键长；$p_{\mathrm{bo}}^{n}(n=2,4,6)$ 为经验参数。

这个方程是连续性的，并通过 σ、π 和 $\pi\pi$ 项的过渡来排除不连续性。在系统中，键级不包含任何传统意义上的键之间的计算。取而代之的是，力场将为每个原子建立近邻表并增加屏蔽项来避免过多的键项和多余的距离近的非键作用。在分子动力模拟过程中，键级近邻表在每个迭代步都会被更新并用来计算所有的键的相互作用。

ReaxFF 力场中的总能量表达式为

$$
E_{\mathrm{system}} = E_{\mathrm{bond}} + E_{\mathrm{over}} + E_{\mathrm{under}} + E_{\mathrm{lp}} + E_{\mathrm{val}} + E_{\mathrm{vdWaals}} + E_{\mathrm{Coulomb}}
\tag{1.16}
$$

式中，E_{system} 为系统总能量；E_{bond}、E_{over}、E_{under}、E_{lp}、E_{val}、E_{vdWaals} 和 E_{Coulomb} 分别为键能、过配位项、欠配位项、孤对电子项、价键角项、范德瓦耳斯项和库仑力作用项，它们对总能量项提供了不同程度的贡献。

非键作用项如范德瓦耳斯力和库仑作用力在键相互作用之外单独计算，这也意味着在键和非键作用间没有数据交流。

经过近 20 年的发展，ReaxFF 已成功应用于多个领域，如多相催化[59]、钒催化剂[60]、原子层沉积[61]及其他纳米级反应体系[62]。关于 ReaxFF 力场发展的更详细的信息见参考文献[63]。本书所用的 ReaxFF 力场和参数集来自文献[64]，未作修改，力场训练过程与第一性原理计算的比较结果也包含在参考文献[64]中。

参 考 文 献

[1] Tillotson T M, Gash A E, Simpson R L, et al. Nanostructured energetic materials using sol-gel methodologies[J]. Journal of Non-Crystalline Solids, 2001, 285 (1-3): 338-345.

[2] Gash A E, Simpson R L, Babushkin Y, et al. Nanoparticles[J]. Energetic Materials: Particle Processing and Characterization, 2004: 237-292.

[3] Granier J J, Pantoya M L. Laser ignition of nanocomposite thermites[J]. Combustion and Flame, 2004, 138 (4): 373-383.

[4] Price E W, Sigman R K. Combustion of aluminized solid propellants[J]. Solid Propellant Chemistry, Combustion, and Motor Interior Ballistics (A 00-36332 09-28), Reston, VA, American Institute of Aeronautics and Astronautics, Inc. (Progress in Astronautics and Aeronautics), 2000, 185: 663-687.

[5] Sutton G P, Biblarz O. Rocket Propulsion Elements[M]. New York: John Wiley & Sons, 2016.

[6] Ulas A, Kuo K K, Gotzmer C. Ignition and combustion of boron particles in fluorine-containing environments[J]. Combustion and Flame, 2001, 127 (1-2): 1935-1957.

[7] Yeh C L, Kuo K K. Ignition and combustion of boron particles[J]. Progress in Energy and Combustion Science, 1996, 22 (6): 511-541.

[8] Young G, Sullivan K, Zachariah M R, et al. Combustion characteristics of boron nanoparticles[J]. Combustion and Flame, 2009, 156 (2): 322-333.

[9] Bellott B J, Noh W, Nuzzo R G, et al. Nanoenergetic materials: Boron nanoparticles from the pyrolysis of decaborane and their functionalisation[J]. Chemical Communications, 2009 (22): 3214-3215.

[10] Yang D F, Liu R, Li W, et al. Recent advances on the preparation and combusiton performances of boron-based alloy fuels[J]. Fuel, 2023 (342): 127855-127872.

[11] Greiner L. Selection of high performing propellants for torpedoes[J]. ARS Journal, 1960, 30 (12): 1161-1163.

[12] Brousseau P, Anderson C J. Nanometric aluminum in explosives[J]. Propellants, Explosives, Pyrotechnics: An International Journal Dealing with Scientific and Technological Aspects of Energetic Materials, 2002, 27 (5): 300-306.

[13] Steinhauser G, Klapötke T M. "Green" pyrotechnics: A chemists' challenge[J]. Angewandte Chemie International Edition, 2008, 47 (18): 3330-3347.

[14] Shafirovich E, Diakov V, Varma A. Combustion of novel chemical mixtures for hydrogen generation[J]. Combustion and Flame, 2006, 144 (1-2): 415-418.

[15] Huang Y, Risha G A, Yang V, et al. Effect of particle size on combustion of aluminum particle dust in air[J]. Combustion and Flame, 2009, 156 (1): 5-13.

[16] Gany A, Caveny L H. Agglomeration and ignition mechanism of aluminum particles in solid propellants[C]// Symposium (International) on Combustion. Elsevier, 1979, 17 (1): 1453-1461.

[17] De Luca L T, Galfetti L, Severini F, et al. Burning of nano-aluminized composite rocket propellants[J]. Combustion, Explosion and Shock Waves, 2005, 41 (6): 680-692.

[18] DeLuca L T, Maggi F, Dossi S, et al. Prospects of Aluminum Modifications as Energetic Fuels in Chemical Rocket Propulsion[M]. Berlin: Springer, 2017: 191-233.

[19] Klabunde K J, Stark J, Koper O, et al. Nanocrystals as stoichiometric reagents with unique surface chemistry[J]. The Journal of Physical Chemistry, 1996, 100 (30): 12142-12153.

[20] Schimpf S, Lucas M, Mohr C, et al. Supported gold nanoparticles: In-depth catalyst characterization and application in hydrogenation and oxidation reactions[J]. Catalysis Today, 2002, 72(1-2): 63-78.

[21] Puri P, Yang V. Effect of particle size on melting of aluminum at nano scales[J]. The Journal of Physical Chemistry C, 2007, 111(32): 11776-11783.

[22] Sundaram D S, Puri P, Yang V. Pyrophoricity of nascent and passivated aluminum particles at nano-scales[J]. Combustion and Flame, 2013, 160(9): 1870-1875.

[23] Hawa T, Zachariah M R. Development of a phenomenological scaling law for fractal aggregate sintering from molecular dynamics simulation[J]. Journal of Aerosol Science, 2007, 38(8): 793-806.

[24] Ji J C, Zhu W H. Thermal decomposition of core–shell structured HMX@Al nanoparticle simulated by reactive molecular dynamics[J]. Computational Materials Science, 2022, 209: 111405-111413.

[25] Orlandi O, Guery J F, Lacroix G, et al. HTPB/AP/Al solid propellants with nanometric aluminum[C]//European Conference for Aerospace Sciences (EUCASS), Moscow, 2005: 1-7.

[26] Sippel T R, Son S F, Groven L J. Aluminum agglomeration reduction in a composite propellant using tailored Al/PTFE particles[J]. Combustion and Flame, 2014, 161(1): 311-321.

[27] Risha G A, Son S F, Yetter R A, et al. Combustion of nano-aluminum and liquid water[J]. Proceedings of the Combustion Institute, 2007, 31(2): 2029-2036.

[28] Foley T J, Johnson C E, Higa K T. Inhibition of oxide formation on aluminum nanoparticles by transition metal coating[J]. Chemistry of Materials, 2005, 17(16): 4086-4091.

[29] Jouet R J, Warren A D, Rosenberg D M, et al. Surface passivation of bare aluminum nanoparticles using perfluoroalkyl carboxylic acids[J]. Chemistry of Materials, 2005, 17(11): 2987-2996.

[30] Jouet R J, Carney J R, Granholm R H, et al. Preparation and reactivity analysis of novel perfluoroalkyl coated aluminium nanocomposites[J]. Materials Science and Technology, 2006, 22(4): 422-429.

[31] Sundaram D S, Yang V, Zarko V E. Combustion of nano aluminum particles[J]. Combustion, Explosion, and Shock Waves, 2015, 51(2): 173-196.

[32] Brossard C, Ulas A, Yeh C L, et al. Ignition and combustion of isolated aluminum particles in the post-flame region of a flat-flame burner[C]//International Colloquium on the Dynamics of Explosions and Reactive Systems, 16th, Krakow, 1997.

[33] Parr T, Johnson C, Hanson-Parr D, et al. Evaluation of advanced fuels for underwater propulsion[C]//39th JANNAF Combustion Subcommittee Meeting. Salt Lake City, 2003.

[34] Assovskiy I G, Zhigalina O M, Kolesnikov-Svinarev V I. Gravity effect in aluminum droplet ignition and combustion[C]//5th International Microgravity Combustion Workshop, Cleveland, 1999: 18-20.

[35] Friedman R, Maček A. Ignition and combustion of aluminium particles in hot ambient gases[J]. Combustion and Flame, 1962, 6: 9-19.

[36] Yu Y C, Zhu W, Xian J J, et al. Molecular dynamics simulation of binding energies and mechanical properties of energetic systems with four components[J]. Acta Chimica Sinica, 2010, 68(12): 1181-1187.

[37] Derevyaga M E, Stesik L N, Fedorin E A. Ignition and combustion of aluminum and zinc in air[J]. Combustion, Explosion and Shock Waves, 1977, 13(6): 722-726.

[38] Ermakov V A, Razdobreev A A, Skorik A I, et al. Temperature of aluminum particles at the time of ignition and combustion[J]. Combustion, Explosion and Shock Waves, 1982, 18(2): 256-257.

[39] Yuasa S, Zhu Y, Sogo S. Ignition and combustion of aluminum in oxygen/nitrogen mixture streams[J]. Combustion and Flame, 1997, 108(4): 387-396.

[40] Gurevich M A, Lapkina K I, Ozerov E S. Ignition limits of aluminum particles[J]. Combustion, Explosion and Shock Waves, 1970, 6(2): 154-157.

[41] Schoenitz M, Chen C M, Dreizin E L. Oxidation of aluminum particles in the presence of water[J]. The Journal of Physical Chemistry B, 2009, 113(15): 5136-5140.

[42] Kuehl D K. Ignition and combustion of aluminum and beryllium[J]. AIAA Journal, 1965, 3(12): 2239-2247.

[43] Theofanous T G, Chen X, Di Piazza P, et al. Ignition of aluminum droplets behind shock waves in water[J]. Physics of Fluids, 1994, 6(11): 3513-3515.

[44] Rai A, Lee D, Park K, et al. Importance of phase change of aluminum in oxidation of aluminum nanoparticles[J]. The Journal of Physical Chemistry B, 2004, 108(39): 14793-14795.

[45] Shackelford J F, Alexander W. CRC Materials Science and Engineering Handbook[M]. Boca Roton: CRC Press, 2000.

[46] Trunov M A, Schoenitz M, Dreizin E L. Effect of polymorphic phase transformations in alumina layer on ignition of aluminium particles[J]. Combustion Theory and Modelling, 2006, 10(4): 603-623.

[47] Schoenitz M, Patel B, Agboh O, et al. Oxidation of aluminum powders at high heating rates[J]. Thermochimica Acta, 2010, 507: 115-122.

[48] Vorozhtsov A B, Lerner M, Rodkevich N, et al. Oxidation of nano-sized aluminum powders[J]. Thermochimica Acta, 2016, 636: 48-56.

[49] Rufino B, Coulet M V, Bouchet R, et al. Structural changes and thermal properties of aluminium micro-and nano-powders[J]. Acta Materialia, 2010, 58(12): 4224-4232.

[50] Firmansyah D A, Sullivan K, Lee K S, et al. Microstructural behavior of the alumina shell and aluminum core before and after melting of aluminum nanoparticles[J]. The Journal of Physical Chemistry C, 2012, 116(1): 404-411.

[51] Rai A, Park K, Zhou L, et al. Understanding the mechanism of aluminium nanoparticle oxidation[J]. Combustion Theory and Modelling, 2006, 10(5): 843-859.

[52] Coulet M V, Rufino B, Esposito P H, et al. Oxidation mechanism of aluminum nanopowders[J]. The Journal of Physical Chemistry C, 2015, 119(44): 25063-25070.

[53] Zhang S, Dreizin E L. Reaction interface for heterogeneous oxidation of aluminum powders[J]. The Journal of Physical Chemistry C, 2013, 117(27): 14025-14031.

[54] Nie H, Zhang S, Schoenitz M, et al. Reaction interface between aluminum and water[J]. International Journal of Hydrogen Energy, 2013, 38(26): 11222-11232.

[55] Cheung S, Deng W Q, van Duin A C T, et al. ReaxFFMgH reactive force field for magnesium hydride systems[J]. The Journal of Physical Chemistry A, 2005, 109(5): 851-859.

[56] van Duin A C T, Bryantsev V S, Diallo M S, et al. Development and validation of a ReaxFF reactive force field for Cu cation/water interactions and copper metal/metal oxide/metal hydroxide condensed phases[J]. The Journal of Physical Chemistry A, 2010, 114(35): 9507-9514.

[57] Liu L, Liu Y, Zybin S V, et al. ReaxFF-lg: Correction of the ReaxFF reactive force field for London dispersion, with applications to the equations of state for energetic materials[J]. The Journal of Physical Chemistry A, 2011, 115(40): 11016-11022.

[58] Plimpton S J, Thompson A P. Computational aspects of many-body potentials[J]. MRS Bulletin, 2012, 37(5): 513-521.

[59] van Duin A C T, Zou C, Joshi K, et al. A Reaxff reactive force-field for proton transfer reactions in bulk water and its applications to heterogeneous catalysis[J]. Computational Catalysis, 2013, 14: 223.

[60] Chenoweth K, van Duin A C T, Persson P, et al. Development and application of a ReaxFF reactive force field for oxidative dehydrogenation on vanadium oxide catalysts[J]. The Journal of Physical Chemistry C, 2008, 112(37): 14645-14654.

[61] Zheng Y, Hong S, Psofogiannakis G, et al. Modeling and in situ probing of surface reactions in atomic layer deposition[J]. ACS Applied Materials & Interfaces, 2017, 9(18): 15848-15856.

[62] Hong S, Krishnamoorthy A, Rajak P, et al. Computational synthesis of MoS$_2$ layers by reactive molecular dynamics simulations: Initial sulfidation of MoO$_3$ surfaces[J]. Nano Letters, 2017, 17(8): 4866-4872.

[63] Senftle T P, Hong S, Islam M M, et al. The ReaxFF reactive force-field: Development, applications and future directions[J]. NPJ Computational Materials, 2016, 2(1): 1-14.

[64] Hong S, Van Duin A C T. Atomistic-scale analysis of carbon coating and its effect on the oxidation of aluminum nanoparticles by ReaxFF-molecular dynamics simulations[J]. The Journal of Physical Chemistry C, 2016, 120(17): 9464-9474.

第 2 章　纳米铝粉的物理和化学特性

2.1　概　　述

纳米金属粉是在一定压力和温度的作用下产生的纳米固体颗粒，它由两部分组成，即纳米级直径的纳米粒子，称为"颗粒组元"，这些粒子之间的界面称为"界面组元"[1]。纳米固体颗粒中的最小界面组分所占比例相比大颗粒显著增加，例如，当纳米颗粒直径为 5nm 时，界面组分的体积将约占总体积的 50%，约一半的纳米固体中的纳米粒子分布在界面中，因此大量的纳米粒子将导致每立方厘米体积的纳米固体可能会有 9～10 种不同的界面结构。纳米固体中的界面组元是所有这些界面结构的组合，并且界面原子的间距存在差异，这些界面的平均结果将导致在各种可能原子间距的均匀分布界面结构中的原子排列比传统晶态和非晶态中的原子排列更加无序和混乱。根据纳米粒子的晶胞排布，纳米晶体可以分为纳米晶体和纳米非晶体。纳米晶体具有长程有序的晶体结构或短程有序的无定形结构，而粒子之间的界面既没有长程有序也没有短程有序的无序结构。这种结构特点使得纳米晶体有序部分的尺寸非常小，通常为 5～15nm，含有的分子数量较少(约几百个分子)，而界面组元占总体积的很大一部分(约 50%)且缺陷结构较多(超过 70%)[2]。

当纳米粒子的大小等于或小于光的波长、传导电子的波长、超导状态的相干长度或透射深度及其他物理特性时，周期性的边界条件将被破坏，并且新的小尺寸效应将影响其自身的声学、光学、电气、磁性和热力学性质[3,4]。固体物质的粒径减小，表面原子的比例增加，颗粒通过改变表面状态来试图降低其表面能。也就是说，纳米铝粉表面原子相对于普通铝粉而言具有更高的表面活性，更容易熔化来使其表面能量降低，而且颗粒直径越小熔点越低。而实验结果显示出对嵌入具有更高熔点氧化物基质中的纳米铝粒子的实际测量与理论计算的熔点相差较大，且实测值大于理论值。这是由于纳米粒子表面含有利于长期保持颗粒活性的氧化物包覆层，不过实测值与理论值具有相同的变化趋势。当纳米粒子尺寸下降到最低值时，费米能级附近的电子能级由准连续变为离散能级。而纳米微粒中所含的原子数有限，从而导致能级间距发生分裂。而当颗粒中所含原子数随着尺寸减小而降低时，费米能级附近的电子能级将由准连续态分裂为分立能级。当能级间距大于热能、磁能、静磁能、静电能、光子能量或超导态的凝聚能时，纳米微粒磁、光、声、热、电及超导电性与宏观特性将有显著不同。

纳米铝粉为球形，粒径为 40～100nm，同时也存在一些粒径较大的铝粉，粒径为 0.1～0.2μm，普通铝粉的形貌与纳米铝粉完全不同，其外观为片状。铝粉间会发生一定的团聚，因此很难确定其平均粒径。超细铝粉的氧化是一个多阶段的过程，在氧化的初始阶段，在金属粉末的表面上没有形成连续的氧化膜，并且所有金属的氧化过程都是动态且不饱和的[5]。

由于纳米粉体的粒径介于宏观物质与微观原子、分子之间，其较大的表面比和量子尺寸效应使其具有不同于常规固体的新特性，部分物理性质如热性质、磁性质、光学性质、表面活性等出现了改变，另外一些化学性质的改变则表现在增加化学反应活性等方面。这些独特的性能决定了纳米粉体材料在能源、光学、陶瓷、催化、传感等领域具有广泛的应用前景。作为纳米粉体材料的一个分支，纳米金属粉及其合金在现代工业、国防和高科技发展中起着重要作用。铝是一种活性金属，在室温和空气环境下会自动氧化形成一层 Al_2O_3 薄膜，以防止铝进一步氧化。这种表面钝化使铝粉在相当高的温度下仍能保持稳定，而纳米铝粉由于其较小的尺寸效应而改变了其性能[6-8]。借助热重-差示扫描量热法(TG-DSC)、X射线衍射(XRD)和扫描电子显微镜(SEM)可以来研究纳米铝粉和微米铝粉在空气中的氧化性能。

纳米铝粉燃料具有较高的表面化学活性，易受外界环境因素(如温度、湿度等)的影响，在其表面形成一定含量的惰性氧化膜而使纳米铝粉受到钝化和污染，损失了大部分活性，从而为纳米铝粉的储存和应用带来诸多不利影响。因此，在制备稳定、高活性纳米铝粉的基础上，保持纳米铝粉的反应活性非常重要。目前有多种方法来维持纳米铝的活性，例如，在装有纳米铝粉的瓶子或袋子充满惰性气体(如氮气、氩气等)并密封保存，或者使用黏合剂或增塑剂储存等。其中，最具代表性且最具发展潜力的方法是在材料表面包覆一层惰性材料，制备出复合纳米铝粉，以防止纳米铝粉与环境中气体分子之间的相互作用。纳米铝表面包覆法是一种已经被证实能够有效保持反应活性的方法。近年来，研究人员已经能够使用多种方法来保持纳米铝燃料的活性，特别是在纳米铝燃料表面涂层领域取得了很多研究成果。但是，铝燃料表面的包覆材料大多是惰性材料，其燃烧热不高。这些惰性物质在燃烧时不起作用或仅释放较少的能量，并且它们作为惰性组分具有一定的质量份额，从而不利于改善整个系统的能量性能。

对于含能材料研究来说，在对其燃烧机理的研究中伴随着该材料的发展历程。而对球形纳米铝燃料的氧化反应机理的研究来说，最为经典的是"熔化分散机理"和"扩散反应机理"。"熔融分散机理"是建立在 MD 快速升温条件模拟基础上的，是在快速升温条件下的[9]。该机理认为，在快速加热的条件下，球形铝颗粒快速熔化所产生的应力导致氧化膜结构破裂，促进了后续的氧化反应。而"扩散反应机理"则是在缓慢加热速率条件下提出的[10]。该机理认为铝燃料的氧化反应过程伴随着外界氧分子向界面内扩散和内部铝离子向外扩散。

近年来，这两种氧化机理的研究取得了很大进展，而铝燃料氧化过程的规律和模型大多可以通过这两种反应机理来解释。但这两种机制仍然存在一些问题。"熔化分散机制"看似合理、可信，但却难以通过实验直接观察来确认破裂和氧化现象[11]。而"扩散反应机理"基于氧分子向内扩散和铝离子向外扩散的前提，但内扩散和外扩散的比例很难量化[12]。特别是在纳米铝粉燃料的氧化过程中观察到了各向异性氧化[13]。在我们的研究中，发现两种氧化反应机理分别对应于快慢两种加热速率。然而，升温速率快慢的概念尚不清楚，并且对于快慢的临界状态也缺乏研究。

无法解决上述问题的原因在于铝燃料表面上氧化膜结构的特殊性，随着纳米铝燃料的不断氧化，氧化膜的厚度逐渐增加，尤其是达到纳米铝的熔点后，液态铝使氧化现象更加复杂，难以进一步了解其动态演变过程，现有的技术手段无法对氧化膜的形貌和结构进行分析。纳米铝粉燃料的分散性也是其在实际应用中的瓶颈问题之一，纳米铝粉的表面能非常大且易团聚，其分散程度直接与含能材料的燃烧稳定性有关，在国内外发表的有关纳米铝性能研究的文献中，均处于实验室状态的小样本研究结果。即使在小样本研究的情况下，仍然有很大一部分纳米铝粉没有完全分散。如果纳米铝燃料以这种不均匀状态分散在含能材料中，在燃烧期间将不可避免地发生不稳定燃烧，这不仅不能改善含能材料的能量性能，而且还存在严重的安全隐患。

目前，有关纳米铝粉在低黏度液体体系中的分散性研究有很多，如纳米铝粉在液态燃料推进剂煤油中的均匀分散技术及对其均匀分散和稳定储存的表征方法。然而，关于纳米铝在高黏度和高固态含量的聚合物体系中的分散技术和分散性的研究还很少见。例如，对于固体推进剂系统，通常包含约 15%的高黏度丁二烯凝胶，而其他氧化剂和催化剂成分都是固体物质。又例如，在纳米铝粉结合复合固体推进剂中的分研究中，可以借助 TEM 很好地表征纳米铝在端羟基聚丁二烯(HTPB)推进剂中的分散作用。除此之外，超声波的分散作用比球磨机和高速搅拌法的分散效果更好。

由于固体火箭推进剂包含各种固体成分，如氧化剂和催化剂，所以当纳米铝分散在其中后，很难用一种现代化的分析仪器有效地评估其在推进剂中的分散程度[14,15]。因此，纳米铝分散液的评价方法也值得探讨。目前，对纳米铝燃料分散度的评价还缺乏系统研究，可以采用的评估方法主要包括物理和化学方法。物理方法可借助 SEM 和 TEM 显微镜、元素能谱和 X 射线荧光光谱仪(XPS)进行全面表征，从粒径分布、微观形貌和特征元素分布等方面掌握纳米铝粉的分散状态。根据研究分散程度对高分子体系力学性能的影响，采用通用材料实验机研究推进剂的拉伸强度并对撕裂位置的组分状态和撕裂位置的变化进行分析。化学方法选择不同区域对纳米铝的特征元素进行化学滴定分析，以掌握纳米铝在不同位置的分布。根据不同浓度的纳米铝燃料推进剂燃烧速度的变化，通过燃烧速度计测量不同区域样品的燃烧速度，以了解纳米铝在系统中的分散情况[16,17]。根据推进剂在不同外力作用下对刺激的敏感性差异，通过测量摩擦感度和撞击感度来研究由纳米铝的分散性引起的样品感度变化。

目前，业界还没有很好地研究纳米铝分散技术、分散表征方法和分散性能对纳米铝燃烧稳定性的影响。只有提高纳米铝在含能材料中的分散性，才能进一步探索其性质和在含能材料中的应用前景[18]。对 10nm 和 20nm 铝晶簇氧化的 MD模拟研究表明，氧化始于晶体团簇的表面，随着电子在氧化区域的转移，表面氧化物的氧化加热到 2000K 以上[19]，通过形成 Al—O 键释放热量。在不同的模拟条件下，10nm 铝晶体簇的最终饱和氧化物厚度为 2.8～3.3nm，周围的氧被完全消耗在纳米簇的表面上。如果在氧气中退火，那么氧化膜的厚度为 3.8nm。模拟过程表明，在氧化物生长过程中，氧化层电场控制氧化速率使 Al^{3+} 向表面氧化物的扩散，而氧原子向晶簇内部的扩散则显示为向外和向内纳米氧化铝膜的扩散，其中 Al^{3+} 的扩散比 O 快 30%～60%，并且氧化膜的最终厚度为 3.5nm。结构分析表明，晶体为 Al_2O_3。当使用 13nm×13nm×0.8nm 铝箔时，在绝热氧化的条件下，形成的热量所释放出的 Al—O 键迅速散布到腔中，在导致纳米铝晶体无序的同时，氧化区域向外扩展，厚度呈线性增长，且不饱和，加热时，氧化物层的厚度大于3.5nm，温度为 500K，纳米晶表面弹出无数个小的 Al_xO_y 碎片，这表明纳米铝晶簇已爆炸，目前模拟实验已通过实验进行验证。

纳米铝燃料在固体推进剂领域具有广阔的应用前景，但目前还面临一系列的问题尚待解决，主要包括进一步提高纳米铝燃料的活性，氧化反应机理和模型也需要进一步阐明，纳米铝粉在固体推进剂中的分散程度还需进一步提高。各向异性纳米铝燃料的控制合成及热性能研究是纳米燃料合成领域的一个新课题。在热力学因素的作用下，球形纳米铝是最稳定的状态。为了获得各向异性的纳米铝，下一步应通过对晶体表面的铝进行控制设计，利用特殊的表面活性剂吸附晶体铝，抑制其方向的生长来降低特定晶面的表面能，或者通过特定模板限制使铝离子只能在特定的空间内生长，这样做很可能获得各向异性的纳米铝。与传统的微米铝相比，纳米铝具有更高的化学活性，并且更有可能与外部环境因素相互作用，在其表面形成高含量的惰性氧化膜，从而丧失大部分活性。因此，探索纳米铝燃料的活性保持途径仍是未来研究的重点。

铝燃料表面氧化膜的特殊结构将导致其在氧化过程中形态结构动态演变的复杂性，借助原位电子显微镜可以直接观察不同温度下动态氧化膜的形态和结构演变，有望科学地建立纳米铝燃料氧化反应模型。铝燃料的分散度对推进剂的燃烧稳定性有很大的影响。推进剂中纳米铝粉的分散能力与其表面状态有着密切关系，如果能在尽可能不降低其能量密度的基础上，通过设计纳米铝表面基团来实现少量有机基团的表面接枝，使其从亲水变为疏水，就可以改善纳米铝燃料间的相互作用，增加纳米铝与聚合物体系的界面相容性，从而提升其分散效果。

2.2　铝的基本性质

2.2.1　金属铝的性质及应用

铝在元素周期表中的序数为 13，相对密度为 2.7，熔点为 660℃，沸点为 2327℃，是一种银白色金属，重量轻，具有良好的延展性、导电性、导热性、耐热性和抗辐射性。铝在空气中其表面形成的致密氧化膜使铝具有良好的耐腐蚀性。我们看到的所有铝产品都已被氧化，氧化的铝大部分为银灰色。铝是地壳中仅次于氧和硅的第三大金属元素。由于其含量高、性能好，常被制成棒、片、箔、粉、带和丝状，广泛用于航空、建筑、汽车、电力等重要工业领域。铝在氧气中燃烧释放出大量的热量和耀眼的光，常用于制造混合爆炸物，如铵铝炸药(由硝酸铵、木炭粉、铝粉、炭黑和其他可燃有机物混合而成)、燃烧混合物(由铝热剂制成的炸弹和炮弹可用于攻击难以着火的目标，如坦克、火炮等)和照明混合物(铝粉占 28%、硝酸钡占 68%和虫胶占 4%)。

铝表面的氧化是一个复杂的过程，包括铝与氧的吸收和分离。铝离子、氧离子和电子的迁移会影响氧化物及其内部核的形成。氧化层的组成和结构受氧化温度、时间和氧化层厚度的影响。在 500℃以下，铝的氧化过程涉及两种不同的反应机理，即快速氧化阶段和慢速氧化阶段。快速氧化阶段发生在低温($T \leqslant 400℃$)，内部的铝离子进入生长的氧化层并与紧密堆积的氧接触。因此，氧化层的生长速率受电势差的影响。随着铝离子的连续迁移，内部和外部的电位差逐渐减小，最终停止迁移。氧化物层的厚度具有临界值，温度越高，氧化物层的厚度越大。当温度高于 400℃时，高温会加速铝离子的外迁移，但氧的附着系数会降低，所以氧的吸附速率和阳离子迁移速率降低。在这种情况下，氧化物层的形成速率将随着温度的升高而降低。在快速氧化阶段，在铝表面上形成了一层 Al_2O_3 非晶层，其厚度随温度的升高而增加。在慢速氧化阶段($T \geqslant 400℃$)，氧化层的生长速率受铝离子浓度梯度的影响。一旦铝离子的迁移使表面达到 $\gamma\text{-}Al_2O_3$ 形成的浓度，就会在其表面上形成 $\gamma\text{-}Al_2O_3$。此时，氧开始沿晶界扩散到表面。在 500℃范围内，随着温度的升高，铝的氧化层由无定形的 Al_2O_3 转变为 $\gamma\text{-}Al_2O_3$。在氧化物层的过渡过程中，铝离子并没有重新分布，并且 Al 和 O 的分布始终在[AlO_4]和[AlO_6]之间。

单质铝的氧化主要由离子迁移速率决定，而离子迁移速率与温度和离子浓度有关。因此，为了促进纯铝的氧化过程，可以通过加热来加速离子迁移速度，并且可以通过增加外部的氧浓度来改善内部和外部的电势差，从而促进氧化过程。

由于铝具有很强的还原性，因此可以在没有氧气的特殊环境中燃烧。其中，学术界最关注的是水下铝-水反应水冲压发动机，该水冲压发动机可以在外界不提供氧化物的前提下独立工作。水冲压发动机是超高速鱼雷的巡航动力推进系统，它以高能水反应金属燃料作为燃料，以海水作为氧化剂，具有较高的比冲和推力，是未来超高速水下武器的最佳动力装置[20]。水反应金属燃料的能量在水冲压发动机的两次燃烧过程中释放，其高能量特性取决于配方中的高能金属含量。

随着深空探测技术的发展，许多国家开始探索火星或火星计划，地球富含铝、镁、硅和铁等土壤金属元素，而火星大气中含有 95.32%的 CO_2 气体，因此有观点认为可以在火星大气中使用金属粉末燃料冲压发动机，并以火星空气为氧化剂。到目前为止，很少有关于金属在 CO_2 中燃烧的研究，并且大多数是针对镁颗粒的燃烧，而针对铝颗粒的燃烧则更少。由于铝在地球环境中的应用仍然是人们关注的焦点，所以在 CO_2 大气中燃烧铝尚未成为研究热点。未来，随着对太空探索需求的不断增加，对铝在 CO_2 燃烧中的机理和应用的研究也将相应增加[21]。

在固体火箭推进剂中添加金属燃烧剂可以增加炸药的爆热和密度，由于锂的价格高昂，铍的高毒性及镁的低密度，所以铝和硼通常被用作金属燃烧剂。铝的耗氧少、密度高，在复合固体推进剂中可以具有较高的铝含量，它可以改善复合固体推进剂的比冲和密度，还可以抑制发动机的不稳定燃烧，因此得到了广泛的应用，但铝的燃烧热低于硼的一半，故从热力学的角度来看，铝粉并不是金属助燃剂中最具吸引力的材料。

2.2.2　纳米铝粉的性质及应用

铝粉在固体推进剂中的应用方向是纳米化，纳米铝粉可有效加速推进剂的燃烧速度、降低点火温度并缩短点火时间。当铝粉的尺寸从微米下降到纳米时，其燃烧速率可以提高 30 倍以上。当普通铝粉在推进剂中的质量分数大于 40%时，不能完全燃烧，但当质量分数为 40%~75%时，Alex 纳米铝粉能够以很高的燃烧速率燃烧。包含 Alex 的高氯酸铵(AP)基推进剂的燃气基本上没有残留物，这比包含大量凝聚相颗粒和表面残留物的 AP 基推进剂燃气要干净得多。与微米燃烧相比，纳米铝燃烧没有明显的压力敏感性。用平均粒径为 39nm 的铝粉制备出的 Al/AP/HTPB 推进剂[22]，点火温度仅为(526±10)℃，点火时间仅为 0.87s，有效提高了推进剂的燃烧性能。

纳米铝具有良好的表面活性，但易团聚和氧化。团聚可能导致推进剂的不稳定燃烧，从而影响其性能并增加燃烧风险。氧化会减少活性铝的含量，从而降低能量和燃烧速率。为了避免纳米铝的缺陷并使其具有良好的性能，可以借助表面包覆改性。该包覆材料可以是固体推进剂的主要成分或其他有机、无机材料等。有机物的包覆通常以化学方法和微胶囊方法进行，并且国内研究人员已经使用乙基纤维素包覆纳米铝粉[23,24]。无机材料的包覆材料实例包括：首先通过正硅酸乙酯的水解-缩合反应在铝颗粒表面涂覆一层二氧化硅膜，然后在硅石表面进行含能涂层。Al/SiO$_2$ 复合颗粒的制备主要采用溶剂-非溶剂法[25,26]。除此之外，还可以使用固体推进剂的主要成分包覆纳米铝粉，除防止氧化和保持活性外，还可以改善纳米铝粒子与固体推进剂其他成分的相容性，简化推进剂的生产过程以提高其热分解性能，但目前相关的研究还不成熟。

　　当铝颗粒进入燃烧体系时，由于外部热源的加热，铝颗粒的氧化反应将逐渐增强。当外部热源提供的能量等于内部氧化热时，将达到铝颗粒的初始反应温度并点燃铝颗粒。因此，确定铝颗粒的氧化机理对铝的点火机理研究具有重要的指导意义。通常，氧化层附着在铝粉表面。这是因为在合成和制备过程中，铝被快速氧化，并且在表面上形成无定形的 Al$_2$O$_3$，以防止内部的活性铝与外部环境接触。对于铝颗粒，不同尺寸的氧化物层的初始厚度略有不同[27]，球状微米级氧化铝层的厚度约为 5nm。纳米级氧化铝层的厚度稍小，通过球形电爆炸制备的纳米氧化铝层的厚度约为 3nm，薄片状纳米氧化铝层的厚度接近 4.5nm。由于铝颗粒表面有致密的保护性氧化膜，故活性铝和氧化物的接触被切断，所以铝的氧化反应经常发生在氧化膜破裂后。这就导致铝的氧化动力学不同于其他金属，此时氧化反应速率不仅取决于氧化剂的温度和浓度及其他外部因素，还与自身的氧化层有关[28]。通常认为，当铝颗粒表面上的氧化物层熔化且内部的活性铝与外部的氧化气体接触时将发生反应[29]。一些实验结果支持了铝颗粒的反应温度接近氧化铝的熔点（2034℃）的假说。但一些实验结果却与此相反，如反应起始温度低至900℃。为了从理论上解释点火温度的巨大差异，学者们提出了两种更合理的氧化理论来解释这种现象，即扩散氧化理论和熔散氧化理论[30]。

　　根据扩散氧化理论，铝颗粒的氧化过程主要受内部铝离子和外部 O 迁移速率的影响。粒径分布是影响氧化速率的主要因素，氧化速率随粒径的减小而增加。但是，该理论只能用于定性分析，还需要一些特定模型来定量分析粒度分布和表观形态对铝颗粒氧化速率的影响。一些模型显示由于粒径分布不同，氧化物层的厚度也不同，从而间接影响了离子迁移速率。扩散氧化理论定性地解释了铝颗粒初始反应温度差异较大的原因，即粒径分布、氧化物层厚度和环境气体成分均影响了内部和外部离子迁移过程，从而在本质上影响了铝颗粒的点火过程。由于铝的氧化速率低，所以可以通过热分析实验和一些分析测试方法观察整个扩散氧化过程，但也有一定的局限性。当改变加热模式且加热速率增加 3～4 个数量级时，扩散氧化理论的适用性仍有待进一步验证。当加热速率高时，铝颗粒的氧化将遵循熔散氧化理论。由于铝（660℃）的熔点远低于氧化铝

（2034℃），因此颗粒内部的活性铝在加热后首先熔化成熔融态，液体铝的体积增加约6%，所产生的内部压力类似于氧化铝的极限应力，最终将导致氧化层局部破裂。氧化层破裂后，内部压力恒定，由于环境压力和表面张力的作用，暴露于外部铝的压力降低到大约10MPa，内部和外部压力从外到内的不平衡将产生一个压力波动在3~8GPa的卸载波，压力远超过液态铝的涡空极限，液态铝被分散成许多个破碎的小颗粒并被高速喷射而出。这些破碎的小颗粒氧化物不再受初始氧化物层的限制，最终使单个铝颗粒在熔化和分散机制的作用下形成许多凝聚在一起的极小颗粒。

铝作为一种非常强的能量载体，可以与多种氧化剂发生反应，环保且可回收，这使其在火箭推进器、水下推进、火星探索、制氢、燃料电池等方面均具有优势，其研究和使用已受到重视。铝的粒径也从传统尺寸扩展到纳米级，并显示出不同于大颗粒的新性能。在固体火箭推进剂中添加铝可以提高其爆热和密度。在纳米粉体制备技术的发展过程中，需要解决的问题是纳米铝粉易团聚且易被氧化。目前主要采用表面包覆的纳米铝粉可用于水下推进、制氢、点火研究，但面临氧化膜破裂、制氢速率和反应效率等三大问题。铝的氢热电联还处于概念阶段，除理论计算和一些关键参数对系统效率影响的评估外，还没有文献报道过实验研究。改善铝燃料电池性能的主要方法是阳极合金化、向反应介质中添加添加剂和改善电池结构。随着燃料配方的逐步改进，铝颗粒改性、表面包覆、系统工艺等技术的发展，铝能源利用的技术经济性和稳定性将不断提高，在能源利用中的地位也将越来越高。值得一提的是，天然铝主要以氧化态存在，元素铝必须通过电解等方法进行转化。因此，纳米铝的制备研究较为重要。从长远来看，直接使用可再生能源，如风能，进行氧化铝的还原过程，此时铝可扮演能源载体的角色，材料的性价比可以通过太阳能制备或回收提纯废铝来提高。

2.3 铝粉表征方法

2.3.1 形貌表征

纳米铝粉属于典型的纳米材料。随着纳米科技的发展，各式各样的表征技术手段使纳米铝粉的研究层次也在逐年提高。本节就常见的纳米材料表征方法做简要介绍。

SEM借助聚焦的高能电子束在固体样品的表面生成各种信号[31]。电子样品相互作用产生的信号揭示了有关样品的信息，包括外部形态（质地）、化学成分及构成样品材料的晶体结构和方向。在大多数应用中，将数据收集在样品表面的选定区域上并生成一个二维图像，以显示这些属性的空间变化。可以使用常规SEM技术(放大范围从 20 倍到大约 30000 倍,空间分辨率为 50~100nm)以扫描模式对宽度为 1cm~5μm 的区域成像。SEM 还能够对样品上选定的点位置进行分析,该方法在定性或半定量确定化学成分(使用 EDS)、晶体结构和晶体取向(使用 EBSD)时特别有用。SEM 的设计和功能与 EPMA 非常相似,并且两种仪器之间的功能存在相当大的重叠。SEM 中的加速电子携带大量动能,当入射电子在固体样品中减速时,该能量作为电子-样品相互作用产生的各种信号消散。这些信号包括二次电子(产生 SEM 图像)、背散射电子(BSE)、衍射背散射电子(用于确定矿物晶体结构和方向的 EBSD)、光子(用于元素分析和连续谱的特征 X 射线)、可见光(阴极发光-CL)和热量[32]。二次电子和背散射电子通常用于对样品进行成像:二次电子对于显示样品的形态和形貌最有价值,而反向散射电子对于说明多相样品的成分对比(即用于快速相鉴别)最有价值。X 射线是由于入射电子与样品中原子的离散正交(壳)中的电子发生非弹性碰撞而产生的。当受激电子返回较低的能量状态时,它们会产生固定波长的 X 射线(这与给定元素在不同壳中的电子能级差异有关)。因此,矿物中的每种元素产生特征性 X 射线,这些元素被电子束 "激发"。SEM 分析被认为是 "无损的",即由电子相互作用产生的 X 射线不会导致样品的体积损失,因此可以重复分析相同的材料[33]。

　　SEM 通常用于生成物体形状的高分辨率图像(SEI)并显示其化学成分的空间变化:①使用 EDS 获取元素图或点化学分析;②根据平均原子序数进行相鉴别(BSE,通常与相对密度相关);③使用 CL 基于痕量元素 "活化剂"(通常是过渡金属和稀土元素)的差异成分图。SEM 也被广泛用于基于定性化学分析和/或晶体结构鉴定。使用 SEM 还可以对非常小的特征和尺寸小于 50nm 的物体进行精确测量。背散射电子图像可用于快速鉴别多相样品中的相。配备衍射背散射电子检测器(EBSD)的 SEM 可用于测定许多材料的微结构和晶体学取向。

　　第二个表征技术手段是 TEM。TEM 是用于材料科学的非常强大的工具。当高能量的电子束穿过非常薄的样品时,电子和原子之间的相互作用可用于观察特征,例如,晶体结构和结构中的特征,如位错和晶界。同时,也可以进行化学分析。TEM 可用于研究半导体层的生长、层的组成和缺陷。高分辨率可用于分析量子阱、导线和点的质量、形状、大小和密度。TEM 的基本原理与光学显微镜相同,但使用电子代替光。因为电子的波长比光的波长小得多,所以 TEM 图像可获得的最佳分辨率比光学显微镜的最佳分辨率高好几个数量级。因此,TEM 可以揭示内部结构的最佳细节。在某些情况下,其大小与单个原子一样小。来自电子枪的电子束通过聚光镜聚焦成小的、细的且相干的束。该束受到聚光镜孔径的限制,聚光镜孔径排除了高角度电子。然后,电子束撞击样品,并根据样品的厚度和电子透明度透射其部分。该透射部分通过物镜聚焦在荧光屏或电荷耦合器件(CCD)相机上并形成图像。可选的物镜孔径可通过阻挡高角度衍射电子来增强对比度。

此时，图像通过中间透镜和投影仪透镜向下穿过色谱柱，一直被放大。图像撞击荧光屏并产生光，用户便可以看到图像。图像的较暗区域表示样品中透射电子较少的那些区域，而图像的较亮区域代表样品中透射更多电子的那些区域。

相比较之下，SEM 的分辨率低于 TEM 的分辨率。TEM 可以观察到原子级（小于 1nm）的物体图像，而 SEM 只能用于观察几十纳米的图像，并且 SEM 仅扫描样本。这限制了从标本中获得的信息量，即它只能显示标本的形态。相反，TEM 可以查看标本的许多特性，如标本的应力、结晶、形态甚至全息图。当准备观察样品时，每个样品都需要有不同的制备程序。例如，SEM 有时无须准备即可直接查看标本。另外，使用 TEM 需要时间来适当地使样品变薄，该过程可能长达一天，这取决于使用方法。此外，TEM 的成本高于 SEM。由于它具有更高的能量电子束，所以对人体健康有害。

2.3.2　元素分析

第三个表征技术是 X 射线衍射仪。X 射线衍射是表征结晶材料的一种强大的无损技术。它提供了有关结构、相、首选晶体方向（纹理）和其他结构参数的信息，如平均晶粒尺寸、结晶度、应变和晶体缺陷[34]。X 射线衍射峰是由从样品中每一组晶格面上以特定角度散射的单色 X 射线的相构干涉产生的。峰强度由晶格内的原子位置决定。因此，XRD 图谱是特定材料中周期性原子排列的指纹。通过在线搜索 X 射线粉末衍射模式的标准数据库可以快速识别多种晶体样品。

此外，还有傅里叶变换红外光谱仪。红外光谱一直是鉴定有机物质的有力工具。傅里叶变换红外光谱（FTIR）的发展为复杂混合物的定量分析及表面和界面现象的研究提供了一种方法[35]。本书介绍了用于鉴定关键化学结构的特征振动吸收带及定量测定化学成分的方法。FTIR 光谱仪同时收集宽光谱范围内的高光谱分辨率数据，这与色散光谱仪相比具有显著优势，色散光谱仪一次只能测量较窄波长范围内的强度。

2.4　纳米铝粉的氧化

2.4.1　纳米铝粉的氧化特性

氧化是自然发生的，因为大自然试图使金属恢复到原来稳定的氧化状态。随着时间的推移，氧化的程度取决于材料及其运行环境。氧化是由环境因素引起的退化。一般来说，铝及其合金具有优异的耐氧化性能，而这一点也是铝制品相较其他金属较为突出的性质。但这并不意味着氧化不会发生，铝的氧化可以在数周、数月甚至数年的时间里逐渐发生和进行。

长期以来，铝纳米颗粒在固体燃料火箭中用作固体推进剂的主要原因是其燃烧焓高、成本低且燃烧产物相对来说比较环保。此外，纳米铝粉的比表面积比微米铝粉等更大尺寸的铝粉更高，从而获得了更高的化学反应性、低熔点温度和高能量密度。因此，许多研究人员已经对纳米铝粉的氧化过程表现出浓厚兴趣。

2.4.2　纳米铝粉的氧化机理

氧化对各种纳米系统的性能和耐久性起着至关重要的作用。金属纳米颗粒的氧化为合成兼具金属和陶瓷性质的纳米复合材料提供了一种可能性。据研究显示，纳米铝粉的氧化阶段可以分为两个阶段，即初始快速氧化和二次缓慢氧化。进一步来说，纳米铝粉两种不同的氧化膜生长速率，是由铝阳离子的向外运输和氧离子向内的运输扩散作用共同影响的。这一氧化层增长机制在实验中得到了验证。在铝熔点以下发生的氧化过程主要通过氧的扩散形成。在熔点以上则是通过两种氧扩散机制的协同作用。在快速氧化进行时，铝的扩散进一步加快了氧化速率。除此之外，有另一种观点认为，纳米铝粉的氧化可分为三个不同的阶段。在第一阶段，发生了缓慢的氧化。这是因为最初的非晶态氧化壳保护了内核区的金属铝。而在高达 873K 的温度下，氧化速率随无定形氧化层而增大。但是，当温度升高到 973K 时，氧化速率降低，因为氧气的扩散路径被阻塞。在密闭加热阶段，氧在金属边界上的扩散占主导地位。随着加热速率的增大，氧气的吸收速率因氧化铝壳的熔化而增加。随后，通过将铝原子喷入周围的氧气而发生了直接氧化。综上所述，纳米铝粉表面上的氧化层归因于铝颗粒体积膨胀使氧原子开始向内扩散。而这个驱动力可能来自系统的温度、氧气的压力、化物中的压力或氧化层的感应电场。

在低温下（20～660℃），氧化通过氧化层中的氧气和铝原子间的扩散进行。这一时刻，铝芯尚未熔化。氧化速率在 660℃以上开始加快。氧化铝熔化使铝含量扩散得比氧气快，向外扩散的铝继续通过氧化物壳和反应界面位于氧化铝/表面界面处。这就是快速氧化阶段。

除实验手段外，分子动力学模拟也是研究纳米铝粉氧化的重要手段。在微正则模拟中，Al—O 键形成释放的能量迅速进入纳米团簇，从而导致铝纳米晶的无序和氧化区向外膨胀。氧化区的厚度随时间线性增加，且不饱和。50ps 时，氧化区厚度为 35Å，温度为 2500K。随后，大量的小 Al_2O_3 碎片从纳米团簇表面喷射出来，表明纳米团簇正在爆炸。在封闭条件下，从实验中也观察到了这种行为。在最初的 5ps 中，氧气分子解离，氧原子首先扩散到铝八面体，然后进入铝纳米颗粒中的四面体部位。在接下来的 20ps 中，随着氧原子的扩散和径向进入，铝原子沿径向扩散出纳米粒子，在 30～35ps，OAl_4 簇聚在一起形成中性渗滤，从而阻碍氧气进一步入侵四面体网络。原子进入纳米粒子或从纳米粒子出来。50ps 时，铝和氧的扩散率分别是 $1.4 \times 10^{-4} \mathrm{cm}^2/\mathrm{s}$ 和 $1.1 \times 10^{-4} \mathrm{cm}^2/\mathrm{s}$[36]。100ps 后，氧化层主要承受内部拉伸应力。以上发现对研究钝化的铝纳米粒子的机械稳定性具有重要意义。

2.5　纳米铝粉的熔化

2.5.1　纳米粒子的熔化现象

物质的熔点是一种基本的物理性质。在实验中确定物质的沸点和熔点的主要目的是利用这些结果来帮助鉴别这些物质中的杂质或未知物质。一个未知的固体熔点可以通过与其他各种可能的固体及其熔点进行比较来识别该固体，从而进行匹配来识别该固体。此外，了解一种物质的熔点后可利用其熔点范围来确定一般纯度。因此，熔点范围越大，物质纯度越低，熔点差值减小越多，物质纯度越高。

物质的熔点因物质的不同而不同。例如，氧在–218℃融化，冰在 0℃融化，铝在 219℃熔化。因此，某些因素会影响不同物质的熔点。影响物质熔点的因素包括分子间力、离子键熔点的变化、分子的形状和分子的大小。纯晶体化合物通常具有更精确的熔点，所以在不超过 0.5~1℃的小范围内完全熔化。如果这种物质含有轻微的杂质，那么通常会在凝固点产生凹陷，显示熔点范围的宽度将增加。如果熔点范围超过 5℃，则意味着该物质是不纯的。

纳米颗粒包含一些与宏观原材料不同的特性，包括熔点的降低和受尺寸影响的熔化热等。这在过去很长一段时间里一直是研究人员感兴趣的问题。小颗粒的熔点比宏观材料低，这是因为随着颗粒尺寸的减小，表面原子的比例增加。通过各种表征技术，如扫描电子衍射、场发射、透射电子显微镜、X 射线衍射、量热法和其他技术。由纳米颗粒尺寸效应导致的熔点降低已被大量报道。除铝外，还有许多金属都被研究过，包括金、银、锡、铟、铅和铝。例如，使用扫描电子衍射技术发现了气态金在碳基板上凝结得到的 1nm 金纳米颗粒熔点下降的现象。在理论上，小晶体的熔点降低可以根据吉布斯汤姆森方程用经典热力学方法来描述。纳米铝颗粒这样的金属微粒具有很高的研究潜力，这是因为其多元化的应用发展前景。下面将从熔化、恒温液态和凝固等三个阶段研究粒径为 16nm 铝颗粒的仿真模型。

2.5.2　铝颗粒的熔化机理

首先是加热熔化。整个退火模拟从线性加热过程开始，从 300~1500K。图 2.1 是纳米铝颗粒在四个阶段的截图。从图中可以清楚地看到，纳米铝颗粒在 700~1100K 的变化最为明显。700K 之前，纳米铝的晶体结构并没有发生太大的变化，仍然保持了原始形态。相比之下，1100K 和 1500K 处的晶体高度不均匀和不规则。

因此,该模拟纳米铝颗粒的熔点为 700~1100K。

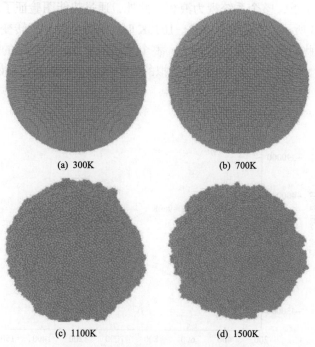

(a) 300K

(b) 700K

(c) 1100K

(d) 1500K

图 2.1 纳米铝颗粒在各个阶段的截图

为了进一步揭示铝纳米粒子从 700~1100K 的变化,其 MSD 结果图如图 2.2 所示。MSD 结果证实了每个温度下原子位移的程度。图中有两个关键点,一个是点 A(960K),另一个是点 B(1038K)。A 点指出平均原子位移速率正在加快。这意

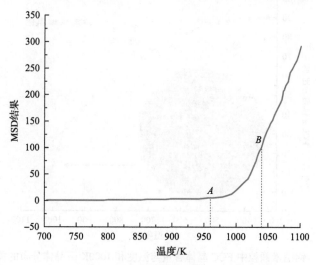

图 2.2 具有两个临界点的纳米铝颗粒的部分 MSD 结果图:A 和 B

味着对 Al 原子的晶体束缚正在削弱，并且每个原子的运动速度将越来越大。在 B 点，熔化过程结束，整个系统视为液相。此外，通过势能图验证了铝纳米颗粒的熔点。如图 2.3 所示，当温度在 960～1038K 时，总势能发生了转变。由于晶体限制的失效，在此期间原子距离增大了。整个系统的势能在如此短的时间内跃升至了更高的水平。因此，有理由确认该模拟的铝纳米粒子的熔融行为始于 960K，终止于 1038K。

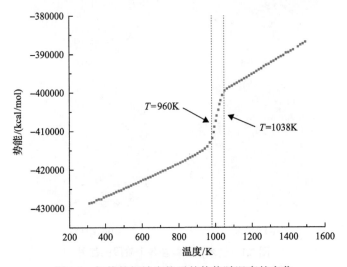

图 2.3　加热的铝纳米粒子的势能随温度的变化

图 2.4 是铝纳米粒子晶体样式的统计数据。由于边缘铝晶体本身是不完整

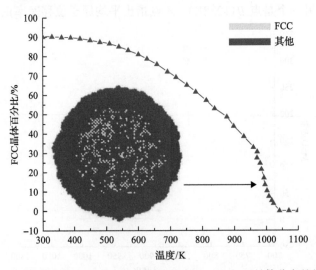

图 2.4　铝纳米颗粒中 FCC 晶体含量与温度和 1000K 下晶体分布的关系图

的，所以这些表面铝原子被归类为其他样式的晶体。因此，面心立方晶体(face center cubic，FCC)样式的初始含量约为 90.3%。如图 2.4 所示，FCC 样式的百分比随温度的升高而下降。在 960K 之前，下降趋势呈抛物线形。当熔化行为开始时，下降曲线加速并在 1038K 达到零点。显然，零点也代表了完全熔化的温度。另外，图 2.4 中的快照显示了 FCC 晶体在 1000K 时铝纳米颗粒横截面中的分布。结合下降曲线，该构型处于快速熔化阶段。如图 2.4 中纳米铝颗粒快照所示，FCC 型晶体主要分布在 Al 纳米颗粒的核周围。同时，其他水晶样式的层比以前更厚。因此，可以初步推断模拟的纳米粒子是从壳到核熔化的，换句话说，这是向内融化的现象。

由于晶体类型分类的局限性，液相边界的迁移应通过原子势能构型加以验证。图 2.5 是在不同温度下获取的铝纳米颗粒的横截面。根据图 2.5(a)，纳米粒子实际上被低势能的铝原子层覆盖，这也是熔化行为开始的地方。然后，高势能层随着温度升高而越来越厚。从图中可以看出，高势能区的晶体发生了位错，因此向内熔融迁移也可以看作是晶体位错的向内迁移。最后，如图 2.5(d)所示，势能的分布在 1038K 处再次均匀。

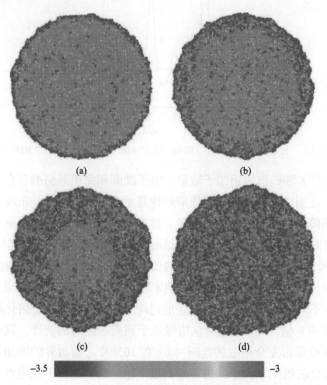

图 2.5　960K(a)、992K(b)、1022K(c)和 1038K(d)处由势能着色的加热的铝纳米颗粒的横截面(单位：kcal/mol)

我们通过 RDF 研究了铝纳米颗粒的晶格。这些 RDF 结果如图 2.6 所示。在 300K 时，RDF 图的峰窄、高且规则，这表明 Al 晶体的晶格良好且周期性地分布在纳米粒子中。接下来是 960K，这是熔化行为刚开始的温度。因此，Al 晶体的晶格仍然保留，并且可以观察到 RDF 图的周期性峰值。但是，这些峰比室温下的峰宽且低。这意味着尽管晶格尚未坍塌，但在一定距离处检测到铝原子的可能性比以前要低得多。从 300～960K，这些铝原子迁移出其原始位置，但迁移程度不足以破坏晶格的周期性分布。最后，在 1038K 和 1500K 处 RDF 曲线的峰值不再可测，因为 Al 晶体的晶格已被破坏。此外，Al 晶体也可由 Al 原子的二维分布来表示。

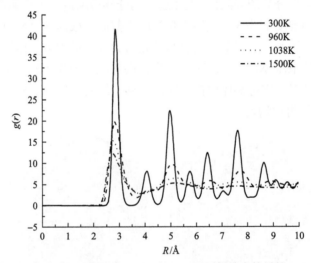

图 2.6 在 300K、960K、1038K 和 1500K 下铝纳米粒子的 RDF 图

图 2.7 是沿 Y 轴扫描的铝原子数量。由于规则和完美晶格的存在，纳米颗粒之间存在间隔。在图 2.7 中，这些间隔清楚地显示在 300K 时的分布线上。同时，当位置 Y 在晶格阵列上时，铝原子的含量非常高。1500K 的图并没有显示间隔和高峰值。尽管没有晶格，但这些结果也表明熔融的纳米颗粒中并没有真空。此外，与固体纳米颗粒相比，熔融的铝纳米颗粒的质心没有发生明显变化。根据图 2.7 和 LAMMPS 的计算输出，在 1500K 处铝纳米粒子的质心仍在 (120, 120, 120) Å 附近。此外，另一个不同之处在于铝纳米颗粒的边缘。获得的结果是，熔化的铝纳米颗粒的边缘扩大了约 6 倍。图 2.8 是对从边缘原子到质心距离的统计。其中，垂直虚线表示对纳米颗粒是否完全熔融的判断。似乎在 1038K 之前边界的增加是规则且稳定的，而完全熔化的铝纳米粒子的边界是高度不稳定的。这种不稳定性由边界的波动表示。就像图 2.5(d)，纳米粒子表面上有多个凸起，高度非常不稳定。

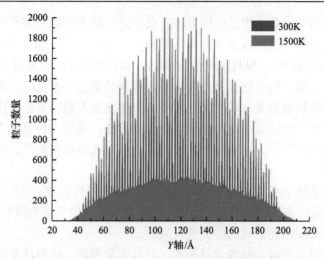

图 2.7　纳米粒子含量在 300K 和 1500K 时在 Y 轴上的分布

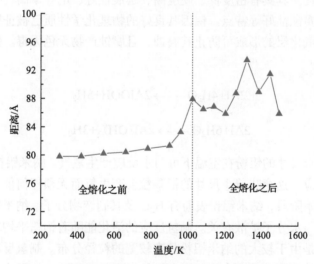

图 2.8　边缘原子与质心原子之间的距离与温度的关系

2.6　纳米铝粉水化制氢

2.6.1　铝粉水化反应机理

氢气是一种可持续发展的环保型新能源燃料，如北极地区。它可以有效地改善空气环境并放慢化石燃料消耗的速度。所以，一般认为氢燃料可满足全球能源需求，并将最终替代化石燃料的生产。相反与传统的化石燃料相比，天然氢燃料是宇宙中最丰富的燃料。因此，有必要对制氢技术进行研究。

目前，有四种主要生产氢气的方法，其中之一是水电解方法[37-40]。这种方法是基于在高压下使用直流电将水分解为氢和氧。可用的系统地水电解方法包括固体氧化物水电解（SOE）、碱性水电解（AWE）、碱性阴离子、交换膜（AEM）和粒子交换膜（PEM）。第二种方法是利用生物质。通常是通过发酵反应，所以该过程产生的污染和废物数量非常有限。第三种制氢方法是化石燃料方法，由于其低成本和可大规模生产，所以这也是目前主要报道的方法。最后一种氢化方法是通过活性金属与水的反应[41,42]。这种反应的优点是它可以按需提供氢气，从而解决氢燃料存储的问题。

就金属与水的氢化反应而言，潜在的替代金属包括锌（Zn）[43]、镁（Mg）[44]和铝（Al）[45]。有研究表明，地球上有大量的铝金属元素可作为新型储氢材料的来源，从而解决因储量限制而引发的能源危机问题。

水是一种成本效益高的氢含量来源，并可大量利用。值得注意的是，铝储量丰富，性能优良。其具有密度低、硬度高、延展性好、电导率高、导热系数高、反射率高、耐腐蚀性好等特点。铝因其良好的物理化学性质已被证明是一种潜在的能量载体。氧化层的形成可防止其腐蚀，且腐蚀产物无色无毒。铝的水解反应如下：

$$2Al+4H_2O \longrightarrow 2AlOOH+3H_2$$

$$2Al+6H_2O \longrightarrow 2Al(OH)_3+3H_2$$

纳米和微米尺寸的铝粉在室温下可与水反应产生氢气。纳米铝粉可以在20℃下与水完全反应。这意味着小尺寸的铝颗粒会产生氢而无须任何催化或改性。在受控反应的初始阶段，纳米铝粉表面有 H_2O 及其副产物分子。纳米铝颗粒水化反应所需的时间与水分子扩散有关。制氢反应的活化能随着铝粉平均粒径的增加而增加，这可能是由于较大的纳米铝粉具有较宽的粒径分布。制氢反应的副产物一般是重晶石、勃姆石及其混合物。副产物的组成受反应温度的影响。

通过对使用球磨法获得的铝粉产生大量氢气的溶液 pH 研究表明，铝与添加剂的球磨（NaOH、钴和钼的氧化物）会影响纳米铝粉的形态和结构。其受影响的程度同时受制备纳米铝粉的条件和时间的影响。纳米铝粉的表面积增大是有利于其水反应制氢的主要因素之一。

考虑到储氢材料反应物的尺寸效应作用，纳米铝粉会表现出更好的储氢和制氢等性能。这是因为纳米铝粉具有较高的比表面积，在氢化反应中具备较高的反应速率，从而节省反应的等待时间。在之前的研究中，已对纳米铝粉的常见结构、物理化学性质进行了大量研究，是比较成熟的技术储备。作为典型的含能材料，纳米铝被广泛应用于炸药、烟火和推进剂等。其较高的能量密度在制氢反应中同样有出色的发挥。但是，纳米铝粉较高的比表面积也带来了易受氧化的挑战并进一步影响其活性和制氢性能。因此，表面钝化对于储氢纳米铝粉来说十分必要。

2.6.2　包覆后的制氢纳米铝粉

在过去，许多研究集中在纳米铝粉表面钝化上。它们的钝化效果和性能根据包覆材料的不同而不同[46,47]。钝化层不仅需要在一定空气条件中挥发，也需要能够被液态水破坏，从而引发制氢反应。因此，有机包覆物备受关注。以前，经过研究的有机包覆材料包括 1,2-环氧己烷等涂料、聚四氟乙烯和 PMMA[48]。本书使用的有机包覆材料是乙醚和乙醇。乙醚/乙醇分别包覆的纳米铝粉将作为储氢材料在本书中讨论。

通过分子动力学模拟和 ReaxFF 力场计算，我们研究了以乙醚包覆的纳米铝粉团簇作为新型氢源的优势。除了分子动力学模拟，我们还借助部分实验结果，如 TEM、气体容量法测活性、热重分析等。最初，通过与铁和铜的比较说明铝自身优异的水化制氢反应性能。根据 Grotthus 机理，在较高的分子动能下，Al 和 Fe 的反应活性可归因于其强大的亲水吸附能力。吸附水的数量可以迅速达到合适的值并促进其解离[49]。但是，Cu 的这种行为明显弱于 Fe 和 Al。根据实验结果，铝粉在室温下可以保持这种性能，而铁则不能。因此，选择铝基纳米材料进行氢化是合理的。

另外，我们还研究了在纳米铝粉表面上乙醚涂层的形成。该模拟不仅研究了涂层的行为，而且为后续评估铺平了道路。接下来，我们制备出乙醚包覆的纳米铝粉并研究了其与水的反应性能。由于乙醚相当于催化剂的作用，所以其包覆的铝团簇与水的反应速度比以前高。就催化剂作用而言，这是因为醚基可以充当氢键受体并进一步促进所吸附水分子的离解。实验上，乙醚包覆的纳米铝粉的制氢性能更高，其反应活性甚至优于原始纳米铝粉。我们还检测了乙醚包覆层在纳米铝粉表面的抗氧化性，以期最大限度地改善其制氢的水化性能。研究结果表明，乙醚涂层的出现可以有效地抑制氧化反应，改善因氧化而导致的纳米铝粉的活性降低、制氢量衰减的情况。

最后，比较了以乙醚包覆和乙醇包覆的铝纳米颗粒作为潜在氢载体的制氢性能，分析结果表明，乙醇分子的总吸附量接近乙醚分子的 2 倍。同时，通过对涂覆率的评定证明了在铝表面涂覆致密乙醇，在过滤模拟后，这两种包覆纳米构型由于解吸的结果而失去了部分有机分子，但最终吸附的乙醇和乙醚分子的比例几乎保持不变。将包覆的纳米铝粒子置于液态水条件下，结果表明包覆乙醚的纳米铝粒子比包覆乙醇的纳米铝粒子具有更好的制氢性能。虽然乙醇膜的形成有助于在周围聚集更多的水分子，但高包覆率限制了水分子吸附位点的可用性，从而进一步阻碍了水与铝的反应。此外，我们还对水蒸气的反应条件进行了研究。由于蒸汽环境具有高能量，乙醚和乙醇分子均出现解吸现象。与乙醚涂层相比，对乙醇的脱附效果更好，这使其涂覆率急剧下降，最终低于乙醚涂覆率。结果表明，乙醇包覆铝纳米粒子的性能优于乙醚包覆的铝纳米粒子，这与液态水条件下的结果形成了鲜明对比。因此，加氢性能的比较在很大程度上取决于反应条件。乙醚包覆的纳米铝粉适合常温下制氢，而乙醇包覆的纳米铝粉更适合高温下制氢。

参 考 文 献

[1] 李泉, 曾广赋, 席时权. 纳米粒子[J]. 化学通报, 1995, (6): 29-34.

[2] 宋晓岚, 王海波, 吴雪兰, 等. 纳米颗粒分散技术的研究与发展[J]. 化工进展, 2005, 24(1): 47-52.

[3] Dreizin E L. Metal-based reactive nanomaterials[J]. Progress in Energy and Combustion Science, 2009, 35(2): 141-167.

[4] Yetter R A, Risha G A, Son S F. Metal particle combustion and nanotechnology[J]. Proceedings of the Combustion Institute, 2009, 32: 1819-1838.

[5] 赵凤起, 覃光明, 蔡炳源. 纳米材料在火炸药中的应用研究现状及发展方向[J]. 火炸药学报, 2001, (4): 61-65.

[6] Gromov A A, Strokova Y I, Ditts A A. Passivation films on particles of electroexplosion aluminum nanopowders: A review[J]. Russian Journal of Physical Chemistry B, 2010, 4(1): 156-169.

[7] 谌兴. 纳米铝活性保持及性能表征研究[D]. 武汉: 华中科技大学, 2009.

[8] Trunov M A, Schoenitz M, Dreizin E L. Effect of polymorphic phase transformations in alumina layer on ignition of aluminium particles[J]. Combustion Theory and Modelling, 2006, 10(4): 603-623.

[9] Levitas V I, Pantoya M L, Dikici B. Melt dispersion versus diffusive oxidation mechanism for aluminum nanoparticles: Critical experiments and controlling parameters[J]. Applied Physics Letters, 2008, 92(1): 011921.

[10] Rai A, Lee D, Park K, et al. Importance of phase change of aluminum in oxidation of aluminum nanoparticles[J]. The Journal of Physical Chemistry B, 2004, 108(39): 14793-14795.

[11] Firmansyah D A, Sullivan K, Lee K S, et al. Microstructural behavior of the alumina shell and aluminum core before and after melting of aluminum nanoparticles[J]. The Journal of Physical Chemistry C, 2012, 116(1): 404-411.

[12] Coulet M V, Rufino B, Esposito P H, et al. Oxidation mechanism of aluminum nanopowders[J]. The Journal of Physical Chemistry C, 2015, 119(44): 25063-25070.

[13] Koga K, Hirasawa M. Evidence for the anisotropic oxidation of gas-phase Al nanoparticles[J]. Journal of Nanoparticle Research, 2015, 17(7): 1-9.

[14] 刘香翠, 朱慧, 张炜, 等. 纳米铝粉在煤油中的均分散技术[J]. 推进技术, 2005, (2): 184-187.

[15] 王晨光. 纳米铝粉在固体推进剂中的应用研究[D]. 长沙: 国防科学技术大学, 2008.

[16] Cliff M, Tepper F, Lisetsky V. Ageing characteristics of Alexr nanosize aluminium[C]//37th Joint Propulsion Conference and Exhibit, Salt Lake City, 2001: 3287.

[17] Guo L, Song W, Hu M, et al. Preparation and reactivity of aluminum nanopowders coated by hydroxyl-terminated polybutadiene (HTPB)[J]. Applied Surface Science, 2008, 254(8): 2413-2417.

[18] 程志鹏, 何晓兴. 纳米铝燃料研究进展[J]. 固体火箭技术, 2017, 40(4): 437-442, 447.

[19] Jeurgens L P H, Sloof W G, Tichelaar F D, et al. Growth kinetics and mechanisms of aluminum-oxide films formed by thermal oxidation of aluminum[J]. Journal of Applied Physics, 2002, 92(3): 1649-1656.

[20] 刘康, 罗平, 熊灿, 等. 水冲压发动机用水反应金属燃料的研究进展[J]. 热加工工艺, 2018, 47(10): 18-21.DOI:10.14158/j.cnki.1001-3814.2018.10.005.

[21] 王启昌. 铝粉在二氧化碳气氛中的燃烧机理研究[D]. 马鞍山: 安徽工业大学, 2018.

[22] Meda L, Marra G, Galfetti L, et al. Nano-aluminum as energetic material for rocket propellants[J]. Materials Science and Engineering: C, 2007, 27(5-8): 1393-1396.

[23] 张凯, 傅强, 范敬辉, 等. 纳米铝粉微胶囊的制备及表征[J]. 含能材料, 2005, (1): 4-6.

[24] 李鑫, 赵凤起, 仪建华, 等. 国内外纳米铝粉表面包覆改性研究进展[J]. 材料保护, 2013, 46 (12): 47-52.

[25] 程恒超, 俞成丙, 常仪洵, 等. 正交试验法优选正硅酸乙酯包覆铝粉的条件[J]. 材料保护, 2019, 52(5): 78-82.

[26] Munasir N, Triwikantoro T, Zainuri M, et al. Corrosion polarization behavior of Al-SiO$_2$ composites in 1M and related microstructural analysis[J]. International Journal of Engineering, 2019, 32(7): 982-990.

[27] Rufino B, Boulc'h F, Coulet M V, et al. Influence of particles size on thermal properties of aluminium powder[J]. Acta Materialia, 2007, 55(8): 2815-2827.

[28] Dreizin E L. Metal-based reactive nanomaterials[J]. Progress in Energy and Combustion Science, 2009, 35(2): 141-167.

[29] André B, Coulet M V, Esposito P H, et al. High-energy ball milling to enhance the reactivity of aluminum nanopowders[J]. Materials Letters, 2013, 110: 108-110.

[30] 周禹男, 刘建忠, 王架皓, 等. 铝颗粒氧化机理与燃烧理论研究进展[J]. 兵器材料科学与工程, 2017, 40(2): 122-129.

[31] 吴立新, 陈方玉. 现代扫描电镜的发展及其在材料科学中的应用[J]. 武钢技术, 2005, 6: 36-40.

[32] 陈绍楷, 李晴宇, 苗壮, 等. 电子背散射衍射(EBSD)及其在材料研究中的应用[J]. 稀有金属材料与工程, 2006, 3: 500-504.

[33] 贾志宏, 丁立鹏, 陈厚文. 高分辨扫描透射电子显微镜原理及其应用[J]. 物理, 2015, 44(7): 446-452.

[34] 胡林彦, 张庆军, 沈毅. X射线衍射分析的实验方法及其应用[J]. 河北理工学院学报, 2004(3): 83-86, 93.

[35] 杨琨. 傅里叶变换红外光谱仪若干核心技术研究及其应用[D]. 武汉: 武汉大学, 2010.

[36] Sun R, Liu P, Qi H, et al. Structural and atomic displacement evaluations of Aluminium nanoparticle in thermal annealing treatment: An insight through molecular dynamic simulations[J]. Materials Research Express, 2020, 6(12): 125069.

[37] Dudoladov A O, Buryakovskaya O A, Vlaskin M S, et al. Generation of hydrogen by aluminium oxidation in aquaeous solutions at low temperatures[J]. International Journal of Hydrogen Energy, 2016, 41(4): 2230-2237.

[38] Mohammadi M. Exploring the possibility of GaPNTs as new materials for hydrogen storage[J]. Chinese Journal of Physics, 2018, 56(4): 1476-1480.

[39] Chi J, Yu H. Water electrolysis based on renewable energy for hydrogen production[J]. Chinese Journal of Catalysis, 2018, 39(3): 390-394.

[40] Mudhoo A, Torres-Mayanga P C, Forster-Carneiro T, et al. A review of research trends in the enhancement of biomass-to-hydrogen conversion[J]. Waste Management, 2018, 79: 580-594.

[41] Russo Jr M F, Li R, Mench M, et al. Molecular dynamic simulation of aluminum——Water reactions using the ReaxFF reactive force field[J]. International Journal of Hydrogen Energy, 2011, 36(10): 5828-5835.

[42] Wang H Z, Leung D Y C, Leung M K H, et al. A review on hydrogen production using aluminum and aluminum alloys[J]. Renewable and Sustainable Energy Reviews, 2009, 13(4): 845-853.

[43] Wegner K, Ly H C, Weiss R J, et al. In situ formation and hydrolysis of Zn nanoparticles for H$_2$ production by the 2-step ZnO/Zn water-splitting thermochemical cycle[J]. International Journal of Hydrogen Energy, 2006, 31(1):

55-61.

[44] Grosjean M H, Zidoune M, Roué L, et al. Hydrogen production via hydrolysis reaction from ball-milled Mg-based materials[J]. International Journal of Hydrogen Energy, 2006, 31 (1): 109-119.

[45] Shmelev V, Nikolaev V, Lee J H, et al. Hydrogen production by reaction of aluminum with water[J]. International Journal of Hydrogen Energy, 2016, 41 (38): 16664-16673.

[46] Jelliss P A, Buckner S W, Chung S W, et al. The use of 1, 2-epoxyhexane as a passivating agent for core–shell aluminum nanoparticles with very high active aluminum content[J]. Solid State Sciences, 2013, 23: 8-12.

[47] Kim K T, Kim D W, Kim C K, et al. A facile synthesis and efficient thermal oxidation of polytetrafluoroethylene-coated aluminum powders[J]. Materials Letters, 2016, 167: 262-265.

[48] Liu H, Ye H, Zhang Y. Preparation of PMMA grafted aluminum powder by surface-initiated in situ polymerization[J]. Applied Surface Science, 2007, 253 (17): 7219-7224.

[49] Yoshida T, Tokumasu T. Molecular dynamics study of proton transfer including Grotthus mechanism in polymer electrolyte membrane[J]. ECS Transactions, 2010, 33 (1): 1055.

第3章 电爆炸法制备纳米铝粉

当电流密度为 $106\sim109A/cm^2$ 的电流脉冲通过金属导体时，就会发生金属丝的电爆炸(electrical explosion of wire，EEW)现象。自电爆炸现象发现至今的 200 多年里，国内外的研究学者对此进行了大量探索，并取得了很多重要成果。大量关于电爆炸现象的研究工作开始于 20 世纪中期[1-14]。20 世纪 50 年代，美国科学家 Chittenden 和 Lebedev[15]利用丝阵爆炸研究了 Z 箍缩问题。1965 年，Oktay[16]发现当电参数和金属丝长度契合时，电容器储存的能量通过一次脉冲放电即可完全注入金属丝中，没有二次放电发生，这种类型的爆炸称为匹配型爆炸，匹配型爆炸具有较高的能量转换效率，常用于金属粉末的生产[17]。

3.1 金属丝电爆炸现象

金属丝的电爆炸是多物理过程，涉及电动力学、金属材料、热力学、磁流体动力学等诸多学科。电爆炸过程具有热力学、磁流体动力学不稳定性，所以用解析方法研究电爆炸现象是困难的，电学 RLC 回路常被用于触发金属丝的电爆炸。

图 3.1(a)为金属丝电爆炸的电路图。通常，电源部分由脉冲发生器提供，脉冲发生器对电容器组 C 充电，初始时刻电容器极板间电压为 U_0。当火花开关 S 导通时，电容器储存的电能通过回路固有电感 L、电阻 R 向导体金属丝放电。沉积到金属丝上的能量在数百纳秒甚至更短的时间内可使金属材料破坏裂解。金属材

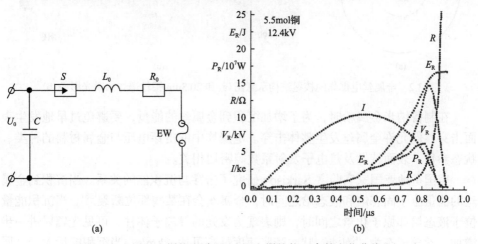

(a) (b)

图 3.1 金属丝电爆炸电路图(a)和电爆炸物理参数变化曲线(b)

料发生快速的熔化、汽化、激发、电离，并伴有明亮的闪光、冲击波和电磁辐射等现象[18-21]。

美国康奈尔大学建立了 LC1（4.5kA，15A/ns）电爆炸装置来研究电爆炸现象。研究发现，当单根金属丝通过大于 20kA 的电流时，金属丝在自身感应磁场作用下的磁箍缩现象显著，丝核上能够看到因磁流体不稳定而导致的复杂结构，爆炸伴随着 X 射线辐射。Satoru 等[22]研究了丝核膨胀速率与电阻率、相变能等参数的关系。Taylor 等[23]使用快速分幅相机和 X 光照相研究了铜丝在空气中的爆炸发展过程。Hu 等利用激光探针观察到了晕区等离子体通道，测量了丝核区及晕区等离子体层的尺寸和密度，估算出了金属材料的膨胀速率和气化率[24,25]。

这些研究建立了真空中金属丝的电爆炸过程：微米级或更细的金属丝爆炸可以认为经历了体加热过程，金属丝在电流的加热作用下，表面杂质首先发生解吸附，杂质气体与表面金属蒸气形成混合物。一方面，金属材料迅速熔化、解离；另一方面，金属丝表面附近的气体混合物为击穿创造了条件。当条件满足时，气体混合物先于丝核发生电击穿，形成等离子体晕层[25]。电流迅速转移至等离子体上[25,26]，形成等离子体电流通道，丝核上的加热过程被迫停止。这就形成了由低温丝核和围绕其周围的低密度、高温、载流晕区等离子体组成的"核晕结构"[25,27]。核晕结构的径向剖面如图 3.2（a）所示，中心区域是折射率大于 1 的丝核，主要由电中性的金属原子构成，圆环区域主要由折射率小于 1 的等离子体组成。

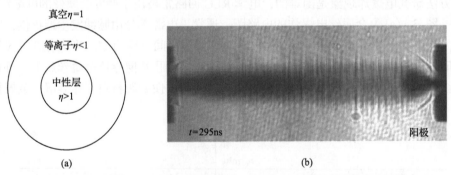

图 3.2　金属丝电爆炸的核晕结构示意图（a）和 20.3μm 铝丝爆炸的激光影像（b）

在制备纳米金属粉时，为了增加沉积到金属丝的能量，要避免过早地发生表面击穿，但允许金属丝发生整体击穿。电爆炸中的击穿电压与金属材料的种类、状态参数、表面特性及热电子发射系数等密切相关。

美国圣地亚国家实验室 Sarkisov 研究了击穿与沉积能的关系。当沉积到金属丝的能量位于固态焓和液态焓之间时，金属丝会在某些部位断裂[28]。当沉积能量位于液态焓和原子化焓之间时，则表现为发光的等离子体柱，可见光辐射进一步增加，丝核形态为"泡沫"状，膨胀速度最高可达 2km/s。当沉积能量大于金属内聚能时，发光区域为等离子体柱，在丝核上可以观测到因磁流体不稳定导致的分层结构，膨胀速度接近离子声速。

在 Z 箍缩效应研究中，Sarkisov 等[29]研究了金属丝电爆炸中的极性效应。图 3.2(b)为正极性脉冲上升电流为 20A/ns 的 20.3μm 铝丝爆炸激光影像[30]。正极性脉冲时，径向电场方向由金属丝指向上回流柱，从而阻碍金属丝表面的电子发射，可获得更多的能量沉积[19]。

Satoru 和 Oreshkin 研究了镀膜金属丝的电爆炸行为[22,31]。相比没有镀聚酰亚胺膜的金属丝，其击穿电压提高了数千伏特。镀膜本身又抑制了蒸气的膨胀和电子的热发射，因而延缓了击穿过程。镀膜金属丝的能量沉积密度和膨胀速率均有显著增加。

根据脉冲电流密度和沉积到金属丝的能量，金属丝会发生不同程度的爆炸，将金属丝电爆炸分成三类[8,9,13]。

(1)慢爆炸：沉积了足够分解金属丝的能量，有较少的金属材料在金属丝被破坏前蒸发，大部分金属以液滴的形式喷射。电流密度小于 $10^7 A/cm^2$。

(2)快爆炸：输入的能量使金属材料处于超临界态，金属从凝聚相到两相态的转变过程发展得很快。爆炸过程中，物质径向分布得更均匀。电流密度大于 $10^7 A/cm^2$。

(3)超高速爆炸：脉宽很短，电磁场无法穿透导体，金属丝的爆炸裂解从表面开始。在这种爆炸模式下，趋肤效应显著，电击穿很快在表面发生，加热的径向均匀性受到严重影响。

金属丝电爆炸现象的差异不仅取决于回路中放电过程的形式与回路储存的能量，还取决于金属材料的种类。高导电率金属(铝、钴、银、锡等)材料接收能量迅速，产物分散比较均匀，颗粒细小；而电离能小于或接近键能的金属，以钨丝爆炸为例，在金属键被完全破坏前，其表面就会出现强烈的热电子发射，电离过程消耗了大部分沉积能量，所以钨丝很难被电爆炸分解。

3.2　电爆炸法研究方法

金属丝电爆炸涉及多个学科领域，研究者可以根据需要有所偏重进行研究。目前对电爆炸制备纳米金属粉的研究主要关注两个方面：一是研究电爆炸的物理过程，希望从原理上解释爆炸生成纳米颗粒的机制；二是从工艺技术层面，注重爆炸条件(如电参数、热力学参数、介质种类等)对纳米产品的直接影响。早期研究电爆炸的主要手段是实验，当人们对电爆炸有了一定的认识后便开始试图给出其物理模型：基于 Tucker 比作用原理开发的计算模型能够满足工程计算的需要，而更精确的模型是基于磁流体动力学的数值计算[32-34]。

3.2.1　实验研究

　　电爆炸实验是研究电爆炸现象最根本和最可靠的手段。电爆炸法制备纳米金属粉用到的实验设备如图 3.3 和图 3.4 所示，电爆炸实验测量设备见表 3.1。

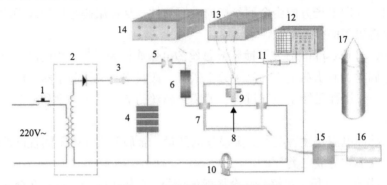

图 3.3　电爆炸实验设备示意图

1.充电开关；2.高压发生器；3.限流电阻；4.储能电容器组；5.气体间隙开关；6.电感器；7.爆炸箱；8.爆炸丝；
9.高温高压探头安装平台；10.罗氏线圈；11.高压探头；12.示波器；13.高压测试系统；14.瞬态光学高温计；
15.粉体收集装置；16.真空泵；17.高压气瓶

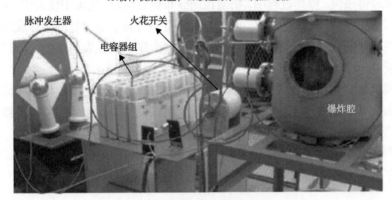

图 3.4　电爆炸实验设备实物

表 3.1　电爆炸实验测量设备

实验仪器	用途
Rogowski 线圈(罗氏线圈)	测量脉冲电流
电容分压器	测量脉冲电压
压电式压力传感器	测量冲击波
激光干涉仪(马赫-曾德干涉仪)	条纹图像、测量爆炸区折射率
X 射线衍射仪	检测产物成分、晶粒结构
TEM 和 SEM 电镜	观察产物形态、粒径大小
分幅相机	爆炸过程瞬时拍照

在电爆炸实验研究中，需要测量的主要数据有脉冲电压、电流、爆炸影像、粉末成分和颗粒形态，研究者常采用以下仪器进行测量[35]。

Z 箍缩研究一般要用微米丝并研究其在快爆炸下的行为，由于研究时使用的电压较高，脉宽较短[27,30]，而纳米金属粉的生产可以使用较粗的金属丝，电参数条件也相对缓和。因此，各国研究者做了一系列电爆炸实验，并观测到了重要的物理现象，取得了丰硕的研究成果。

Kotov 和 Chung 等对电爆炸制备纳米金属粉进行了详细的实验研究，他指出空气中的电爆炸出现的电流消失现象是由金属丝长度决定的。他还通过对电爆炸实验结果的分析建立了纳米铝粉的平均粒径公式[36,37]，即

$$\bar{a} = 0.3 \cdot 10^{-6} (e/e_s)^{-3} \tag{3.1}$$

式中，e 为每摩尔原子接收的能量；e_s 为铝摩尔内聚能。

e_u 为铝的摩尔第一次电离能；e_c 为发生二次放电所需要的摩尔能量，沉积能量密度需要满足条件 $0.7e_s < e < e_u$，$e/e_c < 1$。

3.2.2　理论计算模型

目前，对电爆炸过程的计算大多使用电路方程组和磁流体动力学方程组耦合程序来处理[38,39]。两种处理方法以丝核被击穿、等离子体性质显著为界[26]。

1. 电路解析模型

由于电爆炸过程能量输入足够快，金属丝的爆炸过程可认为是绝热加热的动力学问题。在丝核电导率消失前或在慢爆炸实验中，可以用 RLC 电路[图 3.1(a)]方程结合热平衡方程计算，即

$$\begin{cases} \dfrac{\mathrm{d}^2 i}{\mathrm{d}^2 t} + \dfrac{R}{L}\dfrac{\mathrm{d}i}{\mathrm{d}t} + \dfrac{i}{LC} = 0 \\[2mm] w = \displaystyle\int_0^{\tau} \delta j^2 \mathrm{d}t \\[2mm] \dfrac{1}{2}\eta C U_0^2 = lSw \\[2mm] R = \dfrac{l}{S}, \quad i = Sj \end{cases} \tag{3.2}$$

式中，i 为电流；R 为电阻；L 为电感系数；C 为电容；w 为沉积到金属丝上的能量密度；δ 为金属电导率；j 为电流密度；η 为能量转换效率(沉积到金属丝的能量与电容器初始储存能量的比)；U_0 为电容充电电压；l 为金属丝长度；S 为金属丝

横截面积。

方程组(3.2)中，第一个方程是 RLC 电路方程，第二个方程是焦耳加热定律，第三个方程是电容储能的转换方程，最后两个方程是电阻与电阻率、电流与电流密度的关系公式。

要得到方程组(3.2)的解，除要明确 RLC 电路方程的初始条件外，还需要知道电阻在爆炸各个过程的电阻率。Tucker 提出的比作用模型很好地解决了这个问题。

2. Tucker 比作用量模型

Tucker 的比作用量原理认为，低频条件下金属电阻率 δ 的变化可由比作用量近似描述[40]，即

$$\delta = f(h) \tag{3.3}$$

比作用量 h 可表示为电流密度 j 的二次方对时间的积分，即

$$h = \int_0^\tau [j(t)]^2 \, dt \tag{3.4}$$

式中，电流密度 j 是随时间 t 变化的量。

Tucker 假设导体的电阻只在定相加热阶段和相变两个基本过程中发生突变。他把金属丝的物理变化过程划分为固态、熔化、液态、气化、击穿和外推部分六个阶段，见图 3.5。每个阶段的电阻率与比作用量都有相应的函数关系，再结合方程组(3.2)就可以给出电爆炸全过程的解。

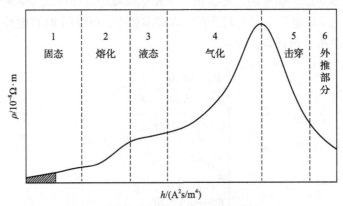

图 3.5　金属丝电阻率和比作用量的典型关系

比作用量模型将电阻率和电流直接联系起来，避开了计算电阻率与温度的关系，在固态、熔化、液态和气化四个阶段的计算结果与实验吻合得很好。但在击穿和外推部分阶段，由于磁场对高速电荷的作用增强，磁流体的不稳定性显著，

故其计算精度失效。比作用量的另一个缺陷是，当高频电流脉冲通过金属丝时，电子对电场的响应明显滞后，电阻率是频率的函数，故比作用量模型不再适用。

3. 磁流体动力学模型

当金属丝发生整体电击穿后，材料基本完成固-液相变，在经历了短暂的热滞后之后，是带电流体在电磁场中运动，此时需要用磁流体动力学(magneto-hydrodynamics，MHD)方程组进行描述[32,41]：

$$\begin{cases} \dfrac{\partial \rho}{\partial t} + \nabla(\rho v) = 0 \\[2mm] \rho \dfrac{\partial v}{\partial t} + \rho(v\nabla)v = -\nabla p + j \times \boldsymbol{B} \\[2mm] \rho \dfrac{\partial \varepsilon}{\partial t} + \rho(v\nabla)\varepsilon = -p\nabla v + j^2 \delta + \nabla(\kappa \nabla T) \\[2mm] j = \delta(\boldsymbol{E} + v \times \boldsymbol{B}) \\[2mm] \nabla \times \boldsymbol{E} = -\dfrac{\partial \boldsymbol{B}}{\partial t} \\[2mm] \nabla \times \boldsymbol{B} = \mu_0 j + \dfrac{\partial \boldsymbol{E}}{\partial t} \end{cases} \tag{3.5}$$

式中，ρ 为材料的密度；T 为温度；v 为带电粒子速度；p 为压强；ε 为内能密度；$\boldsymbol{B}$ 为磁感应强度；κ 为热传导率；δ 为电导率；$\boldsymbol{E}$ 为电场强度；μ_0 为真空磁导率。

方程组(3.5)中的第一个方程是连续性方程，第二个方程是运动方程，第三个方程是能量方程，第四个方程是欧姆定律，第五个和第六个方程是麦克斯韦方程组。磁流体方程组(3.5)需要结合材料状态方程构成完备方程组进行求解。等离子体中的电子较离子更快地达到平衡，故要进行更准确的计算需要考虑双温模型[33]。

与 Tucker 比作用量模型相比，磁流体动力学模型能给出金属丝的膨胀过程及电阻率在不同状态下的变化，并能够提供时变的磁场分布等更加详细的物理参数。

4. 分子动力学方法

无论是电爆炸经典模型还是磁流体动力学模型，基于连续介质的计算方法并不能对离散过程和离散单元做出准确描述，但分子动力学方法能弥补这方面的不足。

目前，电爆炸的分子动力学模拟仍处在发展的初期阶段。研究者一般选取电爆炸中比较"温和"的部分进行研究，如电离率较低的慢爆炸，而研究也主要关注泡沫结构的演化、材料裂解和颗粒的形成过程。

2010年，俄罗斯Zhakhovsky等尝试用分子动力学模拟方法研究电爆炸现象，他们在模拟实验中建立了圆柱形铝单晶，并研究了晶界对爆炸的影响[42]。Zhakhovsky等[42]采用分子动力学模拟研究了直径为200nm铝丝的电爆炸，并着重研究了泡沫结构的形成机理。以往在模拟爆炸加热方式上普遍采用温度控制的线性加热。吕方伟、刘平安等在前人的研究基础上进一步完善了电爆炸的分子动力学模拟方法，改进后的方法允许金属材料在加热过程中进行符合热力学规律的发展[43-46]。主要处理过程如下。

1) 电爆炸的物理简化

适当选取爆炸条件并对微弱物理过程进行忽略后，电爆炸可以进行以下经典分子动力学模拟。

(1) 慢爆炸，慢爆炸具有相对较低的能量沉积密度和低频的电流变化率，可以避免趋肤效应，且电离率低。

(2) 选择电离能高的金属可以使金属导体在慢模式下有较低的电离率，如铝等。

(3) 匹配型爆炸，通过调节金属丝直径、长度和爆炸的电参数(电压、电感、电阻等)，使能量在第一个脉冲放电过程中全部注入金属丝。匹配型爆炸避免了考虑电磁振荡和二次放电等现象。

(4) 考虑到极性效应，去除极端，取金属丝中间很短的部位进行研究。以避免极性效应的影响，忽略加热的轴向不均匀性。

(5) 丝核，经典分子动力学无法描述等离子体的行为，而丝核主要由中性原子组成。

(6) 细丝的爆炸，出于对计算机计算能力和加热径向均匀性的考虑而选择细丝(纳米级)。

在电流加热金属丝的过程中，也只关注电流的热效应。由于忽略了趋肤效应和极性效应，故模拟对金属丝采取体加热方式。因不涉及电荷和电磁场的作用，所以使用经典分子动力学方法模拟金属丝的电爆炸。

2) 势函数的选择和铝丝模型的建立

金属中自由电子的存在使金属原子的相互作用很难用简单多体势近似描述。金属的嵌入原子势(EAM)[47,48]考虑了背景电子密度对原子间相互作用的影响，能准确表现金属的晶格结构，在金属、合金材料的研究中被广泛应用。

该方法要建立圆柱形的铝丝模型。沿模型轴向设置周期性边界条件，侧面设置自由边界。爆炸模拟之前，将铝丝模型放置在真空中保持恒温300K，并弛豫到平衡状态。弛豫平衡后的铝丝模型如图3.6所示。

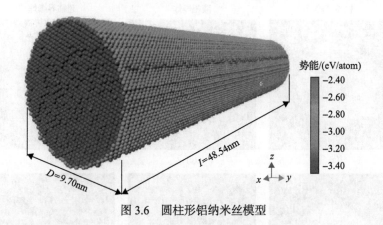

图 3.6　圆柱形铝纳米丝模型

3）注入能量的方法

电流热效应的本质是电荷（主要是电子）在电磁场中被加速并频繁撞击晶格结构，从而使原子动能增加，温度升高。分子动力学模拟采用给模型中的原子增加随机速度的方法来加热金属丝。加热过程是在一个遵循热力学轨迹的封闭系统中进行的。增加的速度服从高斯分布，加热频率为 $1fs^{-1}$。图 3.7 的曲线 2 为加热过程中铝丝的能量累计曲线，曲线轮廓与实验接近[图 3.1（b）中的能量累计曲线，曲线为势能增加曲线]。

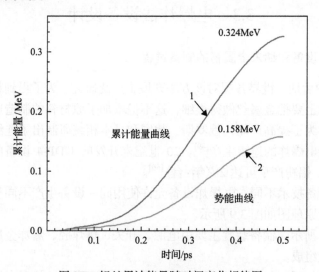

图 3.7　铝丝累计能量随时间变化规律图

图 3.8 是分子模拟得到的 20nm 铝丝在不同能量沉积水平下的爆炸情形。分子模拟还可以对铝丝直径、能量沉积速率、产物活性等进行研究。

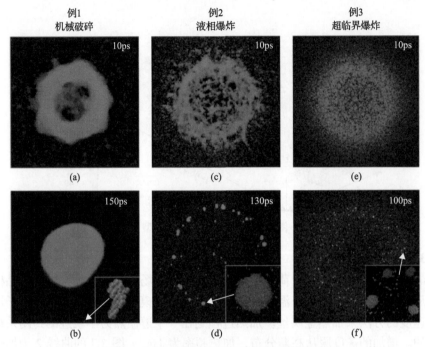

图 3.8　不同能量沉积水平下铝丝的爆炸产物

3.3　电爆炸法设备设计

3.3.1　电爆炸设备和纳米金属粉的制备过程

　　20 世纪中后期，世界各国对该方法开展了广泛研究。为了得到粒径更小的纳米粉体，技术上要把金属丝做得很细，这不但增加了原材料的制造成本，而且还使产能受限。为了提高产能，俄罗斯、德国和日本相继研制出了连续送丝装置，实现了纳米粉电爆炸的连续生产[49]。20 世纪末开发的 UDP-4 设备的金属丝输送率达 50mm/s，铝粉产量可达 2t/(年·台)[50]。

　　与其他制备技术不同，电爆炸设备允许使用同一设备生产不同种类的粉体产品。设备装置原理图如图 3.9 所示。

　　如图 3.9 所示，制备装置主要由电源、开关、爆炸腔、爆炸金属丝、换气系统和收集装置组成。

　　制备过程如下，首先通过换气系统将爆炸腔抽至真空，然后向爆炸腔充入一定压力的高纯氩气或其他介质气体(制备纯金属粉时常用惰性气体，制备化合物粉末时充入反应气体，如氧气、氮气、氨气等)。使用高压直流电源向储能电容器充电至 10~30kV，保持系统处于稳定状态。通过送丝装置将某直径的金属丝送入爆

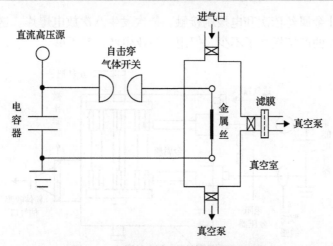

图 3.9　电爆炸制备纳米粉装置原理图

炸室。自击穿气体开关闭合，回路导通。高密度电流放电使金属丝爆炸，爆炸产物与环境气体进行热交换，原初颗粒在爆炸腔中冷却并生长形成高分散的纳米粉体，如此反复。最后，将纳米粉在氮气或其他惰性气体的保护下进行收集并进行原位包装。

以生产纳米铝粉为例，表 3.2 列出了使用 UDP-4 设备进行电爆炸制备纳米铝粉的条件。

表 3.2　电爆炸制备纳米铝粉的条件（典型值）

参数	数值
爆炸电压/kV	18～30
过热系数	1.0～2.5
电容器电容/μF	～3
回路电阻/mΩ	～70
电线直径/μm	300～400
爆炸腔气压/MPa	0.2～0.4
爆炸频率/Hz	0.8～1.5
纳米粉产率/(g/h)	～200

大多数实验中的金属丝爆炸一次只爆炸一根金属丝。而电爆炸法用于商业生产就需要解决产能问题。目前提高产量的方案主要是开发连续送丝装置。早期研究者曾使用过一次爆炸多根金属丝的装置，这种装置中的储能电容器一次要储存用于多根金属丝爆炸的能量，对电容储能和电路并联性能的要求较高。图 3.10 为一种带有旋转把手并可通过一次操作顺次爆炸八根金属丝的装置。制备时，转动

旋转把手，让金属丝依次和电极刷接触，依次发生八次放电爆炸。这种装置比单根金属丝爆炸的产率提高了不少，但用于商业生产仍然不够。

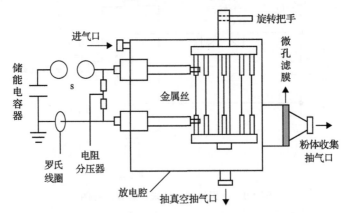

图 3.10　能够连续爆炸八根金属丝的电爆炸装置

3.3.2　气体放电式电爆炸装置

上述的电爆炸法是将金属丝的两端与电极直接接触并导入脉冲电流，使金属丝发生电爆炸，这种方法为接触式电爆炸。接触式电爆炸在制备过程中难免会出现一些微米级的大颗粒，且电极烧蚀严重，此外电极材质烧蚀也会污染纳米粉体。针对这些问题国内学者毕学松等发明了一种非接触式的电爆炸方法——气体放电式电爆法，如图 3.11 所示。其原理是依靠高压电场将电极与金属丝两端之间的空气气隙击穿放电，通过气隙放电形成的等离子体将强大的脉冲电流导入金属导体而发生电爆炸。

3.3.3　电爆炸纳米粉的连续生产装置

对设备的设计直接影响粉末的生产效率和经济效益。早期的电爆制粉设备存在一些问题，如旋转缠绕式送丝装置丝径不能过大、爆炸频率低、粉末产率低、射向电极靶面加载金属丝能量损耗较大、工艺参数不易调节、粉末品质难以控制等。因此，设计自动化程度高、生产效率高、易于操作和控制的电爆炸设备是将此技术应用于生产亟须解决的问题。兰州理工大学朱亮、张周伍等借鉴先前设备的优点，采用电极旋转和直线送丝的方式，设计了连续电爆炸粉末制备设备，工作原理如图 3.12 所示。

该设备由金属丝加载装置、高电压电路系统、控制电路系统、粉末收集装置等组成。金属丝加载装置用于电爆金属丝的连续供给，当脉冲大电流提供的频率(不是脉冲频率)与金属丝供给频率相同时，即可实现金属丝的连续爆炸。爆炸冷凝

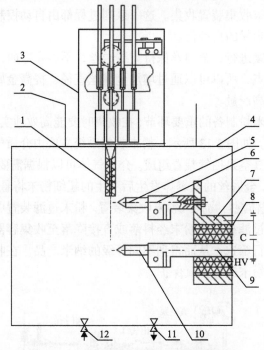

图 3.11　气体放电式电爆炸设备的爆炸腔

1.导丝管；2.送丝腔；3.送丝装置；4.爆炸腔；5.低压电极；6.低压电极支架；7.导电套；8.绝缘套管；
9.高压电极支架；10.高压电极；11.出气口；12.进气口；C.储能电容器组；HV.高压发生器

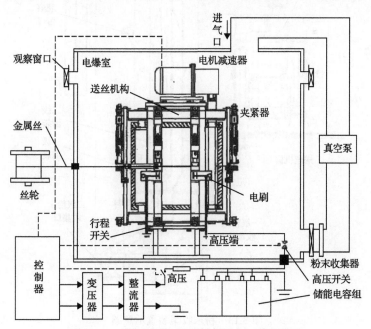

图 3.12　连续电爆炸粉末制备设备工作原理图

生成的粉末通过粉末收集装置收集。这一系列过程都由自动控制系统控制，从而实现电爆炸制备纳米粉的自动化。

以上过程可连续进行，金属丝保持直线送丝，不需要弯曲，进而克服了缠绕送丝加载方式的缺点，所以可以通过增加金属丝直径、提高金属丝的进给速度和产品的均匀性来提高产量。

粉末收集是纳米粉制备的重要环节，在收集时要能高效地实现对粉末的保护、分级、收集和储存。如图 3.13 所示，粉末收集系统主要由介质气体供给装置、粉末过滤收集装置和真空泵抽气装置组成。介质气体可以根据需要选用氨气、氮气、氧气、惰性气体等。金属丝的电爆炸发生后产生的超细粉末将悬浮在介质气体中，用真空泵将粉尘-气体混合物抽入粉末收集装置。粉末过滤装置中安装有网孔不一的若干级过滤袋，过滤袋中的粉末经抖落或直接降落至收集容器中。通过过滤袋装置可以对粒径进行筛选，从而得到不同等级的纳米产品。在收集过程中氮气、惰性气体等可以对粉末进行止氧保护。

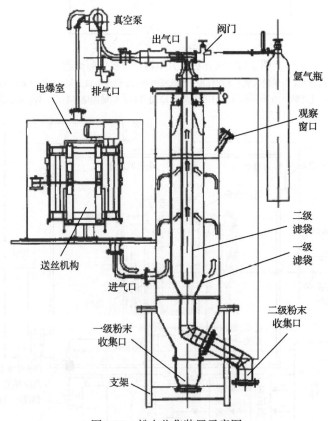

图 3.13　粉末收集装置示意图

3.4 纳米产品的特征和控制技术

基于电爆炸技术生产的高化学活性纳米金属粉是目前开发新型金属燃料推进剂、高能炸药等的首选材料。相对于其他制备方法，高纯度、高活性是电爆炸法制备金属粉末的显著优势。

3.4.1 电爆炸纳米粉体的纯度与活性

化学方法和球磨方法在制备金属粉的过程中通常因反应不充分、设备磨损等因素混入杂质。随着对电爆炸法研究的深入，耐烧蚀电极材料及无接触电爆炸方法等性能优良的爆炸制粉方法相继被开发。

相比其他纳米粉制备方法，金属丝的电爆炸过程和爆炸初产物冷凝过程的能量流向更加剧烈和复杂。爆炸时金属丝在短时间内会产生极高的压力和温度，材料进入剧烈非平衡状态，能量通过所有可能的渠道消散，金属原子的不同能量状态，即熔化、气化、升华、激发和电离可能同时存在。快爆炸下，原子的激发和电离过程是电爆炸的能量密集消耗过程。这些物理过程还将导致电爆炸的热力学不稳定性[51]、流体动力学不稳定性和磁流体动力学不稳定性[52,53]。

金属丝电爆炸是剧烈的非平衡过程，纳米金属颗粒也不是准静态平衡过程的产物。电爆炸的极端条件是纳米金属粉提供了热动力学方面的不平衡结构，同时存储了较稳定的多余能量；冷却过程中，亚稳态晶体结构的存在使颗粒迅速生长，所获得的粉体没有时间完全松弛，部分能量存储在粉体中。最后，纳米金属颗粒存储的能量以表面储能、内部缺陷、充电状态的形式存在，从而使电爆炸法制备的金属粉具有很高的活性。

3.4.2 纳米金属粉的改性

纳米金属粉的高活性使粉体在低温下普遍以聚集体形式存在，在惰性气体中可自发地烧结，与空气、水接触还会发生自燃。为了保存纳米金属粉的活性且便于储存，常用表面氧化的方法进行钝化处理。但随着粒径的减小，钝化后纳米金属粉的金属含量迅速降低，当粒径小于30nm的纳米颗粒，对于铝等轻金属来说，金属含量不足50%，严重影响了颗粒的燃烧性能[54]。因此，有必要对纳米铝粉进行表面改性，以阻止或延缓其氧化。其中，包覆改性是主要方法。

西安近代化学研究所在无机物包覆纳米铝粉方面开展了相关研究工作，并已成功在纳米级铝粉表面实现了原位碳沉积。Hammerstroem 等用表面原位包覆改性法，采用 3 种不同的环氧类单体(环氧十二烷、环氧己烷、环氧异丁烷)对纳米铝粉进行包覆改性，并对其效果进行了对比。Foley 等采用湿化学法制备了纳米铝粉，并对其进行了包覆改性，包覆材料采用乙酰丙酮钯、氯化金、乙酰丙酮银、二甲基硫醚和乙酰丙酮镍，改性后纳米铝粉的抗氧化能力更强。姚二岗等用全氟十四烷酸和油酸在钝化处理过的纳米铝粉表面进行了二次包覆处理，效果良好。Guo Liangui 制备了端羟基聚丁二烯(HTPB)包覆的纳米铝粉，包覆后纳米铝粉的活性和稳定性都得到大幅度提高。

3.4.3 金属粉末的粒径和形态的控制

粒径是确定粉体技术特点和应用的重要参数之一[55]。减小粒径能增加金属粉的比表面积，增加金属粉的活性。在电爆炸技术中影响金属粉粒径的因素主要有输入金属丝的能量[11,56]、金属丝直径、介质气体温度和压强。

一般随着沉积能量的增加，颗粒的平均尺寸持续降低(图 3.8)。能量沉积水平使用过热系数 e/e_s 表征(其中，e 为沉积到金属丝的能量，e_s 为金属丝的升华能)。对于大多数金属，当 e/e_s 为 0.3～0.7 时，金属丝即转变为液态并发生分散性破坏；当 e/e_s 为 1.0～1.6 时，颗粒的形成可能通过自上而下和自下而上两个途径进行。大多数高电导率金属，在过热系数为 1.6～2.5 的爆炸中接近完全气化[57]，在完全气化的金属丝爆炸中，一般不能再通过增加沉积能量来减小金属粉的粒径，如图 3.14 所示，此时颗粒的形成主要通过自下而上的颗粒凝结机制生成。

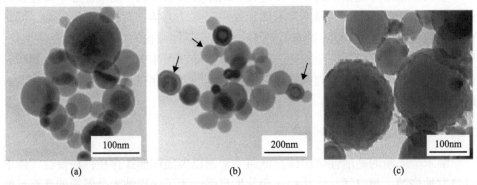

(a)　　　　　　　　(b)　　　　　　　　(c)

图 3.14　0.38mm 铝丝爆炸的纳米产品：过热系数分别为 1.6(a)和 2.5(b)及氨气介质(c)

Valevich 等的实验表明，增加介质气体的压力，粒径也会增加，同时粒径跨度也相应增加[58,59]，如图 3.15 所示。Kotov 还发现在以氨气为介质气体的铝丝爆炸实验中，纳米颗粒表面有棱刺，如图 3.14(c)所示，这是由于气体从临界态铝蒸发出来而形成的，产物含有一定量的氮化铝。研究还指出，氧化铝纳米粉的比表面积随过热系数的增加先减小后增加，并指出这种情况出现的原因在于氧化物粉体的形成机制与金属粉体不同。此外，介质气体温度的影响是在冷却过程中起作用的，颗粒的大小随介质温度的升高而增加。

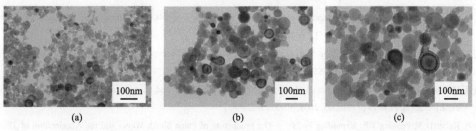

图 3.15　不同氩气气压下铝纳米颗粒的形态和结构：10.0kPa(a)、97.08kPa(b) 和 200kPa(c)

　　介质气体的种类会影响颗粒形态和颗粒成分。日本长冈科技大学的 Kiyoshi 和 Wei 分别在氩气、氦气和氮气中进行了铝丝的电爆炸实验，并得到了相应的化合物粉末(图 3.16)，同时他们又使用高速相机拍摄了电爆炸的发展过程。他们发现，改变介质气体的压强可以控制纳米粉末的粒度和形态。长冈大学 Kinemuchi 等在铝丝爆炸腔中通入 NH_3 和 N_2 的混合气体，制备出平均粒径为 28nm 的 AlN 粉。他们还发现改变气压、NH_3 与 N_2 的比例、铝丝直径、电脉冲宽度等能够控制产物中 AlN 粉的含量，其最高纯度可达 97%[52]。

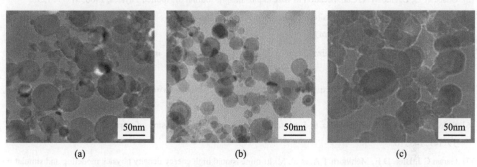

图 3.16　不同介质气体下铝纳米颗粒的电镜照片：氩气(a)、氦气(b) 和氮气(c)

　　德国研究人员 Kirchen 指出，粗金属丝电爆炸产物的密度大，在爆炸腔冷凝过程中，容易达到过饱和条件，颗粒生长时间长，颗粒粒径较大。减小金属丝直径能有效降低爆炸腔的蒸气密度，从而使生成颗粒的粒径减小。

参 考 文 献

[1] Johnson R L, Siegel B. A chemical reactor utilizing successive multiple electrical explosions of metal wires[J]. Review of Scientific Instruments, 1970, 41(6): 854-859.

[2] Vollath D, Fischer F D. Estimation of thermodynamic data of metallic nanoparticles based on bulk values[J]. Metal Nanopowders: Production, Characterization, and Energetic Applications, 2014: 1-24.

[3] Ghosh Chaudhuri R, Paria S. Core/shell nanoparticles: Classes, properties, synthesis mechanisms, characterization, and applications[J]. Chemical Reviews, 2012, 112(4): 2373-2433.

[4] Samokhin A V, Alexeev N V, Vodopyanov A V, et al. Metal oxide nanopowder production by evaporation-

condensation using a focused microwave radiation at a frequency of 24GHz[J]. Journal of Nanotechnology in Engineering and Medicine, 2015, 6(1): 011008.

[5] Sinars D B, Shelkovenko T A, Pikuz S A, et al. Exploding aluminum wire expansion rate with 1~4.5 kA per wire[J]. Physics of Plasmas, 2000, 7(5): 1555-1563.

[6] Duselis P U, Kusse B R. Experimental observation of plasma formation and current transfer in fine wire expansion experiments[J]. Physics of Plasmas, 2003, 10(3): 565-568.

[7] Keller D V, Penning J R. Exploding Foils——The Production of Plane Shock Waves and the Acceleration of Thin Plates[M]//Exploding Wires. Boston: Springer, MA, 1962: 263-277.

[8] Rashmita Das, Basanta Kumar Das, Rohit Shukla, et al. Analysis of electrical explosion of wire systems for the production of nanopowder[J]. Sadhana, 2012, 37: 629-635.

[9] Han R, Wu J, Zhou H, et al. Characteristics of exploding metal wires in water with three discharge types[J]. Journal of Applied Physics, 2017, 122(3): 033302.

[10] Kotov Y A. The electrical explosion of wire: A method for the synthesis of weakly aggregated nanopowders[J]. Nanotechnologies in Russia, 2009, 4(7): 415-424.

[11] Kwon Y S, Jung Y H, Yavorovsky N A, et al. Ultra-fine powder by wire explosion method[J]. Scripta Materialia, 2001, 44(8-9): 2247-2251.

[12] Chace W G, Levine M A. Classification of wire explosions[J]. Journal of Applied Physics, 1960, 31(7): 1298.

[13] Kotov Y A. The electrical explosion of wire: A method for the synthesis of weakly aggregated nanopowders[J]. Nanotechnol Russia, 2009, 4: 415-424.

[14] Chittenden J P, Lebedev S V, Ruiz-Camacho J, et al. Plasma formation in metallic wire Z pinches[J]. Physical Review E, 2000, 61(4): 4370.

[15] Oktay E. Effect of wire cross section on the first pulse of an exploding wire[J]. Review of Scientific Instruments, 1965, 36(9): 1327-1328.

[16] Sedoi V S, Ivanov Y F. Particles and crystallites under electrical explosion of wires[J]. Nanotechnology, 2008, 19(14): 145710.

[17] Garasi C J, Bliss D E, Mehlhorn T A, et al. Multi-dimensional high energy density physics modeling and simulation of wire array Z-pinch physics[J]. Physics of Plasmas, 2004, 11(5): 2729-2737.

[18] Sarkisov G S, Struve K W, McDaniel D H. Effect of current rate on energy deposition into exploding metal wires in vacuum[J]. Physics of Plasmas, 2004, 11(10): 4573-4581.

[19] Lebedev S V, Savvatimskiǐ A I. Metals during rapid heating by dense currents[J]. Soviet Physics Uspekhi, 1984, 27(10): 749.

[20] Sarkisov G S, Sasorov P V, Struve K W, et al. State of the metal core in nanosecond exploding wires and related phenomena[J]. Journal of Applied Physics, 2004, 96(3): 1674-1686.

[21] Sinars D B, Hu M, Chandler K M, et al. Experiments measuring the initial energy deposition, expansion rates and morphology of exploding wires with about 1 kA/wire[J]. Physics of Plasmas, 2001, 8(1): 216-230.

[22] Satoru I, Hisayuki S, Tadachika N, et al. Nano-sized particles formed by pulsed discharge of powders[J]. Materials Letters, 2012, 67(1): 289-292.

[23] Taylor M J. Formation of plasma around wire fragments created by electrically exploded copper wire[J]. Journal of Physics D: Applied Physics, 2002, 35(7): 700.

[24] Hu M, Kusse B R. Optical observations of plasma formation and wire core expansion of Au, Ag, and Cu wires with 0~1 kA per wire[J]. Physics of Plasmas, 2004, 11(3): 1145-1150.

[25] Yukimura K, Masamune S. Shunting arc plasma generation and ion extraction[J]. Physical Review E, 2000, 6(4): 4370-4380.

[26] Sarkisov G S, Caplinger J, Parada F, et al. Breakdown dynamics of electrically exploding thin metal wires in vacuum[J]. Journal of Applied Physics, 2016, 120(15): 153301.

[27] Sarkisov G S, Struve K W, McDaniel D H. Effect of deposited energy on the structure of an exploding tungsten wire core in a vacuum[J]. Physics of Plasmas, 2005, 12(5): 052702.

[28] Sarkisov G S, Sasorov P V, Struve K W, et al. Polarity effect for exploding wires in a vacuum[J]. Physical Review E, 2002, 66(4): 046413.

[29] Sarkisov G S, Rosenthal S E, Cochrane K R, et al. Nanosecond electrical explosion of thin aluminum wires in a vacuum: Experimental and computational investigations[J]. Physical Review E, 2005, 71(4): 046404.

[30] Sinars D B, Shelkovenko T A, Pikuz S A, et al. The effect of insulating coatings on exploding wire plasma formation[J]. Physics of Plasmas, 2000, 7(2): 429-432.

[31] Oreshkin V I, Baksht R B, Ratakhin N A, et al. Wire explosion in vacuum: Simulation of a striation appearance[J]. Physics of Plasmas, 2004, 11(10): 4771-4776.

[32] Beilis I I, Baksht R B, Oreshkin V I, et al. Discharge phenomena associated with a preheated wire explosion in vacuum: Theory and comparison with experiment[J]. Physics of Plasmas, 2008, 15(1): 013501.

[33] Haines M G. A review of the dense Z-pinch[J]. Plasma Physics and Controlled Fusion, 2011, 53(9): 093001.

[34] Cho C, Kinemuchi Y, Suzuki T, et al. Purification of aluminum nitride nanosize powder synthesized by pulsed wire discharge[J]. Surface Engineering: Science and Technology II, 2002: 61-68.

[35] Kotov, N.A.Y.a.Y.A., Phizika i khimiya obrabotki materialov[J]. Physics and chemistry of Material Processing, 1978, 4: 24.

[36] Kotov Y A. Electric explosion of wires as a method for preparation of nanopowders[J]. Journal of Nanoparticle Research, 2003, 5(5): 539-550.

[37] Chung K J, Lee K, Hwang Y S, et al. Numerical model for electrical explosion of copper wires in water[J]. Journal of Applied Physics, 2016, 120(20): 203301.

[38] Tkachenko S I, Kuskova N I. Dynamics of phase transitions at electrical explosion of wire[J]. Journal of Physics: Condensed Matter, 1999, 11(10): 2223.

[39] Tucker T J, Toth R P. EBW1: A computer code for the prediction of the behavior of electrical circuits containing exploding wire elements[R]. Sandia Labs., Albuquerque, N. Mex.(USA), 1975.

[40] Frank G K, Birney R F. An exploding wire aerosol generator[J]. Journal of Colloid Science, 1962, 17(2): 155-161.

[41] Abdrashitov A V, Kryzhevich D S, Zolnikov K P, et al. Simulation of nanoparticles with block structure formation by electric dispersion of metal wire[J]. Procedia Engineering, 2010, 2(1): 1589-1593.

[42] Zhakhovsky V V, Pikuz S A, Tkachenko S I, et al. Cavitation and formation of foam-like structures inside exploding wires[C]//AIP Conference Proceedings. American Institute of Physics, 2012, 1426(1): 1207-1210.

[43] Lv F, Qi H, Liu P, et al. Molecular dynamics simulation of the thermal pulse explosion of metal nanowire[J]. AIP Advances, 2018, 8(7): 075307.

[44] Lv F, Liu P, Qi H, et al. Molecular dynamics simulations on the effect of energy deposition rate on the electrical explosion of metal nanowires[J]. Computational Materials Science, 2019, 162: 88-95.

[45] Lv F, Liu P, Qi H, et al. The early stage of the thermal pulse explosions of aluminum nanowires under different energy deposition levels[J]. Computational Materials Science, 2019, 170: 109142.

[46] Daw M S, Foiles S M, Baskes M I. The embedded-atom method: A review of theory and applications[J]. Materials

Science Reports, 1993, 9 (7-8) : 251-310.

[47] Mendelev M I, Kramer M J, Becker C A, et al. Analysis of semi-empirical interatomic potentials appropriate for simulation of crystalline and liquid Al and Cu[J]. Philosophical Magazine, 2008, 88 (12) : 1723-1750.

[48] Suematsu H, Nishimura S, Murai K, et al. Pulsed wire discharge apparatus for mass production of copper nanopowders[J]. Review of Scientific Instruments, 2007, 78 (5) : 056105.

[49] Davidovich V I. Development of technological process and equipment for the electro——Explosive production of metal powders with low conductivity[D]. Tomsk: Tomsk Polytechnic University, 1986.

[50] Oreshkin V I. Thermal instability during an electrical wire explosion[J]. Physics of Plasmas, 2008, 15 (9) : 092103.

[51] Liberman M A, Pe Groot J S, Toor A. 高密度 Z 箍缩等离子体物理学[M]. 孙承纬, 译. 北京: 国防工业出版社, 2003.

[52] Abramova K B, Zlatin N A, Peregud B P. Magnetohydrodynamic instability of liquid and solid conductors. Destruction of conductors by an electric current[J]. Zhurnal Eksperimental'noii Teroreticheskoi Fiziki, 1975, 69 (6) : 2007-2022.

[53] Gromov A A, Il'In A P, Foerter-Barth U, et al. Effect of the passivating coating type, particle size, and storage time on oxidation and nitridation of aluminum powders[J]. Combustion, Explosion and Shock Waves, 2006, 42 (2) : 177-184.

[54] Kotov Y A. Electric explosion of wires as a method for preparation of nanopowders[J]. Journal of Nanoparticle Research, 2003, 5 (5) : 539-550.

[55] Sindhu T K, Sarathi R, Chakravarthy S R. Understanding nanoparticle formation by a wire explosion process through experimental and modelling studies[J]. Nanotechnology, 2007, 19 (2) : 025703.

[56] Hamilton A, Sotnikov V I, Sarkisov G S. Vaporization energy and expansion velocity of electrically exploding aluminum and copper fine wires in vacuum[J]. Journal of Applied Physics, 2018, 124 (12) : 123302.

[57] Kwon Y S, Kim J C, Ilyin A P, et al. Electroexplosive technology of nanopowders production: Current status and future prospects[J]. Journal of Korean Powder Metallurgy Institute, 2012, 19 (1) : 40-48.

[58] Valevich V V, Sedoi V S. Producing highly disperse powder in fast electrical explosion[J]. Russian Physics Journal, 1998, 41 (6) : 569-574.

[59] Lee Y S, Bora B, Yap S L, et al. Effect of ambient air pressure on synthesis of copper and copper oxide nanoparticles by wire explosion process[J]. Current Applied Physics, 2012, 12 (1) : 199-203.

第4章 纳米铝颗粒的点火燃烧特性

4.1 概 述

铝具有燃烧焓高、存储量大、毒性低、稳定性好等优点，在推进剂、烟火、炸药等高能应用中得到了广泛应用。无论是粉末还是薄片的铝，都可以用来增加火箭推进剂的能量并提高火焰温度；它也可以添加到炸药中，以增大空气冲击力，提高反应温度，产生燃烧效应，并增加水下武器中的气泡能量。在火箭推进中，传统微米铝粉的燃烧过程离推进剂表面相对较远，对推进剂的燃烧速率没有显著影响。与此相反，超细含能粒子，特别是纳米颗粒，是一种具有非常小的尺寸和极高的比表面积的物体。因此，与相应的大块或微米尺寸的材料相比，由于其不同的化学和物理性质，它们显得非常有吸引力。特别是纳米铝可被广泛地应用于提高含能系统的燃烧速率和燃烧效率，从而缩短点火延迟和凝聚体燃烧的时间。

事实上，金属基反应性纳米材料研究的快速发展可追溯到纳米金属制造业的发展。在 1959 年俄罗斯莫斯科化学物理研究所(ICP)进行的开创性实验中，观察到推进剂稳定燃烧速率显著增加，铝燃烧冷凝产物(CCP)尺寸减小[1,2]。这一突破性发现引起了固体推进实践者的极大兴趣。一般而言，对于传统的含能成分，预计会有更高的能量密度和更快的能量释放速率。通过燃烧纳米铝粉代替传统的微米铝燃料，还可以减少固体火箭发动机中与气体动力膨胀相关的两相流性能损失。此外，与传统的微米含能材料相结合，纳米含能材料可以更精确地控制能量释放速率。这为其广泛的应用开辟了道路，其应用范围远超出常规的固体火箭推进领域。

除铝基反应性纳米材料外，纳米铝粉在制备改进的高爆材料、纳米催化剂、碳纳米管和浸渍多孔硅方面也取得了可观的进展，但对纳米铝粉的应用主要集中在空间探索推进任务的成分和推进剂配方上。参考文献[3]最近提供了一个综述。公元前 220 年中国炼金术士们偶然发现黑火药配比后，几个世纪以来固体火箭推进的基本形式均是以黑火药为基础[4]。在工业革命期间的欧洲，黑火药的发展取得了重大进展，并在 1863～1888 年才引进了硝化棉(NC)无烟发射药。1925 年，俄罗斯列宁格勒(现为圣彼得堡)的米基洛夫斯卡亚炮兵学院取得了进一步进展(基于焦耳胶的火箭炮弹无烟推进剂)并在 1933 年实现了用于 SRM 的双基火药 N[4]。在固体推进剂发展的近代，美国取得了决定性的进展，在专门用于喷气助推起飞(JATO)火箭的 GALCIT 计划框架内引入了可浇铸复合推进剂。1942 年 6 月，帕森斯,一位富有想象力的化学家,将有机基质(沥青)与结晶无机氧化剂(KClO₄)相结合,成功制造出第一种可浇铸复合固体推进剂。复合推进剂最终在大多数火箭应用中取代了双基推进剂。GALCIT 项目则是现代固体火箭的开端。

但是,对于固体推进剂来说,科学家们追求卓越的努力现在已经走到了尽头,正如过去几十年固体推进剂交付量的平坦曲线所显示的那样。至少在西方世界,用于太空探索的固体推进技术的最新技术是 AP/HTPB(端羟基聚丁二烯)/Al 配方。参考文献[7]讨论了目前研究的固体推进剂中的高级成分。所有这些都离飞行应用还很远。相反,一些纳米催化剂已经在固体火箭应用中得以长期使用[8]。

纳米含能材料(nEM)、含能纳米复合材料、亚稳态分子间复合材料(MIC)等是一类新型材料,其纳米化范围和反应速率比传统高能材料要高出一个数量级。纳米含能材料的特征是至少在一个维度上具有纳米尺度的尺寸。石墨烯是最近发现的二维结构的一个例子,它是一种由几层(最多十层)碳原子组成的碳片。传统的分类通常被接受,即超细颗粒在 1000~100nm,纳米颗粒在 100~10nm。因此,100nm 大致可以看作是超细和纳米尺寸物体之间的常规边界。

纳米铝颗粒被广泛应用于各种燃烧系统,包括纳米流体、凝胶推进剂、固体推进剂和铝热剂。纳米流体是纳米颗粒以极低浓度(小于 10%体积分数)分散的流体。纳米铝和氧化铝颗粒在 688~768℃对柴油点火特性的影响也被考虑在内。本节考虑了 15nm 和 50nm 两种不同的颗粒尺寸,颗粒的体积分数在 0~5%变化。将颗粒物滴落在热板上,根据点燃的液滴数计算其着火概率。从中发现添加纳米颗粒后,柴油的着火概率增加。例如,在 708℃下,含有体积分数为 0.5%的纳米铝颗粒的柴油的着火概率约为 50%,比纯柴油燃料(15%)的着火概率大。着火概率的提高可归因于燃料传热传质性能的提高。

金属化凝胶推进剂是很有发展前景的推进剂,它们的能量密度与液体系统相当。凝胶具有比纳米流体更高的粒子装载密度,从而降低了推进剂泄漏的风险,但允许泵送和节流。与固体推进剂相比,凝胶推进剂对冲击、摩擦和静电放电也不太敏感,不易开裂。纳米铝颗粒因具有高比表面积而成为胶凝剂,可替代气相二氧化硅等常规惰性胶凝剂。纳米铝颗粒的加入对纯硝基甲烷的燃烧速率有正向影响。例如,在 5MPa 压力下,当颗粒装填密度从 0%增加到 12.5%时,燃烧速率增加了 4 倍。这主要归因于混合物的能量含量和热扩散系数的增加。当装填密度约为 13%时,燃烧速率急剧增加,其值比纯硝基甲烷的燃烧速率要大一个数量级。燃烧速率的迅速增加对应于从凝胶状稠度到黏土状稠度的变化。

近年来,人们对含有金属和金属氧化物颗粒的铝热剂燃烧行为也进行了研究。一种由纳米铝颗粒和水组成的新型含能材料目前正在应用于推进和能量转换。这种混合气因其简单、低成本和绿色排气产品而特别吸引人。它的燃烧速率超过了许多含能材料,如二硝基铵(ADN)和六硝基六氮杂异乌尔茨坦(CL-20)。例如,在 1MPa 的压力下，化学计量比为 38nm 的 Al-H_2O 混合物的燃烧速率为 4.5cm/s，几乎是 ADN 的 2 倍[9,10]。

纳米铝(~46nm)覆盖着相对较厚的氧化铝颗粒。氧化物的质量分数随粒径的减小而急剧增加，例如，对于一个 38nm 的纳米铝颗粒，其氧化物质量分数可以达到 52%[11]。粒子的能量密度也因此大为降低。提高纳米铝颗粒中活性铝含量的研究已经取得了部分成功。例如，用镍涂层部分替换氧化铝层可使纳米铝颗粒的活性铝含量增加 4%。其他的包覆材料，如全氟烷基羧酸、三苯基膦和油酸和硬脂酸也可考虑用作增强纳米铝燃烧活性的包覆材料。

4.2　纳米铝颗粒的熔点研究

纳米颗粒的粒径对金属基含能材料的着火和燃烧温度起着至关重要的作用。纳米铝颗粒的熔化行为对着火过程和燃烧过程有着重要的影响。因为在实验上很难储存纯纳米铝或进行精确的热实验，所以在过去的几十年里，分子动力学模拟方法被广泛应用于研究纳米颗粒的热性质[12-18]。

Guery 等[12]利用正则系综下的 Streitz-Mintmire 势能函数对含有少于 1000 个原子(约 3nm)的纳米铝颗粒进行了分子动力学模拟。他们的研究结果显示了少于 200 个原子的纳米铝颗粒的奇特熔点规律和少于 850 个原子的粒子之间存在动态共存熔化。Meda 等[13]在 1~70atm 的压力范围内，在恒压炸弹中测量了含有 30μm 和 170nm 的铝颗粒固体推进剂的燃烧速率。推进剂由 17%的 HTPB 黏合剂、68%的高氯酸铵和 15%的铝(按重量计)组成。当使用纳米铝粉代替微米尺寸的铝粉时，其燃烧速率几乎翻了一番。Deluca 等[14]使用五种不同的电位方法进行了等压等熵(NPH)系综分子动力学模拟，以预测铝颗粒在 2~9nm 的熔点。结果表明，在 2~8nm，纳米铝颗粒的熔点与粒径呈线性关系。此外，整个熔化过程中表面电荷的发展是可以忽略的。随后，Puri 和 Young 研究了孔隙缺陷率和压力对纳米铝颗粒熔化的影响。他们发现，只有在高压(至少 300atm)时才有效，并且孔隙缺陷只有在孔洞尺寸超过临界值时才会改变其熔点。然而，他们只是从原始球体粒子中挖掘出含有一定数量原子的立方块。这种方法虽然不能代表典型的纳米铝颗粒缺陷，但他们的结果仍然揭示了铝颗粒内部出现空洞时缺陷的生长机理。Duan 的团队使用基于 Gupta 半经验势的分子动力学方法预测了各种纳米铝颗粒(从 13~8217 个原子)的熔点[16-18]。他们的结果表明，小的铝纳米粒子(从 13~32 个原子)有一个凌乱的熔化规则，这与实验结果一致[16]。此外，他们还尝试模拟铝纳米粒子(196 个原子)的不同初始结构，并发现了其截然不同的熔化行为。从相对低能稳定的几何形状来看，熔点比高能时更容易找到[17]。之后，他们利用 Gupta 势结合退火技术研究了铝纳米粒子在 200~10000 个原子范围内的熔化行为。从纳米铝的熔点与团簇尺寸的关系可以看出，团簇的熔点随团簇尺寸的增大而增大。

虽然纳米铝颗粒的熔化行为已经被广泛研究，但仍然缺乏描述熔化过程的ReaxFF力场的分子动力学模拟。与纳米铝颗粒研究中使用的主要力场[如胶电势、静电加(ES+)电势和Gupta多体势]相比，ReaxFF力场已经发展到铝/水相互作用[19]、铝/氧化铝界面[20]、铝/铝氧化物界面[20]和铝/氧相互作用，并能够描述各种情况下的能量变化。本书第7章的目标是模拟纳米铝的燃烧。因此，必须保证ReaxFF力场能够预测铝的熔点。此外，本研究还期望探索当铝纳米粒子有不同的缺陷浓度时，额外能量随温度的变化关系。

在文献调查中，很少有人使用ReaxFF力场来描述铝纳米粒子的熔化过程。本书的第7章将基于ReaxFF力场结合退火技术在正则系综下对纳米铝颗粒进行分子动力学模拟。

4.3　纳米铝颗粒的热反应特性

4.3.1　纳米铝颗粒的点火过程概述

所有涉及含能材料的过程都是从瞬态点火开始的，使被测的含能材料从无反应状态变为反应状态。一方面，这种瞬态点火必须可靠地发生，并且只有在SRM成功运行的命令下才能发生；另一方面，如果发生意外触发事件(称为意外点火)，那么应防止相同的瞬态。出于安全方面的实际原因，这一问题引起了研究者们的极大兴趣，在实际应用时，通常要求人们对推进剂的可燃性和危险响应之间的关系能够进行很好把握。

相对于微米铝颗粒添加剂，添加纳米铝颗粒推进剂的点火延迟更短，如图4.1所示(推进剂质量分数组成：72% AP、18%丁基橡胶、10% Al)。这是因为纳米铝颗粒的粒径更小、比表面积更大、氧化层厚度更薄、与其他推进剂成分的接触更好和纳米铝颗粒粉末固有的更易点火性[21]。通过点火延迟时间与辐射通量曲线的最小斜率可指出促进凝聚相放热的化学活性。在许多实验中都观察到了这一点，但并非所有实验都观察到了，因为这取决于推进剂配方和制造的许多细节。此外，通过热分析证实了在慢升温速率下，其快速氧化起始温度较低。

点火温度随粒径减小而降低的趋势已经得到了很好的证明[24]，它不仅低于块体氧化物外壳的熔化温度，如2350K[22]，还低于含铝复合推进剂的典型燃烧表面温度(如900～950K，具体数值取决于压力)。这种下降趋势伴随着铝熔化温度和熔化焓随粒径的减小而同时降低[22]，但对于实际推进剂中使用的纳米铝颗粒，这种影响通常可以忽略不计。

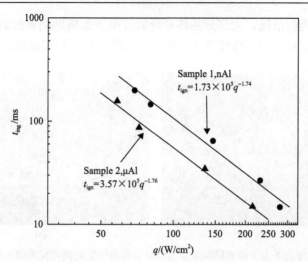

图 4.1 微米和纳米铝颗粒复合推进剂在大气压下的点火延迟与辐射通量强度的关系

在更一般的情况下，Alex 部分或完全替换传统的微米铝颗粒，通过增加冷凝相的加热速率来缩短点火时间。例如，对于添加含能物质(HMX)的复合推进剂配方，在 60W/cm² 辐射通量下，Alex 和 ASD-4μm 铝颗粒的平均燃烧表面温度为 820～930K，而 ASD-4μm 铝颗粒则为 990～1090K。在相同的辐射通量下，Alex 反应层的加热时间比 ASD-4μm 铝颗粒快 6 倍[23]。然而，这种巨大差异也可能是受试推进剂导热系数不同的结果。

对于新一代的纳米含能材料，含 5% Ni 的双金属配方似乎为实现良好的可燃性和更高的安全性提供了一种更有前景的方法[24]，然而对于其他创新配方(纳米复合材料、石墨烯等)还没有足够的信息。沃罗日佐夫(Vorozhtsov)等在最近的论文中提出了一个关于普遍有效性的有趣评论[25]：铝点火最有可能发生在将天然非晶态氧化铝转变成更高密度的 γ-Al₂O₃ 相之后不久。氧化层的扩散阻力减小，反应速度加快，从而引起着火。

4.3.2 纳米铝颗粒与微米铝颗粒的热反应过程

通常在使用微米铝颗粒推进剂的火焰区可以清楚地看到颗粒燃烧的距离变化，但在纳米铝颗粒推进剂的图像中却很难观察到这样的现象。图 4.2(a)(微米铝颗粒)和图 4.2(b)(纳米铝颗粒)就展现了这样的画面对比。对于空间发射器典型的探索操作条件，即基于 AP/HTPB 的配方从大气到大约 7MPa 的压力区间内燃烧，铝颗粒的大小将根据以下趋势影响燃烧[21-27]。

对于微米铝颗粒推进剂，颗粒具有空间分布的燃烧特征，与潜在的未金属化火焰结构重叠：开始时与燃烧表面有相当大的距离，并且远超出气相火焰厚度。

对于不充分燃烧的情况，大部分的热量释放发生在远离燃烧表面的地方。因此，在稳定燃烧速率和压力敏感性方面，底层火焰结构仅受到轻微的影响。

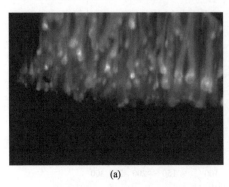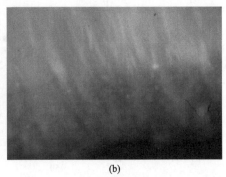

(a)　　　　　　　　　　　　　　　　　　　(b)

图 4.2　在 1MPa 压力下由于微米颗粒燃烧与燃烧表面有一定距离而充满微米颗粒的火焰区 (a) 和 1MPa 压力下将微米铝颗粒替换为纳米铝颗粒导致在燃烧表面出现更致密的聚合物 (b)

对于纳米铝颗粒推进剂，燃烧主要发生在表面。在一定范围内，随着纳米铝颗粒粒径的减小，燃烧速率有明显的稳定增长。通常，从微米铝颗粒到纳米铝颗粒的最大增量为 2 倍。

在本书中，凝聚一词被保留在带有氧化帽的燃烧中的液态金属液滴，而聚集一词则用于通常被视为团聚前兆的不规则形状的部分氧化物体[26]。Altman 等也曾使用过类似的分类方法[28]。团聚总是意味着初始粒子个性的丧失，而聚集则可能保留初始粒子个性的一些残余。我们可以使用专用软件对从燃烧表面分离的燃烧产物形成或团聚体直径进行光学测量，或者使用专用软件分析影像来观测颗粒进行了何种烧结过程。

AP/HTPB 配方燃烧表面上的含铝固体聚集体的排放取决于推进剂的微观结构，见图 4.2 (a)（微米铝颗粒）和图 4.2 (b)（纳米铝颗粒）。这些聚集体从推进剂中散发出来，在燃烧表面生长、积累并突出到气相，直到它们脱离[29]。在推进剂的制造和储存过程中，有可能形成深度金属网络的纳米铝颗粒配方。与微米铝颗粒相比，这种巨大的差异可以显著影响推进剂的燃烧。

通过比较含铝配方中聚集/聚集过程的生长机制，微米铝颗粒 [图 4.3 (a)] 与纳米铝颗粒负载 [图 4.3 (b)] 固体推进剂的燃烧过程截然不同。燃烧表面或附近燃烧过程的对比清楚地表明，对于纳米铝颗粒和微米铝颗粒推进剂，燃烧表面正上方区域的亮度更强。这一事实可能与该区域纳米铝颗粒的快速燃烧有关，它增强了近表面的热释放，进而通过增加传导热反馈来提高燃烧速率。总体而言，微米铝颗粒装药的典型空间分布火焰被纳米铝颗粒装药推进剂典型的极短火焰所取代。

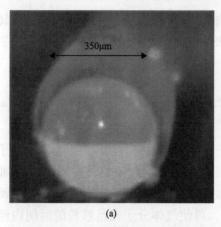 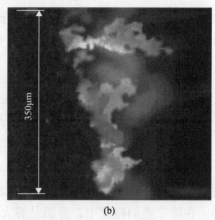

(a)　　　　　　　　　　　　　　　　(b)

图 4.3　推进剂表面上方燃烧中微米铝颗粒的单个球形团聚体放大视图(a)和在 1MPa 下从纳米
　　　铝颗粒推进剂燃烧表面冒出的氧化金属薄片(b)

在固体推进剂应用方面，纳米颗粒表现出的许多优良特性中有两个是区别于常规微米铝颗粒的超细铝粉的基本特性：比表面积和活性 Al 含量(C_{Al})。虽然，微米铝颗粒仅含有少量的原生 Al_2O_3 包覆，但由于原生 Al_2O_3 包覆的体积分数较大，纳米铝颗粒容易失去活性铝含量，因其重要性随着粒径的减小而增加，例如，粒径在 15nm 左右时，金属含量降低至 50%。相反，通常来说微米铝颗粒的纯铝含量至少为 98%，纳米铝颗粒为 70%～90%。化学和/或机械活化及微米铝颗粒的表面包覆通常会导致核心部分的铝原子降低好几个百分点。这些损失取决于制作过程中试剂的种类、数量和加工细节[27]。

原则上，铝颗粒的氧化层可以是非晶态的，也可以是晶态的，这取决于生产工艺和工艺细节，如温度和持续时间。对于在氩气中用 EEW 新生产的 Alex，天然氧化物层是非晶态的，均匀的，厚度约为 2.5nm。但是，在室温下储存 2～3 年后，它会慢慢结晶成更大的厚度(如 7～8nm)。此外，活性铝含量可能会随着储存条件和老化而急剧降低[24]。

4.3.3　纳米铝颗粒的能量调节系数

在自由分子传热机制中，气体与颗粒表面间的热传导遵循如下方程式(4.1)。

$$q = \alpha \frac{cP}{8T_a} \frac{\gamma+1}{\gamma-1}(T_p - T_a) \tag{4.1}$$

式中，c 为气体分子的速度；α 为能量调节系数(EAC)；γ 为平均比热比；T_p 为颗粒温度；T_a 为气体温度。

方程式(4.1)引入了 EAC，本节将对其进行更详细的讨论，因为它对自由分子区的传热有重大影响。能量调节系数是描述碰撞时气体分子和粒子表面之间转移能量的基本参数，如式(4.2)所示。分子表示碰撞时转移的能量，分母表示根据热力学第二定律确定的最大可转移能量。

$$\alpha = \frac{E_{g,o} - E_{g,i}}{E_{g,o,max} - E_{g,i}} \qquad (4.2)$$

一般来说，调节系数发生在自由分子区的传热效率。从经典碰撞理论分子动力学的观点来看，气体分子和表面之间可能发生两种类型的碰撞。第一种是非弹性碰撞，势能不足以将气体分子保持在表面附近足够长的时间以进行足够的动能转移。在第二类的碰撞中，势能足够大，可使气体分子在足够长的时间内经物理吸附在其表面上，从而达到分子的内能和动能与表面完全平衡。每种碰撞类型的概率及相应值的调节系数取决于两个主要因素，气体与表面原子之间的重量比和界面电位[26]。有文献提出，气体分子碰撞可导致足够长时间发生完全能量转移的可能性在很大程度上取决于表面原子振动相位与入射气体分子振动相位的匹配[7]，这是分子质量比的一个隐式函数[26]。这一结果已在低温电子束实验中观察到，该实验监测了轻量气体(氦)和重金属表面(钨)之间的能量转移。

传统上，从理论上计算 EAC 有两种方法。用于模拟气体-表面相互作用的两种方法是经典模型和量子力学模型[28]。古德曼使用经典模型，认为每个粒子都是由一个弹簧连接到一个固定的晶格上[29]。该模型简化了对 EAC 的理解，但总体上违反了振子能量状态的离散性，一般不满足详细平衡的原则，即在平衡时，每个碰撞过程应通过反向过程平衡[28]。

EAC 的量子力学模型将表面视为声子系综。这种计算不能像经典解那样得到气体-表面相互作用的一般解，并且通常在概率计算中呈现出一个具有唯一性的问题，所以精确解呈现出一个无法解决的问题[28]。因此，为了获得对 EAC 相对准确的描述，主要方法是测量特定系统的值。

计算分子动力学模拟已成功地用于预测调节系数[30,31]。然而，这些模型高度依赖模型中使用的气体/表面界面电位，而且在将结果推广到新的粒子系统之前通常需要用实验数据验证这些模型。

由于上述原因，对于大多数没有直接测量的系统来说，对 EAC 的了解相对较少。在未知系统中，普遍的假设是 EAC 是统一的或接近它的，即使没有证据支持这个值[32]。事实上，这一假设已被 Dreizin 和其他人应用于各种小颗粒铝燃烧模型，尽管这些模型适用于微米级的颗粒。为了准确描述烟尘系统的调节系数，人们对其进行了大量的研究。大多数结果表明该值在 0.18~0.5。确定 EAC 最有效的实验方法是使用描述良好的粒子样品的时间分辨激光诱导白炽度(TiRe

LII）[33-35]。

关于金属和金属氧化物纳米颗粒系统调节系数的研究相对较少。vander Wal 等已经进行了初步实验，并证明 LII 的方法对各种金属纳米粒子（包括钨、铁、钼和钛）的颗粒浓度和尺寸敏感[36]，这为在金属系统上进行轮胎 LII 测量开辟了道路。LII 后来被其他研究人员用来测量某些金属系统（主要是铁）的调节系数、尺寸分布和浓度[34,35]。Kock 和 Eremin 进行了双色轮胎 LII 测量，并测量了不同气体环境下铁纳米粒子的调节系数。Eremin[37] 的结果表明，Fe/He、Fe/CO 和 Fe/Ar 系统的 EAC 分别为 0.01、0.2 和 0.1，这些值明显低于 Eremin 在碳系统中发现的值（0.44～0.51）。Koch[35] 的结果表明，Fe/Ar 和 Fe/N$_2$ 系统的 EAC 均为 0.13。这些结果进一步表明，调节系数可能小于通常假设的铝/氧化铝值，但迄今为止还没有进行任何实验测量。

Altman 的理论工作表明，对于在高颗粒含量和环境温度下的金属颗粒，EAC 可能比通常观察到的烟尘值小两个数量级。在 Altman 等的额外实验工作中，用激光照射加热火焰中产生的纳米颗粒，EAC 接近 0.005，与理论上限一致[33]。

Altman 没有试图解决气体-表面界面的不可解量子力学解，而是利用详细平衡原理推导出了 EAC 的上限[38]。他发现 EAC 受一个上限的约束，其中 θ 为固体的德拜温度。这个结果在很大程度上依赖于德拜温度作为一个临界值，超过这个临界值，粒子就不能再适应能量转移。然而，它给出了燃烧应用所需的高颗粒和环境温度下对调节系数的预测。

Altman 的结果表明，随着粒子和环境温度的增加，调节系数的上限减小。调节系数随颗粒温度的升高而减小，这个结论是正确的。随着粒子温度的升高，气体分子在足够长的时间内由物理吸附到表面上的概率降低，从而使分子的内能和动能与表面完全平衡。

环境气体温度对调节系数的影响尚不确定。由 Altman 在方程式 (4.3) 中得出的结果表明，随着环境气体温度的升高，调节系数的上限相应降低。这与 Goodman 从考虑简化气体表面散射的晶格理论中得到的结果相反。

$$\alpha_E < \frac{1}{2\dfrac{C_v}{R}+1}\frac{\theta^2}{T_g T_s} \tag{4.3}$$

在简化的晶格模型中，所有情况下的调节系数最初都是随着环境温度的升高而减小[39]，直到达到最小值 $\alpha_{\min}$。随着温度的进一步升高，调节系数逐渐向稳定值 α_1 增加，略高于 $\alpha_{\min}$。在依赖于高度简化原子力定律的晶格模型的晶格理论假设中，所有气体/表面相互作用的曲线形状类似，如图 4.4 所示。

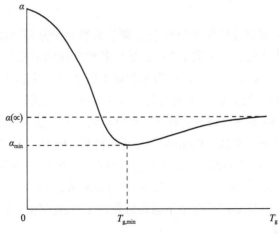

图 4.4　EAC 随外界温度变化的关系

　　除 Altman 的工作外，很少有学者研究调节系数对温度的依赖性。Michelsen 试图利用 Hager、Walther 和同事的分子束数据，推导出粒子的调节系数和气体温度的依赖关系，并用于研究 NO 与石墨表面的相互作用，以应用于烟尘颗粒[40]。Michelsen 发现调节系数随粒子温度的升高呈指数下降。但是，他们的数据集不够完整，不足以使 NO/石墨系统产生作为气体温度函数的整体调节系数。Michelson 试图通过使用线性外推法扩展数据集的值来估计效果，但在所选数据集外很少有证据支持这种方法。利用这个外推法发现，在 1650K 以下的气体温度下，调节系数随温度的升高而减小，在 1650K 以上随温度的升高而增加。

　　Altman 的预测表明，对于燃烧纳米铝颗粒，调节系数在高温下足够小(约为 0.005)。这一结果对纳米铝燃烧具有重要意义，因为纳米铝需要将热量传递到环境气体中。如果调节系数很小，辐射将成为一个更重要的传热途径。

4.4　点火碎裂模型概述

　　Levitas 等[41,42]提出了熔化分散机制，该机制在高加热速率(大于 10^6K/s)下的作用明显。图 4.5 显示了纳米铝颗粒的熔化分散机理示意图。铝核熔化时会在核壳界面处产生 1~4GPa 的压力，从而使氧化层剥落。随后，铝核和暴露表面之间的压力不平衡将产生卸载波并产生小的液态铝团簇，最终液态铝团簇与氧化气体发生反应。Lynch 等[43]在激波管的帮助下，采用吸收光谱法检测氩中 80nm 铝颗粒的铝蒸气的存在。环境气体的压力是 7 个大气压。气体温度从 3000K 以大约 100K 的增量降低，直到在吸收光谱中看不到铝蒸气。在低于 2275K 的温度下不存在铝蒸气。如果存在铝团簇，测量将检测到与平衡分压相对应的铝蒸气。这表明，在铝核熔化时，氧化层的剥落和铝团簇的分散并不会发生[43]。进一步的研究有助于阐明纳米铝颗粒的熔化分散机理。

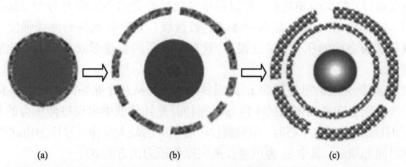

(a)　　　　　　　　　(b)　　　　　　　　　(c)

图 4.5　高加热速率下(大于 10^6K/s)纳米铝颗粒燃烧的熔化分散机理示意图

(a)铝核被原生氧化铝壳层覆盖；(b)铝核的快速熔化导致氧化铝壳的崩落；(c)卸载波由铝核中心向外传播并产生应力分散出很多小的铝团簇

扩散氧化机理不能解释在文献[43]和[44]中观察到的 $10\sim500\mu s$ 的短纳米铝颗粒燃烧时间，也无法解释文献[45]和[46]中讨论的许多难题。最近，理论分析表明，在铝熔化之前，纳米颗粒的氧化物壳层不会因铝和氧化铝热膨胀系数的差异而破裂。这与大的微米级颗粒形成了对比，在铝熔化之前，氧化层破裂并愈合[47,48]。事实上，根据弹性理论确定核壳系统中应力的主要参数不只是铝颗粒半径，而是铝核半径 R 与壳体厚度 δ 的比值，这一点在实验中已经得到了证实[49,50]。当 $R/\delta<$ 19 时，整个铝颗粒在氧化壳层断裂前熔化[47]。铝的熔化伴随着 6%的体积膨胀，这在熔化铝中产生了很大的压力(1~3GPa)。这种高压使氧化铝外壳的环向应力超过了氧化铝的理论强度约 11GPa，并导致其动态层裂。

氧化物层裂后，由于气体压力和表面张力，熔化颗粒内的压力 p_0 保持不变(几个兆帕)，而裸露铝表面的压力 $p_f<10$MPa[47]。随后，卸载波传播到粒子中心，并产生几兆帕的拉伸压力。由于拉伸压力超过液态铝的空化极限(强度)，所以它将铝核分散成以高速(100~250m/s)飞行的小型液体团簇[47]。这些团簇的氧化不受初始氧化层扩散的限制。本书提出的机械化学机制称为熔化分散机制。从中可以找到对基于熔化分散机制的预测的各种实验证实，包括对纳米和微米级铝颗粒(直径达 3μm)的火焰速度与 R/δ 的定量预测、氧化和氟化[47-49]。熔化分散机制运行的主要条件之一是快速加热[即 $10^7\sim10^8℃$/s，如文献[43]和[44]所述]。因此，用熔化分散机制解释铝颗粒燃烧需要满足以下条件。

(1)快速加热是整个粒子快速熔化的必要条件。铝核的熔化使整个氧化层的负荷超过其理论(理想)强度，并快速均匀断裂。事实上，对于理想强度附近的快速加载，来自预先存在缺陷(纳米孔洞、杂质)的断裂并没有在整个过程中占主导作用，贯穿于整个氧化铝体积的均匀缺陷形核和层裂是断裂产生的主要原因。分子动力学模拟表明，对于快速加热，尽管氧化铝外壳具有 25%的空隙率，但对于快速加热，氧化物外壳能够在几个兆帕的铝核中维持其压力[50,51]。理论结果与文献[47]的实验相吻合，可以得出氧化铝外壳的环向应力为 11.33GPa，是氧化铝杨氏模量的 1/30，是理论强度的数量级。对于如此高的外壳强度，铝熔体在氧化层裂之前的压力(p_0)也很高，这对于随后的裂缝形成及产生空化的过程非常重要。

　　(2)氧化物壳层的迅速断裂 t_f(即铝核中的压力从几个兆帕的初始值 p_0 降低到对应于气体压力和表面张力的小值 p_f 的时间)是卸载波中出现拉伸压力的必要条件。当卸载波到达颗粒中心时，球形颗粒中心周围的最大拉伸(负)压力由此产生[7]，即声学时间 $t_a=R/c$，其中 c_{is} 为声速。最大拉伸压力由方程式[7]

$$p = p_0 \left(1 - \frac{1 - p_f / p_0}{t_f / t_a} \right) \tag{4.4}$$

确定。很明显，即使 $p_f=0$，破裂时间也必须小于声波时间才能接收到负压。相对于声波时间而言，破裂时间越短，熔核中的拉伸压力越大，且越有利于形成空化的条件。当 $t_f/t_a=0.5$ 时，$p = -p_0$，即拉伸压力与氧化物断裂前的压缩压力 p_0 的大小相同。由于 $c=4166\text{m/s}$[47]，所以 $R=41.66\text{nm}$ 的声波时间为 10ps，因此破裂时间必须非常短。

　　相反，由于以下原因，熔化分散机制不能解释在缓慢的加热速率下解释铝颗粒的燃烧[即 $10^3℃/s$，如文献[41]]。

　　缓慢的加热速率和熔化将导致氧化层中的应变率和应力速率较低。这降低了氧化铝的极限强度(由于强烈的应变速率依赖性和对缺陷的更高敏感性)和核壳界面中的压力[47]。

　　壳体的断裂发生在最薄弱的地方(缺陷附近)，并在壳体上传播。液体中的压力缓慢降低，液体缓慢地流过间隙而不分散。纳秒尺度上，在空气、氧气或其他活性气体的存在下，裸露的液态铝被一层新的氧化膜覆盖。这一反应在裸铝氧化过程中加速，在之后的燃烧过程将由传统的氧化扩散机制所主导。

4.5　点火扩散模型概述

　　纳米铝颗粒的燃烧涉及一系列物理化学过程，如颗粒与气体之间的传热传质、氧化层中的相变及放热化学反应。图 4.6 为纳米铝颗粒在氧气中燃烧的关键过程。通常纳米铝颗粒被 2～4nm 厚的氧化物(Al_2O_3)覆盖[52]。纳米铝颗粒在颗粒表面的燃烧是不均匀的。氧化剂气体分子向粒子表面扩散并与铝原子发生反应。辐射将热量传递给周围的气体。通常控制燃烧速率的三个重要过程是：①通过气相混合物的质量扩散；②穿过颗粒氧化层的质量扩散；③铝氧间的化学反应[53]。

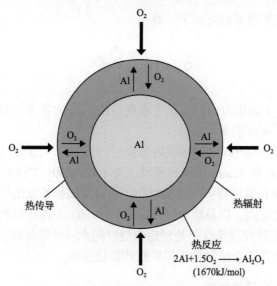

图 4.6 纳米铝颗粒在氧气中燃烧的关键过程

4.5.1 通过气相混合物的质量扩散

对于扩散控制条件，反应速率远快于反应物的扩散系数。颗粒的燃烧速率可由反应物的质量流动速率控制。连续机制和自由分子扩散机制的铝颗粒燃烧时间的表达式如下：

$$t_{b,\text{diff,cont}} = \frac{\rho_p d_p^2}{8\rho_a D_{\text{ox}} \lg(1+iY_{\text{ox},a})}, \qquad K_n < 0.01 \tag{4.5}$$

$$t_{b,\text{diff,free}} = \frac{\rho_p d_p}{i p_a Y_{\text{ox},a} M_a}\sqrt{\frac{\pi R T_a M_{\text{ox}}}{2}}, \qquad K_n > 10 \tag{4.6}$$

式 (4.5) 和式 (4.6) 中，D_{ox} 为氧化物扩散系数；ρ_p 为颗粒密度；d_p 为颗粒粒径；$Y_{\text{ox},a}$ 为氧化物纵向生长系数；R 为气体常数；T_a 为温度；M_{ox} 为氧化物摩尔质量；p_a 为压强。

在连续燃烧机制中，燃烧时间与颗粒尺寸的二次方成正比关系，并且与气体压力无关，因为压力的施加对气体密度和扩散系数的影响可以相互抵消。在自由分子机制中，燃烧时间与颗粒尺寸呈线性关系且与压力成反比。对于研究范围内的温度 (约为 3000K)，连续性机制对于一个标准大气压下粒径大于 70μm 的颗粒有效，而自由分子机制对于粒径小于 100nm 的颗粒更有效。在这个范围内的粒子，准确的燃烧时间表达式尚不清楚。

空气中的氧气扩散系数可由下式算出：

$$D_{ox} = k_1 \left(\frac{T}{T_0} \right)^{k_2} \frac{p_0}{p} \tag{4.7}$$

式中，T 为温度；p 为压力；T_0 为参考温度(1K)；p_0 为参考压力(1atm)；常数分别为 $k_1 = 1.13 \times 10^{-9} \mathrm{m^2/s}$ 和 $k_2 = 1.724$。

在 8atm 的压力下，80nm 铝颗粒的燃烧时间为 $10^{-8} \sim 10^{-7}$s。Bazyn[4]在氧-氮混合气体中，在 8atm 和 32atm 的两种不同压力下及 1200～2200K 的温度范围内测量了 80nm 铝颗粒在激波管中的燃烧时间。通过监测颗粒发出的可见光强度的时间变化来获得燃烧时间。以总综合强度的 10%～90%为燃烧时间。测量的燃烧时间约为 10^{-4}s，比扩散控制条件下的理论燃烧时间大一个数量级。通过气相混合物的质量扩散很可能并不会控制纳米铝颗粒的燃烧速率。

4.5.2　穿过氧化层的质量扩散

如果穿过氧化层的质量扩散速率是一个速率控制过程，燃烧时间可以表示为

$$t_b = \frac{\rho_p d_p^2}{32 D_1 C_{ox,a}} \tag{4.8}$$

式中，$C_{ox,a}$ 为气体中氧气的摩尔密度；D_1 为氧气穿过氧化层时的扩散系数，这个参数的准确数值尚不清楚。

Henz 等[55]对直径为 5.6nm 和 8.0nm 的纳米铝颗粒的机械化学行为进行了分子动力学模拟。以 10^{12}K/s 的升温速率，300～3000K 的温度范围内对颗粒进行氧化，并用物种扩散过程对颗粒氧化进行表征。在 1000～2000K 的温度范围内，氧化层的质量扩散率为 $10^{-9} \sim 10^{-7} \mathrm{m^2/s}$。将扩散系数代入上式，计算得到的燃烧时间为 $10^{-6} \sim 10^{-4}$s，与测量的燃烧时间 10^{-4}s 相当。注意，MD 模拟没有处理氧化层中存在的缺陷。事实上，缺陷会促进氧化层在铝核熔化和/或氧化物层中发生多态相变时开裂[30,31]。现有的裂纹在氧化后将愈合，而新的裂纹则不断产生。因此，在纳米铝颗粒燃烧的过程中，氧化层的扩散阻力可以忽略不计。为了充分理解氧化层在颗粒燃烧中的作用，需要进一步的研究。

在低于铝核熔点(933K)和/或低加热速率(小于 10^3K/s)的温度下，氧化物层的质量扩散是最重要的问题。Park 等[56]使用单粒子质谱仪(SPMS)研究了纳米铝颗粒在低升温速率(小于 10^3K/s)下高达 1373K 的氧化。关注的粒径范围为 50～150nm。粒子没有完全燃烧。例如，在 1373K 的温度下，加热 15s 后，只有大约 40%的颗粒被氧化。实验数据表明，颗粒氧化是由颗粒氧化层中的物种扩散控制

的。这些观察结果与 Bazyn 等的观点矛盾[54]，即在激波管中以较高的加热速率
（$10^6 \sim 10^8$K/s）和温度（1200～2200K）获得。测得得到的 80nm 颗粒的燃烧时间约为
10^{-4}s，比 Park 等获得的小几个数量级[55]。Park 等[56]研究了点火前的反应，而 Bazyn
等[57]研究了纳米铝颗粒的燃烧处理。颗粒大小在 100nm～25μm 变化。由化学反
应（氧化）导致的颗粒重量增加，初始氧化层厚度估计为 3.6nm。在粒子加热过程
中观察到了两个阶段的行为。第一步是建立 6～10nm 的氧化层，这是由化学动力
学决定的。第二步则要慢得多，包括通过氧化层的质量扩散和化学反应。

Aita 等[57]建立了纳米铝颗粒在纯氧中燃烧的理论模型。假设燃烧速率由氧化
层的质量扩散控制。结果表明，燃烧时间应与颗粒大小成正比，这与实验数据相
矛盾。实际上，粒径对燃烧时间的影响要小得多；燃烧时间曲线的指数随粒径的
变化明显小于单位。这似乎支持了这样一个观点：在纳米铝颗粒燃烧的过程中，
氧化层的质量扩散不是速率控制过程。

参 考 文 献

[1] Alavi S, Thompson D L. Molecular dynamics simulations of the melting of aluminum nanoparticles[J]. The Journal of Physical Chemistry A, 2006, 110(4): 1518-1523.

[2] Puri P, Yang V. Effect of particle size on melting of aluminum at nano scales[J]. The Journal of Physical Chemistry C, 2007, 111(32): 11776-11783.

[3] Puri P, Yang V. Effect of voids and pressure on melting of nano-particulate and bulk aluminum[J]. Journal of Nanoparticle Research, 2009, 11(5): 1117-1127.

[4] Fedorov A V, Shulgin A V. Molecular dynamics and phenomenological simulations of an aluminum nanoparticle[J]. Combustion, Explosion, and Shock Waves, 2016, 52(3): 294-299.

[5] Chun L L, Hai M D, Mardan K. Molecular dynamical simulations of the melting properties of Al-n(n= 13～32) clusters[J]. Acta Physica Sinica, 2013, 62(19): 193104.

[6] Li C L, Kailaimu M, Duan H M. Molecular dynamical simulation of the structural and melting properties of Al196 cluster[J]. J. At. Mol. Sci, 2013, 4: 367-374.

[7] Ilyar H, Chun L L. Molecular dynamical simulations of melting properties of Aln (n 10000) clusters[J]. Journal of Atomic and Molecular Physics, 2015, 32: 71-78.

[8] Russo Jr M F, Li R, Mench M, et al. Molecular dynamic simulation of aluminum–water reactions using the ReaxFF reactive force field[J]. International Journal of Hydrogen Energy, 2011, 36(10): 5828-5835.

[9] Zhang Q, Çağın T, Van Duin A, et al. Adhesion and nonwetting-wetting transition in the Al/α- Al$_2$O$_3$ interface[J]. Physical Review B, 2004, 69(4): 045423.

[10] Hong S, van Duin A C T. Molecular dynamics simulations of the oxidation of aluminum nanoparticles using the ReaxFF reactive force field[J]. The Journal of Physical Chemistry C, 2015, 119(31): 17876-17886.

[11] Ojwang' J G O, Van Santen R, Kramer G J, et al. Predictions of melting, crystallization, and local atomic arrangements of aluminum clusters using a reactive force field[J]. The Journal of Chemical Physics, 2008, 129(24): 244506.

[12] Guery J F, Chang I S, Shimada T, et al. Solid propulsion for space applications: An updated roadmap[J], Acta

Astroautica, 66 (1): 201-219.

[13] Meda L, G. Marra, L. Galfetti, et al. Nano-aluminum as energetic material for rocket propellants[J]. Materialls Science and Engineering: C, 27 (7): 1393-1396.

[14] DeLuca L T, Galfetti L, Severini F, et al. Burning of nAl composite rocket propellants[J]. Combust Explos Shock Waves 2005, 41 (6): 680-692.

[15] Galfetti L, DeLuca L T, Severini F, et al. Pre and post-burning analysis of nano-aluminized solid rocket propellants[J]. Aerospace Science and Technology, 2007, 11 (1): 26-32.

[16] DeLuca L T, Galfetti L. Burning of metallized composite solid rocket propellants: from micrometric to nanometric aluminum size[C]//Proceedings of the Korean Society of Propulsion Engineers Conference. The Korean Society of Propulsion Engineers, Seoul, 2008: 886-898.

[17] DeLuca L T, Galfetti L, Colombo G, et al. Microstructure effects in aluminized solid rocket propellants[J]. Journal of Propulsion and Power, 2010, 26 (4): 724-732.

[18] Maggi F, Dossi S, Paravan C, et al. Activated aluminum powders for space propulsion[J]. Powder Technology, 2015, 270: 46-52.

[19] Glotov O, Zarko V, Karasev V, et al. Condensed combustion products of metalized propellants of variable formulation[C]//36th AIAA Aerospace Sciences Meeting and Exhibit. 1998: 449.

[20] Babuk V A, Vasilyev V A, Sviridov V V. Formation of condensed combustion products at the burning surface of solid rocket propellant[J]. Progress in Astronautics and Aeronautics Series, 2000, 185: 749-776.

[21] Huang Y, Risha G A, Yang V, et al. Effect of particle size on combustion of aluminum particle dust in air[J]. Combustion and Flame, 2009, 156 (1): 5-13.

[22] Sundaram D, Yang V, Yetter R A. Metal-based nanoenergetic materials: Synthesis, properties, and applications[J]. Progress in Energy and Combustion Science, 2017, 61: 293-365.

[23] Arkhipov V A, Korotkikh A G. The influence of aluminum powder dispersity on composite solid propellants ignitability by laser radiation[J]. Combustion and Flame, 2012, 159 (1): 409-415.

[24] Abraham A, Nie H, Schoenitz M, et al. Bimetal Al-Ni nano-powders for energetic formulations[J]. Combustion and Flame, 2016, 173: 179-186.

[25] Vorozhtsov A B, Lerner M, Rodkevich N, et al. Oxidation of nano-sized aluminum powders[J]. Thermochimica Acta, 2016, 636: 48-56.

[26] Daun K J, Sipkens T A, Titantah J T, et al. Thermal accommodation coefficients for laser-induced incandescence sizing of metal nanoparticles in monatomic gases[J]. Applied Physics B, 2013, 112 (3): 409-420.

[27] Chirita V, Pailthorpe B A, Collins R E. Molecular dynamics study of low-energy Ar scattering by the Ni (001) surface[J]. Journal of Physics D: Applied Physics, 1993, 26 (1): 133.

[28] Altman I S, Lee D, Song J, et al. Experimental estimate of energy accommodation coefficient at high temperatures[J]. Physical Review E, 2001, 64 (5): 052202.

[29] Goodman F O. Dynamics of Gas-Surface Scattering[M]. Amsterdam: Elsevier, 2012.

[30] Daun K J, Karttunen M, Titantah J T. Molecular dynamics simulation of thermal accommodation coefficients for laser-induced incandescence sizing of nickel nanoparticles[C]//ASME International Mechanical Engineering Congress and Exposition. Denver, 2011, 54976: 307-315.

[31] Daun K J. Thermal accommodation coefficients between polyatomic gas molecules and soot in laser-induced incandescence experiments[J]. International Journal of Heat and Mass Transfer, 2009, 52 (21-22): 5081-5089.

[32] Murakami Y, Sugatani T, Nosaka Y. Laser-induced incandescence study on the metal aerosol particles as the effect of

the surrounding gas medium[J]. The Journal of Physical Chemistry A, 2005, 109 (40): 8994-9000.

[33] Liu F, Smallwood G J, Snelling D R. Effects of primary particle diameter and aggregate size distribution on the temperature of soot particles heated by pulsed lasers[J]. Journal of Quantitative Spectroscopy and Radiative Transfer, 2005, 93 (1-3): 301-312.

[34] Eremin A, Gurentsov E, Schulz C. Influence of the bath gas on the condensation of supersaturated iron atom vapour at room temperature[J]. Journal of Physics D: Applied Physics, 2008, 41 (5): 055203.

[35] Kock B F, Kayan C, Knipping J, et al. Comparison of LII and TEM sizing during synthesis of iron particle chains[J]. Proceedings of the Combustion Institute, 2005, 30 (1): 1689-1697.

[36] Vander Wal R L, Ticich T M, West J R. Laser-induced incandescence applied to metal nanostructures[J]. Applied Optics, 1999, 38 (27): 5867-5879.

[37] Eremin A, Gurentsov E, Hofmann M, et al. Nanoparticle formation from supersaturated carbon vapour generated by laser photolysis of carbon suboxide[J]. Journal of Physics D: Applied Physics, 2006, 39 (20): 4359.

[38] Bohren C F, Huffman D R. Absorption and Scattering of Light by Small Particles[M]. Hoboken: John Wiley & Sons, 2008.

[39] Goodman F O. Dynamics of Gas-Surface Scattering[M]. Amsterdam: Elsevier, 2012.

[40] Sauer F M. Convective heat transfer from spheres in a free-molecule flow[J]. Journal of the Aeronautical Sciences, 1951, 18 (5): 353-354.

[41] Levitas V I. Burn time of aluminum nanoparticles: Strong effect of the heating rate and melt-dispersion mechanism[J]. Combustion and Flame, 2009, 156 (2): 543-546.

[42] Levitas V I, Pantoya M L, Dikici B. Melt dispersion versus diffusive oxidation mechanism for aluminum nanoparticles: Critical experiments and controlling parameters[J]. Applied Physics Letters, 2008, 92 (1): 011921.

[43] Lynch P, Fiore G, Krier H, et al. Gas-phase reaction in nanoaluminum combustion[J]. Combustion Science and Technology, 2010, 182 (7): 842-857.

[44] Foote J P, Thompson B R, Lineberry J T. Combustion of aluminum with steam for underwater propulsion[J]. Advances in Chemical Propulsion, 2001: 133-146.

[45] Brousseau P, Anderson C J. Nanometric aluminum in explosives[J]. Propellants, Explosives, Pyrotechnics: An International Journal Dealing with Scientific and Technological Aspects of Energetic Materials, 2002, 27 (5): 300-306.

[46] Shafirovich E, Diakov V, Varma A. Combustion of novel chemical mixtures for hydrogen generation[J]. Combustion and Flame, 2006, 144 (1-2): 415-418.

[47] Yeh C L, Kuo K K. Ignition and combustion of boron particles[J]. Progress in Energy and Combustion Science, 1996, 22 (6): 511-541.

[48] Young G, Sullivan K, Zachariah M R, et al. Combustion characteristics of boron nanoparticles[J]. Combustion and Flame, 2009, 156 (2): 322-333.

[49] Ulas A, Kuo K K, Gotzmer C. Ignition and combustion of boron particles in fluorine-containing environments[J]. Combustion and Flame, 2001, 127 (1-2): 1935-1957.

[50] Huang Y, Risha G A, Yang V, et al. Effect of particle size on combustion of aluminum particle dust in air[J]. Combustion and Flame, 2009, 156 (1): 5-13.

[51] Sundaram D S, Puri P, Yang V. Thermochemical behavior of nano-sized aluminum-coated nickel particles[J]. Journal of Nanoparticle Research, 2014, 16 (5): 1-16.

[52] Risha G A, Son S F, Yetter R A, et al. Combustion of nano-aluminum and liquid water[J]. Proceedings of the

Combustion Institute, 2007, 31 (2): 2029-2036.

[53] Levenspiel O. Chemical Reaction Engineering[M]. Hoboken: John Wiley & Sons, 1998.

[54] Bazyn T, Krier H, Glumac N. Combustion of nanoaluminum at elevated pressure and temperature behind reflected shock waves[J]. Combustion and Flame, 2006, 145 (4): 703-713.

[55] Henz B J, Hawa T, Zachariah M R. On the role of built-in electric fields on the ignition of oxide coated nanoaluminum: Ion mobility versus Fickian diffusion[J]. Journal of Applied Physics, 2010, 107 (2): 024901.

[56] Park K, Lee D, Rai A, et al. Size-resolved kinetic measurements of aluminum nanoparticle oxidation with single particle mass spectrometry[J]. The Journal of Physical Chemistry B, 2005, 109 (15): 7290-7299.

[57] Aita K, Glumac N, Vanka S, et al. Modeling the combustion of nano-sized aluminum particles[C]//44th AIAA Aerospace Sciences Meeting and Exhibit. 2006: 1156.

第 5 章 纳米铝颗粒的表面包覆技术

5.1 概 述

在纳米金属材料较宏观材料性能改善的众多应用中,纳米铝颗粒已被证明是固体推进剂的有效添加剂[1]。纳米铝颗粒的添加会给推进剂带来较高的能量输出、燃烧速率及较低的点火温度。但是,纳米铝颗粒的高化学反应性也引发了一系列问题。由于其高比表面积,纳米铝颗粒对氧化和其他反应比微米级颗粒更加敏感。金属铝颗粒暴露在有氧环境中十分脆弱,容易与环境中的气体、液体分子发生氧化,氧化产物覆盖在颗粒表面。甚至在某些情况下,纳米铝颗粒可在空气中发生自燃。氧化层的厚度是纳米级的,对于纳米铝颗粒而言,氧化铝质量含量明显高于微米级的铝颗粒[2]。金属氧化物是一种惰性材料,它不会与氧化性气体发生反应。所以,氧化层的存在极大地降低了金属颗粒在纳米尺度上的能量含量[3]。例如,基于铝向氧化铝的转化,如果纳米铝颗粒中活性铝重量增加 5%,就相当于额外增加了 1.55kJ/g 的潜在化学能。同时,金属氧化层的存在也限制了纳米铝颗粒尺寸的下限[4]。随着铝颗粒粒径的减小,氧化物的质量百分比持续增大。氧化层的生成是在金属颗粒合成之后,这对纳米铝颗粒的储存、运输和应用是不利的。

将纳米铝颗粒应用于固体推进剂中,主要是解决纳米铝颗粒中活性铝含量的问题。目前,保持纳米铝颗粒活性的方法主要有[5,6]以下几种。

(1)惰性气体保护法:为了控制金属颗粒的氧化,通常将合成的金属粉末放置在装有惰性气体的恒温箱中并密封保存。但这种方法存在缺陷,惰性气体中即使混入少量的氧气,也会使纳米铝颗粒发生氧化。另外,在对纳米铝颗粒的应用中也无法避免取出的颗粒氧化甚至自燃。

(2)自然钝化法:将纳米铝颗粒与少量空气接触,在颗粒表面就会形成氧化壳层。氧化壳层能够对核内的铝粉起到保护作用,但之前的论述表明这会影响纳米铝颗粒在固体推进剂中的性能,并不能起到任何有益作用。

(3)表面包覆法:金属氧化层是工程应用时所不期望的,但在纳米铝颗粒表面形成一个壳层的概念是可行的。表面包覆法就是利用其他材料来替代氧化壳层包覆在铝颗粒表面,制备具有壳-核结构的纳米复合粒子。这种壳-核结构既能保护纳米铝核的活性和稳定性,也改变了铝颗粒表面的性能。根据选用材料的不同,所制备的纳米复合粒子也具有不同的性能。

　　表面包覆法是一种改善纳米铝颗粒性能的良好措施，包覆材料的选择和包覆机理的研究也引起了众多研究者的广泛兴趣。包覆材料的选择要求可以提高能量含量、提高反应性或减少颗粒间团聚。理想的包覆材料将最大限度地提高颗粒能量和保存期限，同时提高其点火性能和燃烧性能。因此，在纳米铝颗粒表面包覆一层均匀薄膜所形成的具有壳-核结构不仅能够保护核内的活性铝粉，提高纳米铝粉的抗氧化性和耐腐蚀性，还可以改善纳米铝颗粒表面电荷的性质和表面化学反应特性，提高纳米铝颗粒的活性、稳定性和分散性，这对纳米铝粉在固体推进剂中的应用具有重要意义。

　　迄今为止，人们对各种包覆材料对纳米铝颗粒包覆的性能进行了研究，我们通常可以把这些包覆材料分为两大类：一类是无机物材料，主要包含金属及其化合物和金属配合物；另一类是有机物材料，它们又可以分为大分子有机物和小分子有机物。

　　无机材料，如碳包覆层，在低温下稳定，在高温下又可以作为燃料燃烧，提高放热。纳米金属材料的包覆在低温下可以抑制铝燃料的氧化、提高铝燃料中"活性铝"含量，而高温下可通过"氧传递"机制有效促进铝燃料的高效燃烧。

　　有机材料是对纳米铝颗粒进行包覆的优质候选材料，吸引了众多研究者的目光。有机材料可以在大多氧化环境中燃烧，有助于包覆后纳米铝复合粒子的整体能量释放。此外，它们还可以在较低温度下发生化学反应和分解，从而增强金属纳米颗粒的反应性。有机材料的另一个优势是包覆后的铝颗粒能更好地被加工。其具有的大表面积使纳米铝颗粒在应用于固体推进剂的过程中存在许多加工困难。推进剂中的黏合剂和增塑剂不能很好地润湿所有的固体，而有机包覆的纳米铝颗粒则表现出了更好的相容性。

　　通过对表面包覆机理的研究，发现制备的复合粒子壳-核结构之间是通过化学或物理作用相互连接的。这些多相复合结构的形成机理主要有化学键作用[7]、库仑静电引力作用[8]、吸附层间媒介作用[9]和过饱和作用[10]。

　　(1) 化学键作用机理是指包覆材料与纳米铝颗粒之间形成了强烈的化学键。通过化学键结合的包覆过程一般是不可逆的，相对于库仑力作用包覆得更好，包覆涂层不容易脱落。化学键作用下能够得到更好的包覆效果，但对吸附材料的选择具有一定要求，通常要求具有某些特定的能团。

　　(2) 库仑静电引力作用是指溶液中一些带有相反电荷的离子靠库仑力吸附在颗粒表面，从而达到包覆效果。通过库仑静电引力得到的包覆粒子的壳-核之间的作用相对较弱，容易分离脱落，包覆效果可能并不理想。

　　(3) 吸附层媒介作用机理一般适用于聚合物材料的包覆过程，在颗粒表面形成一层有机吸附层。通过吸附层的媒介作用，可以提高颗粒与有机物质之间的亲和性，进行有机单体的聚合，从而得到微胶囊化复合粒子。

(4)过饱和作用机理依据晶核成长理论,通过逐步调节系统的性质使包覆物质的前驱体逐渐析出,分子在异相界面的成核与成长优先于体系中的均相成核,从而使包覆材料沉淀在纳米铝颗粒表面,最终达到包覆目的。

无论是有机材料包覆还是无机材料包覆,包覆工艺都基于以上机理,也有可能是一种或多种机理的共同作用。下面依据包覆材料的分类进行具体讨论。

5.2　高分子有机物包覆材料

根据分子量可以将有机包覆材料分为有机高分子包覆材料和有机小分子包覆材料。其中,有机高分子包覆又可以分为两种:一种是高分子有机物对纳米铝颗粒直接包覆,形成包覆层;另一种是有机单体在纳米铝颗粒表面聚合,生成高分子有机物包覆层。两种方法的最终结果都是在纳米铝颗粒表面包覆一层均匀的高分子化合物薄膜,从而保护内部纳米铝颗粒的活性,并改变纳米铝颗粒表面的化学反应特性和电荷性质,提高颗粒的抗氧化性和分散性。

5.2.1　有机高分子包覆方法

无机物和有机物之间的亲和性较差,所以实现有机高分子对纳米铝颗粒的包覆存在困难。通常情况下需要对纳米铝颗粒进行表面预处理,最常用的试剂分为两种:偶联剂和表面活性剂。偶联剂预处理后的铝颗粒表面包覆率一般高于表面活性剂,原因是偶联剂处理的纳米铝颗粒可以通过化学键作用连接聚合物单体,从而有利于高分子链的增长;而表面活性剂处理的纳米铝颗粒只是在颗粒表面提供了聚合物单体聚合的场所。根据上述分析可以看出,聚合物包覆纳米铝颗粒的机理主要依赖于化学键作用机理和吸附层媒介作用机理。

对于高分子聚合物在纳米铝颗粒表面进行直接包覆,可根据聚合物与铝颗粒之间结合方式的不同可以分为两类:物理吸附法和化学改性法。

物理吸附法,即聚合物直接在纳米铝颗粒表面沉积,两者之间是纯粹的范德瓦耳斯力作用,此种作用结合较弱,包覆层容易从纳米铝颗粒表面脱离,不能达到好的包覆效果。因此,在对纳米铝颗粒进行聚合物包覆时,通常需要加入表面活性剂/偶联剂来提高吸附时的相互作用力,以此来增强包覆效果。

化学改性法,即聚合物通过化学键作用与纳米铝颗粒有机地结合在一起,此时高分子要具有能与纳米铝颗粒反应的活性基团。但是,当高分子中不存在这些活性基团时,可以通过偶联剂引入相应的反应基团,由于化学键的作用力比范德瓦耳斯力大很多,所以包覆效果相对来说更好。

因此,物理吸附法和化学改性法作为两种常用的包覆方法在纳米铝颗粒包覆的应用中，化学改性法通常比物理吸附法的包覆效果更好，聚合物不易从铝粉表面脱离。例如，胡楠等[11]采用溶液聚合法，用硅烷偶联剂 KH-550 对超细铝粉进行处理，加入引发剂偶氮二异丁腈，然后再用聚乙烯吡咯烷酮(PVP)对铝粉进行表面包覆，制得了 Al/PVP 复合粒子。通过 SEM 和傅里叶变换红外光谱分析(FITR)等表征分析发现复合粒子具有壳-核结构，外侧壳层是致密的 PVP 层。将复合粒子放置在水中，没有析氢反应发生，具有良好的沉降性和耐腐蚀性。

有机单体聚合包覆铝颗粒的关键在于聚合反应必须在铝粉表面进行，常用的聚合方法有微悬浮聚合法、反相乳液聚合法、反相微乳液聚合法、分散聚合法等[12]。这些包覆方法有些已经应用于纳米铝颗粒的包覆，虽然有些仅用于聚合包覆其他微/纳米无机粒子，但根据包覆机理和特性研究用来包覆纳米铝颗粒具有一定可行性。

微悬浮聚合包覆法、反相乳液聚合包覆法和反相微乳液聚合包覆法只能使用水溶性单体，这在一定程度上限制了这些方法的应用。分散聚合包覆法可以利用油溶性单体进行聚合包覆，且大部分单体是油溶性的，因此对利用分散聚合包覆铝粉的研究比较多。利用单体聚合包覆铝粉时，无论采用上述哪种方法，包覆层厚度、包覆致密性、包覆速率受聚合过程影响的因素较多，如偶联剂的选取、引发剂的选择和浓度及单体用量和种类等。而这些因素对聚合速率、聚合物相对分子质量及其分布的影响是相辅相成的，这就要求从微观动力学的角度进行分析并借助聚合包覆机理指导实际操作。

5.2.2　几种常见的高分子包覆材料

1. 非极性聚合物及共聚

采用聚苯乙烯(PS)包覆纳米铝颗粒可以形成微胶囊结构，其表面所生成的聚苯乙烯壳层对铝粉能起到保护作用，提高其抗氧化性能，并且可以改变铝粉的表面电荷性质，提高粒子的分散性。当将该复合粒子应用于推进剂时，在高温下可以迅速燃蚀掉有机层聚苯乙烯，使纳米铝颗粒在某一瞬间释放出来。因此，利用聚苯乙烯包覆改性微/纳米铝颗粒得到了研究者的广泛关注。

张凯等[13]在超声波场下采用聚乙二醇(PEG)对纳米铝颗粒进行了亲油处理，然后在氮气气氛的保护下加入无水乙醇中，引发苯乙烯对纳米铝颗粒的原位聚合反应，反应结束后进行超高速离心机离心沉降，并用无水乙醇反复洗涤下层粒子，将洗涤好的下层粒子在丙酮进行提取后进行低温真空干燥即可成功制备出具有微胶囊结构的纳米 Al/PS 复合粒子。超声波场的引入不仅有利于纳米粒子的分散，而且对纳米粒子表面具有清洗作用，可以使其暴露出更多的活性铝表面，从而有利于颗粒表面的有效吸附。通过 TEM 和 SEM 表征可以看出复合粒子呈球形，表面光滑无明显缺陷，而且无明显的纳米铝小颗粒存在，说明聚苯乙烯成功实现了对纳米铝颗粒的包覆，并且复合粒子具有良好的分散性。用气体容量法、高温箱型电阻炉进行灼烧和热分析分别对暴露于空气中、自然条件下密闭储存 30 天及氧气罐中储存 30 天后的样品进行测试，测得活性铝含量分别为 76.07%、76.06% 和74.81%，而未经包覆的纳米铝颗粒置于空气中的活性铝含量仅为 42.3%，说明用聚苯乙烯包覆的纳米铝颗粒可以长期保持较高的活性铝含量。

在此基础上进一步研究表面处理方式对纳米 Al/PS 复合粒子形态的影响[14]。在选用苯乙烯聚合包覆纳米铝颗粒的过程中，表面活性剂的选取至关重要，聚乙二醇、聚乙烯吡咯烷酮和十二烷基硫酸钠（SDS）等是比较常用的表面活性剂。在超声波场的作用下，用聚乙烯吡咯烷酮或聚乙二醇处理纳米铝颗粒可在粒子表面形成单体和引发剂的富集区，并能在适当条件下引发以纳米铝颗粒为核心的原位分散聚合反应。当铝颗粒对聚乙烯吡咯烷酮和 PED 的吸附达到平衡后，所制备出Al/PS 微胶囊结构复合粒子的表面光滑，分散性好。另外，用其他的表面活性剂对铝粉进行预处理，其中十二烷基硫酸钠预处理的铝颗粒性能最佳，聚合过程中采用十二烷基苯磺酸钠（DBSB）制备的复合粒子的性能最好。

除此之外，其他的表面活性剂（如脂肪酸甘油酸，卵磷脂等）和偶联剂等表面改性剂也会在聚苯乙烯包覆过程中表现出不同的效果，针对不同需求选用合适的表面活性剂以便得到最佳的聚苯乙烯/铝复合粒子是研究的重点。

单体有机物通过均聚反应通常只能形成一种均聚物，通过添加第二、三单体可以发生共聚，进而改进大分子的结构性能，并赋予包覆后的复合粒子新的特性，如力学性能、溶解性能、塑性和表面性能等。基于此，苯乙烯和其他单体共聚包覆纳米铝颗粒具有可行性。例如，以丙烯酸丁酯（BA）、苯乙烯（St）为单体，十二烷基硫酸钠为乳化剂，过硫酸铵为引发剂，通过乳液共聚包覆在片状铝粉的表面。针对不同单体配比所包覆的纳米铝复合粒子的性能也会有所不同[15]。另外，通过共聚还可以使一些难以均聚的单体发生共聚，如马来酸酐难以均聚，却可以与苯乙烯共聚。因此，在纳米铝粉的包覆改性中，共聚反应作为一种提高聚合物结构的方法可以发挥出重要作用。

利用引发剂和共引发剂在纳米铝颗粒表面进行键合吸附，还可以引发乙烯单体的聚合。Roy 等[16]采用 Ziegler-Natta 工艺，利用引发剂四氯化钛（$TiCl_4$）与共引发剂三乙基铝 $[Al(C_2H_5)_3]$ 交换配体形成一种新结构，产生由空位与乙烯可相互作用而生成的圆环化合物，开环形成的新空位继续与乙烯单体反应，最终实现在纳米铝粉表面的聚合包覆。引发剂和共引发剂的引入使活性铝含量降低，影响了纳米铝粉的燃烧性能和氢气生成量。由此制备的复合纳米铝颗粒形态容易形成哑铃状，这可能是粒子间聚乙烯链作用的结果。

综上，非极性有机单体聚合物及其共聚物包覆纳米铝颗粒可以达到提高活性铝含量及其分散性和抗氧化性的目的。同时，在包覆过程中，表面处理方式和聚合工艺的选择对最后制得的复合粒子的性能也有重要影响。例如，在应用于固体推进剂时，惰性物质的增加会降低活性铝的含量，影响推进剂的能量性能。因此，选择合适的表面改性剂、各组分的配比和共聚物是研究的重点。

2. 固体推进剂组分包覆

固体推进剂是一种具有特定性能的复合含能材料，一般以高聚物为基体，其主要组分包括氧化剂、黏合剂、增塑剂和添加剂等。选用推进剂组分对纳米铝粉进行包覆改性不仅能提高纳米铝颗粒的抗氧化性，还能提高其与推进剂组分的相容性。

硝化纤维素(NC)作为一种含能聚合物，是双基和改性双基推进剂的主要成分之一。硝化纤维素用作纳米铝颗粒的包覆材料不仅可以提高活性铝的含量，改善纳米铝粉的分散性，提高与推进剂组分之间的相容性，还能进一步提高推进剂的能量，增加比冲。因此，利用硝化纤维素包覆改性纳米铝颗粒在固体推进剂领域有着良好的应用前景。

Kwon 等[17]利用电爆炸法制得纳米铝粉后，将其加入溶有 NC 的乙醇溶液中，通过机械搅拌和真空干燥处理，可以制得 Al/NC 复合粒子。该法制得的复合粒子保持了一定的活性，提高了其分散性和相容性，这在一定程度上减少了铝颗粒的团聚，提高了燃烧性能。但这也存在一些问题，硝化纤维素分子链呈现出一定的刚性，所以吸附层的致密性不好，长时间储存可能出现活性铝含量明显降低的现象。硝化纤维素的性质不稳定，受热或放置时间过长容易发生分解。为了改善这种情况，可以采取以下几种方式：①将纤维素降解，然后硝化成相对分子质量较小的硝化棉再进行包覆；②硝化细菌纤维素(NBC)是一种新型含能黏结剂，具有特殊的三维网状结构，其密度、热性能等与硝化纤维素相似，但其安定性能优于硝化纤维素；③采用多层包覆的思想实现有机-无机/无机-有机双层包覆。

端羟基聚丁二烯(HTPB)是目前比较常用的复合推进剂中的黏合剂。端羟基聚丁二烯性质比较稳定，并且具有良好的力学性能和相容性。利用端羟基聚丁二烯作为纳米铝颗粒的包覆材料在保持铝粉活性的同时，也能提高颗粒间的分散性和相容性，防止纳米铝颗粒在推进剂中的团聚现象。

纳米 Al/HTPB 复合粒子的制备方法有激光-感应复合加热法[18]、液相化学法[19]、复合型喷雾造粒工艺[20]等。通过激光-感应复合加热法制备的纳米 Al/HTPB 复合粒子，其活性和稳定性均有明显提升，粒子基本呈现壳-核结构，微观包覆层不均匀，铝粉的平均粒径在 30～100nm，非晶包覆层厚度在 2～3nm，长期储存活性铝含量明显降低。通过液相化学法制得的纳米 Al/HTPB 复合粒子中的活性铝含量较激光-感应复合加热法更高，并且复合粒子有很好的防水性。采用复合型喷雾造粒工艺制备的 Al/HTPB 复合粒子，其包覆层均匀地铺在纳米铝颗粒表面，能很好阻隔或延缓外界氧与纳米铝颗粒的反应，有望实现高活性纳米铝粉的长期存储。而且，可以通过配比和工艺控制进一步提高包覆组装颗粒中的活性铝含量，从而实现高活性纳米铝粉在推进剂中的应用。

随着时间的延长，纳米 Al/HTPB 复合粒子也存在一些问题，纳米铝颗粒可与端羟基聚丁二烯的羟基发生反应生成铝的烷氧化物，最终导致结块。为了解决或抑制此类问题，应该严格控制包覆工艺，使所形成的包覆层不宜过厚，要求既要达到包覆改性纳米铝颗粒的目的，同时也不存在过剩基团在后续存储过程中与铝粉发生反应而使其活性降低。

叠氮黏合剂具有能量高的特点，其在含能材料中的应用受到青睐。叠氮黏合剂的热分解是在主链上先发生并独立进行的，其包覆纳米铝颗粒不仅能提高柜体推进剂的能量，还可以使固体推进剂的分解加快。李鑫等[21]在氮气气氛中，利用硅烷偶联剂对纳米铝颗粒进行预处理，然后用聚叠氮缩水甘油醚(GAP)对其进行表面包覆改性，制备了纳米 Al/GAP 复合粒子。聚叠氮缩水甘油醚包覆在有效防止纳米铝粉氧化的同时，提高了其与推进剂组分间的相容性。

癸二酸二辛酯(DOS)作为推进剂的增塑剂，其结构无明显的官能团，所以通常以物理吸附的方法沉积在纳米铝颗粒的表面。郭连贵[22]利用激光-感应复合加热法对生成的纳米铝颗粒进行癸二酸二辛酯包覆，成功制得了纳米 Al/DOS 复合粒子。纳米 Al/DOS 复合粒子的活铝含量和稳定性较自然钝化的纳米铝颗粒更好。

3. 聚酯类

采用酯类聚合物包覆纳米铝颗粒的研究已有相关报道。刘辉[23]利用原位溶液聚合法在纳米铝颗粒表面进行三羟甲基丙烷三丙烯酸酯(TMPTA)的聚合，从而制备出具有壳-核结构的聚三羟甲基丙烷三丙烯酸酯/铝(PTMPTA/Al)复合粒子。与原铝粉相比，复合粒子活性性能的保持得到了明显的改善，同时粒子的分散性能和热稳定性能也有了明显提高。新制备的复合粒子中活性铝含量约为 90%，在空气环境中放置 2 个月，未处理样品中活性铝含量的自然钝化下降低了 48%，而包覆后复合粒子的活性几乎不变，而且复合粒子的抗腐蚀性也有所改善。另外，采用 3-甲基丙烯酰氧丙基三甲氧基硅烷(MPS)作为偶联剂，还制备了聚甲基丙烯酸甲酯/铝(PMMA/Al)复合粒子。该复合粒子极大地提高了铝粉的耐腐蚀性，但不能完全抑制，原因可能是聚酯物中存在的基团容易发生水解。

4. 环氧聚合物

采用环氧聚合物包覆纳米铝颗粒的最大优点就是不需要加入引发剂，纳米铝颗粒可以引发环氧单体的开环聚合。纳米铝颗粒不具有孤对电子，而是由其表面富裕的自由电子而引发的环氧化物开环聚合。在引发聚合的过程中，环张力使环氧化物具有较高活性，在纳米铝颗粒的作用下引起环氧单体中 C—O 键断裂，由于 Al—O 键的热稳定性高于 Al—C 键，所以在纳米铝颗粒表面 Al 原子直接与 O 原子成键。环氧化物取代基越少，空间位阻越小，聚合增长越快。通过氧阴离子和质子之间的结合实现链终止，最终在纳米铝颗粒表面形成聚醚链，且具有较强的极性[12]。Hammerstroem 等[24]在室温的氩气保护下，通过催化分解前驱物 $H_3Al_3NEtMe_2$ 得到纳米铝颗粒，然后加入环氧己烷、环氧异丁烷和环氧十二烷三种不同取代基的环氧体，制备出三种富氧聚合体包覆的纳米铝复合粒子，测试表明取代基越长，包覆效果越好，活性铝含量最高能达到 94%。

5.3　金属及其盐溶液包覆材料

在固体推进剂的实际应用中，为了适应不同的情况通常需要加入一些催化剂来调控燃烧速率。燃烧速率催化剂通常可以分为两种类型，物理型和化学型。物理型的燃速催化剂通常是各种金属丝（如铁、镍、铬等），通过加快传热和一些化学催化的方法来提高推进剂的燃烧速率。而化学型有炭黑材料、金属和过渡金属氧化物、金属化合物等，这些物质能够降低高氯酸铵（AP）分解的活化能以降低反应的燃烧速率。另外，近些年还发现新型的金属络合物具有优良的催化性能，所以也被广泛应用于各类燃烧反应的添加剂。利用金属、金属氧化物及其化合物作为纳米铝颗粒的包覆材料，既可以提高纳米铝颗粒的能量含量，增加纳米颗粒的稳定性和分散性，还可以调节添加复合纳米粒子推进剂的燃烧性能。

5.3.1　金属包覆

电爆炸法[25]在纳米铝粉的制备上得到了广泛应用。电爆炸工艺是指在铝丝上施加一个脉冲电流，使铝丝瞬间加热融化，以爆炸的形式汽化，产物在惰性气氛中分散并冷却形成纳米颗粒。

Gromov 等[26]的研究也成功地将电爆炸法应用于金属包覆纳米铝颗粒，在氩环境中通过铝镍复合丝电爆炸成功合成了镍包覆纳米铝颗粒。但相较于传统铝粉，通过该方法获得的镀镍铝粉并没有表现出更好的反应性能。制备的镍/铝复合粒子氧化的起始温度约为 565℃，这一数值与原铝粉相当，并且获得的镀镍铝粉中活性铝含量仅为 53%。此外，电爆炸工艺不能够精准控制颗粒大小，所以最后产品中粗颗粒与细颗粒存在混杂。另外，通过电爆炸工艺还合成了硼包覆铝粉。通过 XRD 表征观察到包覆层是无定形的 AlB_2，硼包覆铝粉中活性铝含量与氧化铝包覆铝粉的活性铝含量相当，活性铝含量可以达到 84%。用硼取代氧化铝壳后，燃烧焓从 5465kJ/kg 增大到 6232kJ/kg，这可归功于硼的高能量密度。包覆层 AlB_2 提高了复合粒子的分散性，粒子的氧化起始温度提高了 30～40℃。将制得的复合粒子放在湿度为 70%的空气环境中一年，粒子中的活性铝含量仅下降了 2%，说明硼包覆起到了很好的效果。

除了电爆炸工艺，还可以采用湿化学法工艺实现金属包覆纳米铝颗粒。Foley 等[27]用二甲醚对制备的铝颗粒进行预处理，再将包覆金属和乙酰丙酮溶解在二甲醚中。将得到的溶液加入搅拌的铝浆中，反应 12h 后进行沉降，将得到的固体用二甲醚进行洗涤并干燥。所得粉末在空气中钝化，得到了含铝和过渡金属的复合粒子。通过湿法工艺合成了用钯、银、金和镍包覆的纳米铝颗粒。其中，金属镍在保护活性铝含量方面最有效，镀镍铝颗粒的活性铝含量比其他颗粒高约 4%。

通过控制金属镍的含量可以显著地改善纳米铝颗粒的团聚行为，同时将金属镍包覆的纳米铝颗粒添加到固体推进剂中，可以有效地提高推进剂的燃烧速率并改善推进剂的燃烧特性。金属镍的含量不宜太多，同时也可以对镍包覆的纳米铝复合粒子进行二次包覆。马振叶等[28]研究用端羟基聚丁二烯(HTPB)对镍包覆的纳米铝复合粒子进行二次包覆，将得到的二次包覆的复合粒子放置在空气环境中一个月，发现活性铝含量减少得很少。

金属包覆微米铝粉的方法还有置换还原法和化学镀法[29]等，涉及的金属元素有铜、铁、镍等。目前，化学镀法在商业上可用于微米尺寸的铝粉包覆。但是，在纳米铝颗粒表面包覆中，由于纳米铝颗粒的粒径更小，表面活性更高，还原能力更强，所以该法制得的复合粒子的壳层较厚，核内活性铝含量有所降低。

综上，采用电爆炸法同时对铝丝和其他金属丝气化-冷凝处理可以制得金属包覆纳米铝复合粒子，但通过该方法制得的镍/铝复合粒子的活性铝含量低，该方法也不能控制颗粒尺寸。相比之下，用湿化学法制备纳米铝颗粒，再分别采用乙酰丙酮钯、乙酰丙酮银、氯化金二甲基硫醚和乙酰丙酮镍实现金属表面包覆的方法，将制备的纳米金属/铝复合粒子在空气中放置一段时间后，其活性铝含量比未进行改性处理的高，其中使用金属镍的效果最佳。

相对于气相冷凝和机械球磨法，湿化学法制备的纳米铝颗粒更易于颗粒增长、团聚，原因是湿化学法制备的纳米铝颗粒的杂质含量非常低，颗粒表面张力较大，表面电势能较大，颗粒之间易相互聚集在一起形成凝聚团。在包覆处理前，纳米铝粉团聚严重是面临的一大难题，通过静电稳定化与空间稳定化两种机制可以达到提高纳米铝颗粒分散性的目的。

5.3.2　金属氧化物及其化合物包覆

金属氧化物包覆纳米铝颗粒后会形成高反应含能材料，同时可以有效减少颗粒之间的团聚现象。另外，金属氧化物在室温下稳定，并与铝发生铝热反应。具有大比表面积的金属氧化物与铝粉相互接触能够加速其反应界面和反应物之间的质量扩散，从而提高推进剂的燃烧速率，对燃烧过程有一定的催化效果，并且能增强推进剂的比冲，降低压强指数和特征信号。

在包覆纳米铝颗粒的金属氧化物的选择中，最常见的就是氧化铝（Al_2O_3）。目前市场中出售的纳米铝颗粒基本上大都采用氧化铝进行简单钝化。主要采用自然钝化法，在保护纳米铝颗粒的惰性气氛中注入少量氧气以达到缓慢氧化的效果，从而在纳米铝颗粒表面形成厚度仅为 2～5nm 的氧化铝层[6]。这种方法虽然相对简单，但对纳米铝颗粒的性能没有任何改善，反而会提高其氧化放热温度，降低纳米铝颗粒的能量含量。

相对于氧化铝，其他金属的氧化物包覆展现了优异的效果。物理混合法常用于制备纳米铝和金属氧化物的混合含能材料。物理混合法包括球磨法[30]、超声分散复合法[31]和气相沉淀法[32]等。

反应抑制球磨法是在高能球磨法的基础上发展形成的，其原料是不同组合的均匀常规的金属、非金属和金属氧化物等粉末构成的混合物，在常温或低温下利用高能球磨机的转动和振动使硬球对混合物进行强度撞击，在机械触发式的自持反应发生之前球磨过程被中断或抑制。Badiola 等[30]采用反应抑制球磨法制备了 CuO 包覆的纳米铝复合粒子，复合粒子在组分的均一性和活性上相较于传统纳米铝粉都有了一定的提高，并且具有良好的低温反应能力。

超声分散复合法是将纳米铝颗粒和金属氧化剂添加到有机分散剂中，在超声条件下分散完全，然后去除有机分散剂，即可得到纳米铝/金属氧化物复合含能材料。采用该方法，以纳米氧化铅（PbO）、纳米氧化铜（CuO）和纳米三氧化二铋（Bi_2O_3）为原料，制备了 Al/PbO、Al/CuO、Al/Bi_2O_3 复合粒子。通过红外实验，结果表明金属氧化物与铝粉之间没有发生明显的化学反应，但体系中的两种材料并不是简单地混合，而是呈现出分子间复合物的特征。此外，采用物理混合法制备 Al/MnO_2、Al/Cr_2O_3 等也有相关报道。

机械混合法制备工艺简单、成本低、易于大规模应用，但制备流程的安全性较差，生成的复合粒子在形貌和均匀性方面也存在许多不足，影响后续的使用效果。在含能材料领域，溶胶-凝胶法和化学镀法也可以用来制备金属、金属氧化物等包覆的纳米铝颗粒，从而使铝粉的性能得到改善。

溶胶-凝胶法因其温和的加工温度和高的化学均匀性，被认为是制备纳米复合材料的理想工艺之一。溶胶-凝胶法制备的过程是：首先将反应单体溶于适当溶剂，生成纳米颗粒溶胶结构；然后体系进一步交联聚合，形成三维网状的凝胶结构，在凝胶结构内部仍存在部分凝胶；通过超临界流体萃取法去除溶胶中的凝胶，形成网状一体化结构，纳米颗粒则位于凝胶内部。

Plantier 等[33]通过溶胶-凝胶法合成了 Fe_2O_3 的干凝胶并将气凝胶与纳米铝颗粒混合，制备出了 Fe_2O_3/Al 复合粒子。燃烧波速度测试结果显示波速由～10m/s 提升到 900m/s 之上，原因可能是纳米铝颗粒进入气溶胶空洞中提高了反应界面。

相比于物理混合法制备的 Al/Fe$_2$O$_3$ 复合粒子,溶胶-凝胶法制备的 Al/Fe$_2$O$_3$ 复合颗粒形成了壳-核结构,并且放热性能远高于物理混合制备的复合粒子。另外,采用溶胶-凝胶法还成功制备了纳米 AP/Al/Fe$_2$O$_3$ 复合粒子,其中 AP 粒子附着在多孔的 Al/Fe$_2$O$_3$ 纳米粒子中。复合材料中的纳米 Fe$_2$O$_3$ 能够催化 AP 的热分解,同时 AP 热分解产生的氧化性气体也可以加速铝粉反应。

另外,3.1 节还提及了置换还原法、化学镀法的相关应用[10]。Qi 等[34]还采用化学液相沉积法,以 Fe(CO)$_5$ 为铁源制备了壳-核结构的铁包覆铝粉,粒子的燃烧性能得到改善。

除金属氧化物和盐溶液外,对金属合金包覆纳米铝颗粒的研究也有相关报道。程志鹏等[35]采用化学镀法,在纳米铝颗粒表面镀上了一层 NiB 核 CoB 非晶态合金,并对纳米铝颗粒的燃烧性能进行表征,实验结果表明纳米铝颗粒表面的非晶态合金在常温下能够防止纳米铝颗粒氧化,从而提高纳米铝中的活性铝含量。与此同时,由于非晶合金优良的导热性能和特殊的氧传递机制,包覆后的纳米铝颗粒促进了其高温下的燃烧性能。

对于有机的金属络合物也有相关报道,针对二茂铁及其衍生物,郝冬宇等[36]设计了三种不同结构的氟基二茂铁(短氟链、长氟链、双边二茂铁),在 HF 与 THF 共混溶液中成功制备了具有壳-核结构的纳米氟基二茂铁/铝粉复合粒子。通过示差扫描同步热分析(TG-DSC)、点火实验、抗迁移实验对所制备复合材料对 AP 的催化性能和抗迁移性能进行了表征。结果显示三种氟基二茂铁的包覆层均表现出了较好的催化效果,并且氟基二茂铁的催化效果与其氟链上的二茂铁量成正比,而与其氟链长短无直接关系。与原材料比较,复合材料的燃烧速率获得很大的提高,其中氟元素的掺杂也进一步提高纳米铝颗粒的燃烧速率。另外,氟链自身因能够与 HTPB 形成氢键,所以表现出了较好的抗迁移效果。

5.4　小分子有机物包覆材料

与高分子有机物不同,小分子有机物结构稳定,具有一定的可燃性,且有机物中常见的羧基、卤基等基团易与活泼金属铝反应成键,从而形成稳定的表面包覆层。通过简单的化学反应法即可在铝粉表面包覆一些小分子有机物。

5.4.1　碳包覆

碳材料在常温下性能稳定,在高温下能与 O$_2$ 反应生成 CO$_2$ 等气体,并且不会增加固体推进剂的负荷,同时碳材料在高温燃烧时还能提供额外的燃烧焓,是一种优秀的纳米铝颗粒的包覆材料。碳包覆一般通过物理吸附沉积在纳米铝颗粒表面,将纳米铝颗粒与外界环境隔离开,从而避免了纳米铝颗粒在有氧环境中的氧化。

当选用无机碳粉作为包覆材料时，通常采用碳弧法制备[37]。在氩气保护下，利用微米级石墨粉（纯度99%）和微米级铝粉（纯度99%），在纯度为99.9%的石墨电极下，制备碳包覆的纳米铝复合粒子，粒子表现出明显的壳-核结构。通过XRD表征分析复合粒子的衍射峰，结果显示铝含量为60%的碳包覆纳米铝粒子在常温下放置50天后仍比较稳定，所以碳包覆层能较好地保护纳米铝颗粒。

相较于无机碳源，更多的研究者们考虑将有机小分子材料作为碳源，并对纳米铝颗粒进行了碳包覆研究。激光加热/烧蚀和电弧放电法已经成功应用于制备有机碳源包覆纳米铝颗粒。Park等[38]在氩-乙烯气体流动中，使用激光烧蚀或DC-电弧放电方法制备了碳包覆铝颗粒，获得的碳包覆纳米铝复合粒子的平均粒径约为80nm，碳包覆层厚度为1~3nm。将制得的复合粒子放入单颗粒质谱仪（SPSS）中检测，发现样品具有氧化稳定性和热稳定性。另外，采用微弧放电工艺合成了碳包覆铝颗粒，所生成颗粒的几何平均尺寸为22.7nm，标准差为1.35nm，包覆层的厚度仅为约1nm。

Guo等[39]通过激光-感应复合加热法将铝材和甲烷气体引入腔室，在氩气气氛的保护下，也成功合成了碳包覆纳米铝颗粒。复合粒子粒径在28~50nm，表面碳包覆层以石墨层结构存在，铝核为面心立方结构。热分析结果表明，与传统的纳米铝粉体相比，该方法所制备碳包覆铝粉的氧化起始温度为495℃，峰值温度为556℃，在峰值温度处发生最大放热，这两个温度数值都低于自然钝化的纳米铝颗粒。此外，碳包覆铝粉的焓变为3.54J/g，大于常规粉末的2.76J/g。这些研究表明，碳包覆层是提高铝纳米粒子反应性和能量含量的有效途径。

通过以上分析，碳包覆技术可以有效保护纳米铝粒子不发生氧化或其他反应。碳包覆纳米铝颗粒的方法主要有碳弧法、电弧放电法、激光-感应复合加热法等。上述方法对生成设备的要求都比较高，存在一定的局限性。例如，在电弧放电法中，由于高温反应的复杂性，最终产品中除我们需要的碳包覆纳米铝颗粒外，还产生了炭黑和富勒烯等副产物。

于是，出现了一种新的简单方法，即湿化学法制备碳包覆纳米铝颗粒[40]。首先，在制备纳米铝颗粒的同时加入十二胺形成铝/十二胺复合粒子；然后，将复合粒子置于真空高温550℃下进行热裂解，制得了碳包覆的纳米铝复合粒子。在热裂解的过程中，C—H键首先断裂形成碳和氢气，随后C—N键断裂并与表面的铝原子反应生成AlN包覆在内层，最外层是类似洋葱结构的碳层，复合粒子呈现棕褐色。十八胺同样适用于该方法，所制得的复合粒子在空气中放置一个月后，活性铝含量由原来的88.5%变为87.9%，说明包覆层是致密的，可有效防止活性铝粉的进一步氧化。

5.4.2　其他有机物包覆

有机酸中的羧基可以与铝发生反应，形成化学键，使其能牢牢地吸附在纳米铝颗粒表面，而另一端的碳链可以形成空间位阻，从而提高纳米铝颗粒的分散性。另外，有机酸具有疏水性，可以很好地隔绝外界的水蒸气，防止纳米铝颗粒发生氧化。同时，有机酸在纳米铝颗粒燃烧的过程中可以作为一种燃烧剂为推进剂提供能量。

Gromov 等[26]通过电爆炸工艺制得纳米铝颗粒后，将纳米铝颗粒置于溶有硬脂酸/油酸的无水乙醇充分搅拌的溶液，在烘箱中常温烘干以防止颗粒自热，成功制备出纳米铝/硬脂酸、铝/油酸复合粒子。但是，该方法获得的复合粒子的比表面积较小，活性铝含量也较低，这可能是由于颗粒表面与溶剂作用的影响。

实验室制备纳米铝颗粒还可以采用还原方法，再对还原的光滑纳米铝表面进行包覆处理。例如，用叔胺氢化铝在异丙醇钛的催化下生成纳米铝，加入催化剂后溶液呈现出黑褐色，在其逐渐变黑的过程中加入包覆剂，以防止纳米铝颗粒发生团聚现象，即可形成表面被包覆的纳米铝[41]。该方法在液体中处理铝颗粒比较安全，而且叔胺氢化铝的分解速度与包覆剂的加入时间和加入量对铝粉形貌和粒径的影响也较大。外部的有机包覆层对铝颗粒活性及应用方面的影响也较大。常用的有机包覆剂有硬脂酸铝、油酸、辛醇等。

液相处理可使颗粒暴露在复杂的反应介质中，需要干燥和额外的分离步骤来回收颗粒，等离子体沉积法发生在惰性环境中，作为一种干燥的气相过程，其为包覆过程提供了一个良好的控制环境。该沉积工艺具有柔性，可应用于任何固体衬底，包括金属和非金属材料。同时，可以使用广泛的有机前体，包括碳氢化合物、醇和氟碳化合物，这为控制膜的界面特性方面提供了一定程度的灵活性。最后，该工艺提供了很好的涂层厚度控制，它是沉积时间的线性函数。Shahravan 等[42]通过等离子体增强化学气相沉积（PECVD）在 80nm 铝颗粒上成功生成了异丙醇、甲苯和全氟萘烷包覆层。

李佳贺[43]使用鼓泡法将包覆剂带入含能铝粉表面，也成功实现了无溶剂包覆纳米铝颗粒。包覆剂选用二甲基二甲氧基硅烷（DMODMS）并将其制备成疏水性的表面，再用少量三甲基氯硅烷（CTMS）处理后进行表面疏水性的调节。在氩气的保护下，将包覆剂注入，通过调节鼓泡气流实现有机包覆剂的吸附，然后利用氩气直接吹入消除多余吸附，最终获得了包覆后的复合粒子。

除上述常用的有机小分子材料外，含氟有机物也表现出优异的包覆性能。对铝粉进行氟掺杂后能够释放出更高的热量，部分燃烧产物由氧化铝转为氟化铝，同时氟化铝的沸点远低于氧化铝，在燃烧时可变为气相产物增加推进剂的推力，进而提高推进剂的燃烧性能。直接物理混合铝粉和含氟聚合物构筑的界面结构不稳定，燃烧过程的能量释放不均匀，因此设计构建具有稳定结构的纳米含氟包覆层/铝复合粒子具有重要的研究意义。

Jouet 等[44]采用湿化学法合成了全氟羧酸包覆的纳米铝颗粒。复合粒子的活性铝含量仅为 15.4%，所以包覆的进一步改进是必要的，以合成具有更高活性铝含量的复合粒子。另外，在最近的研究中显示，无氟羧酸在保护铝颗粒免受表面氧化方面不如氟化羧酸有效。

全氟磺酸(Nafion)具有高的亲水基团和强的亲油全氟碳链，在包覆纳米铝颗粒中表现出了良好性能。全氟磺酸中的基团相互聚集形成亲水空穴，外层是全氟碳链[12]。Nelson 等[45]利用湿化学法，首先将异丙醇钛浸入全氟磺酸中，两者相互作用使异丙醇钛进入亲水空穴，之后将其浸入 AlH_3 中，在异丙醇钛的催化下在空穴中 AlH_3 分解形成纳米铝颗粒。纳米 Al/Nafion 复合粒子呈现出良好的稳定性，但其活性铝含量仍较低，原因可能是 AlH_3 未完全进入空穴或分解不完全。除上述两种含氟有机酸外，可以作为包覆材料的还有全氟壬酸[46]、全氟十八酸[17]等。

参 考 文 献

[1] 李伟, 包玺, 唐根, 等. 纳米铝粉在高能固体推进剂中的应用[J]. 火炸药学报, 2011, 34(5): 67-70.DOI:10.14077/j.issn.1007-7812.2011.05.019.

[2] Sundaram D S, Yang V, Zarko V E. Combustion of nano aluminum particles[J]. Combustion, Explosion, and Shock Waves, 2015, 51(2): 173-196.

[3] Chung S W, Guliants E A, Bunker C E, et al. Capping and passivation of aluminum nanoparticles using alkyl-substituted epoxides[J]. Langmuir, 2009, 25(16): 8883-8887.

[4] Yetter R A, Risha G A, Son S F. Metal particle combustion and nanotechnology[J]. Proceedings of the Combustion Institute, 2009, 32(2): 1819-1838.

[5] Caruso F. Nanoengineering of particle surfaces[J]. Advanced Materials,2001, 13(1): 11-22.

[6] Gromov A A, Strokova Y I, Ditts A A. Passivation films on particles of electroexplosion aluminum nanopowders: A review[J]. Russian Journal of Physical Chemistry B,2010, 4(1): 156-169.

[7] 张立新. 核壳结构微纳米材料应用技术[M]. 北京: 国防工业出版社, 2010: 4.

[8] Homola A M, Lorenz M R, Sussner H, et al.Ultrathin particulate magnetic recording media (abstract)[J].Journal of Applied Physics,1987, 61(8): 3898.

[9] Cui H T, Hong G Y. Coating of Y_2O_3: Eu^{3+} with polystyrene and its characterizations[J]. Journal of Materials Science Letters,2002, 21(1): 81-83.

[10] 王毅, 姜炜, 张先锋, 等. 纳米 Fe 粒子包覆微米 Al 复合材料的制备与表征[J]. 功能材料, 2008, (11): 1900-1902.

[11] 胡楠, 钟景明, 孙本双, 等. PVP 对球形铝粉进行表面包覆改性的研究[J]. 中国粉体技术, 2011, 17(5): 5-10.

[12] 李鑫, 赵凤起, 仪建华, 等. 国内外纳米铝粉表面包覆改性研究进展[J]. 材料保护,2013, 46(12): 47-52, 8.

[13] 张凯, 傅强, 范敬辉, 等. 纳米铝粉微胶囊的制备及表征[J]. 含能材料, 2005(1): 4-6, 5.

[14] 张凯, 傅强, 范敬辉, 等. 表面处理方式对纳米 Al/PS 微胶囊形态的影响[J]. 含能材料, 2005, 5: 37-40, 4.

[15] 梁伟, 叶红齐, 陈玉琼, 等. 乳液聚合法包覆片状铝粉及其耐腐蚀性研究[J]. 中国腐蚀与防护学报, 2011, 31(1): 68-71.

[16] Roy C, Dubois C, Lafleur P, et al. The dispersion and polymer coating of ultrafine aluminum powders by the Ziegler Natta reaction[J]. MRS Online Proceedings Library (OPL), 2003: 800.

[17] Kwon Y S, Gromov A A, Strokova J I. Passivation of the surface of aluminum nanopowders by protective coatings of the different chemical origin[J]. Applied Surface Science,2007, 253(12): 5558-5564.

[18] Guo L G, Song W L, Hu M L, et al.Preparation and reactivity of aluminum nanopowders coated by hydroxyl-

terminated polybutadiene（HTPB）[J].Applied Surface Science,2008, 254（8）: 2413-2417.

[19] 徐娟. 湿化学法制备纳米 Al 粉及其表面包覆研究[D]. 南京: 南京师范大学, 2013.

[20] 郝洁, 丁昂, 黄敬晖, 等. 高活性纳米铝粉 HTPB-TDI 包覆组装与表征[J]. 稀有金属, 2018, 42（2）: 168-174.

[21] 李鑫, 赵凤起, 高红旭, 等. 纳米 Al/GAP 复合粒子的制备、表征及对 ADN 热分解性能的影响[J]. 推进技术, 2014, 35（5）: 694-700.

[22] 郭连贵. 核/壳结构纳米铝粉的制备及其活性变化规律的研究[D]. 武汉: 华中科技大学, 2008.

[23] 刘辉. 原位聚合制备聚丙烯酸酯/氧化铝或金属铝复合粒子及性能研究[D]. 长沙: 中南大学, 2007.

[24] Hammerstroem D W, Burgers M A, Chung S W, et al. Aluminum nanoparticles capped by polymerization of alkyl-substituted epoxides: Ratio-dependent stability and particle size[J]. Inorganic Chemistry,2011, 50（11）: 5054-5059.

[25] Gromov A A, Förter-Barth U, Teipel U. Aluminum nanopowders produced by electrical explosion of wires and passivated by non-inert coatings: Characterisation and reactivity with air and water[J]. Powder Technology, 2006, 164（2）: 111-115.

[26] Gromov A, Ilyin A, Forter-Barth U, et al. Characterization of aluminum powders: II. Aluminum nanopowders passivated by non-inert coatings[J]. Propellants Explosives Pyrotechnics, 2006, 31（5）: 401-409.

[27] Foley T J, Johnson C E, Higa K T. Inhibition of xide formation on aluminum nanoparticles by transition metal coating[J]. Chemistry of Materials, 2005, 17（16）: 4086-4091.

[28] 马振叶, 赵凤起, 徐娟, 等. 一种固体推进剂用纳米 Al/Ni/HTPB 核-壳结构含能复合粒子及其制备方法: CN103084571A[P]. 2012-12-30.

[29] Cheng J L, Hng H H, Ng H Y, et al.Deposition of nickel nanoparticles onto aluminum powders using a modified polyol process[J].Materials Research Bulletin, 2009, 44（1）: 95-99.

[30] Badiola C, Schoenitz M, Zhu X Y, et al.Nanocomposite thermite powders prepared by cryomilling[J].Journal of Alloys and Compounds, 2009, 488（1）: 386-391.

[31] 安亭, 赵凤起, 裴庆, 等. 超级铝热剂的制备、表征及其燃烧催化作用[J]. 无机化学学报, 2011, 27（2）: 231-238.

[32] Menon L, Patibandla S, Ram K B, et al.Ignition studies of Al/Fe$_2$O$_3$ energetic nanocomposites[J].Applied Physics Letters,2004, 84（23）: 4735-4737.

[33] Plantier K B, Pantoya M L, Gash A E.Combustion wave speeds of nanocomposite Al/Fe$_2$O$_3$: The effects of Fe$_2$O$_3$ particle synthesis technique[J]. Combustion and Flame, 2005, 140（4）: 299-309.

[34] Qi N, Hu M, Wang Z, et al.Synthesis of Al/Fe3Al core–shell intermetallic nanoparticles by chemical liquid deposition method[J].Advanced Powder Technology, 2013, 24（6）: 926-931.

[35] 程志鹏, 徐继明, 朱玉兰, 等. 化学镀法制备纳米 Ni-B 包覆 Al 复合粉末[J]. 材料工程, 2010, 01: 19-22.

[36] 郝冬宇. 含氟二茂铁/纳米铝粉表面功能化及其燃烧性能的研究[D]. 哈尔滨: 哈尔滨工业大学, 2019.

[37] 陈进, 张海燕, 李丽萍, 等. 核壳型碳-铝复合纳米粒子的制备及其抗氧化性能研究[J]. 南京大学学报（自然科学版）, 2009, 45（2）: 297-303.

[38] Park K, Rai A, Zachariah M R.Characterizing the coating and size-resolved oxidative stability of carbon-coated aluminum nanoparticles by single-particle mass-spectrometry[J].Journal of Nanoparticle Research, 2006, 8（3-4）: 455-464.

[39] Guo L G, Song W, Xie C S, et al.Characterization and thermal properties of carbon-coated aluminum nanopowders prepared by laser-induction complex heating in methane[J]. Materials Letters, 2007, 61（14-15）: 3211-3214.

[40] 查明霞. 纳米铝粉的活性保持及其性能研究[D]. 南京: 南京师范大学, 2014.

[41] Haber J A, Buhro W E.Kinetic instability of nanocrystalline aluminum prepared by chemical synthesis; Facile

room-temperature grain growth[J].Journal of the American Chemical Society,2012, 120（42）: 10847-10855.

[42] Shahravan A, Desai T, Matsoukas T.Passivation of aluminum nanoparticles by plasma-enhanced chemical vapor deposition for energetic nanomaterials[J].ACS Applied Materials & Interfaces,2014, 6（10）: 7942-7947.

[43] 李佳贺. 无溶剂条件下纳米铝粉表面功能化研究[D]. 哈尔滨: 哈尔滨工业大学, 2019.

[44] Jouet R J, Warren A D, Rosenberg D M, et al.Surface passivation of bare aluminum nanoparticles using perfluoroalkyl carboxylic acids[J]. Chemistry of Materials, 2005, 17（11）: 2987-2996.

[45] Nelson D J, Brammer C N.Fluorinated templates for energy-related nanomaterials and applications[J]. 2011, 10.1021/bk-2011-1064: 103-125.

[46] Torres M F, De Rossi R H, Fernandez M A.Aggregation behavior of perfluorononanoic acid/sodium dodecyl sulfate mixtures[J]. Journal of Surfactants and Detergents, 2013, 16（6）: 903-912.

第6章　反应分子动力学模拟研究

6.1　ReaxFF 反应力场概述

本章介绍了 ReaxFF 如何在传统力场的基础上进行改进延伸，使 ReaxFF 力场能够获得键形成断裂过程中合理的能量、力学信息预测。这种特性使 ReaxFF 反应力场虽然不如量子力学 (QM) 方法普适于所有元素，但也可以对选定的反应路径进行模拟，并且比 QM 方法的计算效率更高。

最重要的是，谐波近似在非反应力场中的应用。考虑键拉伸的方法需要用一种描述来代替，这种描述在无限原子分离时收敛到键的离解能，而不是像谐波描述中那样收敛到无穷大的能量。此外，这种键级/能量关系必须是连续的，最好是植根于物理/化学理论。符合这些标准的一种方法是由 Pauling[1]提出的键级/键能概念。在这种方法中，键级有效地描述了两个原子之间键合中共享电子的数目，并通过一个连续函数与键长联系起来。在短距离下，这种键级/键级关系接近最大值(如 C—C 对的三键)，而在无限远的距离，键级为零。对于非共价材料，可以采用其他方法来模拟配位变化。对于离子材料，人们可以用纯库仑描述来代替谐波键的描述，而金属则可以用密度项取代键的概念来成功地描述[2]。这两种基于库仑和密度的方法都满足了无限原子分离时系统能量为零的条件，但它们缺乏描述共价材料所需的局部化特征。键级/键级概念确实提供了必要的局部化，Tersoff针对硅[3]和 Brenner 针对碳氢化合物[4]开发的力场 (FF) 方法证明，该方法可用于制定能够模拟共价材料中反应的 FF 方法。

在强键级存在的情况下，弱键级程度大为减弱。键级/键级方法提高了 FF 方法模拟连接性变化的能力，并收敛到正确的离解键极限。然而，一个简单的键级/键级方程并不能反映化学反应的所有方面。与键级相关的吸引共价相互作用的范围与键级中涉及的原子配位紧密耦合。对于完全配位的原子，这些吸引相互作用随着键级的增加而迅速衰减，而欠配位的自由基原子具有更多的离域价电子，所以产生了更大的吸引力范围。这两个方面都需要用一个反应力场来描述，这样既能捕捉基态分子的稳定性，又能捕捉自由基的反应性。在 ReaxFF 反作用力场中，就是通过使用一组分析函数来实现的。这样的函数转换修正了从原子间距离得到的初始键级，基于原子的欠配位水平，这是通过将原子所涉及的所有键级相加得到的。如果总键级接近或超过元素的价电子数(碳为 4，氢为 1)，那么通常与 1～3 个相互作用有关的所有弱键级在数量上都会显著减少，而强键级实际上仍然没有得到修正(图 6.1),其中,BO_C 是碳原子键级,BO_H 是氢原子键级。然而,对于欠协调的自由基系统,这些弱键级仍然没有被修正,因此允许自由基碳中心在距离 3Å 处启动键合。这种键级修正方案使 ReaxFF 力场能够正确捕捉 QM 跃迁态的能量,这使该方法不仅能预测反应产物,而且还能描述反应产物的反应动力学。这种键级修正方案有效地将键级从二体相互作用(仅取决于共享键的原子位置)转变为多体相互作用,其中配位球中的每个原子都会影响原子参与的每个键级。虽然这是现实的,但这确实需要大量的计算开销,因为所有键级相关的力都需要在多个原子上加以确定。

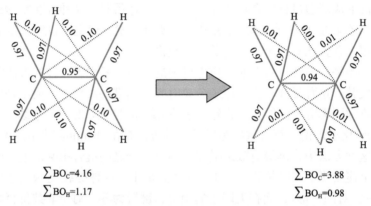

图 6.1　ReaxFF 力场参数优化前后对 C 原子和 H 原子的键级估计

在传统非反应力场方法中,分子轨道杂化对分子几何结构的影响是由三体作用、价角和四体扭转(又称二面体)作用项捕获的。以甲烷举例,这些作用项确保了甲烷中 sp^3 杂化碳周围的所有 H—C—H 角的值为 109.47° 和 H—C≡C—H 扭转角上的强制平面性。这些非反应 FF 方法通常针对不同的原子杂交(如碳的 sp^1、sp^2 和 sp^3 杂化)采用不同的原子类型;通过简单地分配不同的平衡角(sp^1 为 180°,sp^2 为 120°,sp^3 为 109.47°)可以确保正确描述分子的几何结构。这种方法在无反应的环境中工作得很好,因为原子将保持最初的杂化。然而,反作用力场需要在过渡态之间提供连续的能量过渡。基于局部几何考虑改变原子类型是不可行的,因为这可能导致能量和力的不连续,从而严重影响分子动力学的应用。因此,反应力场需要有能力识别杂化状态,并且需要有规则地说明这种状态如何影响原子周围的价角和扭转角力。

利用前面介绍的用键级确定原子间关系的办法,可使力场对原子杂交态的识别变得相对简单。在 ReaxFF 反应力场中,单(σ)、双(πi)和三(双 π)键级使用了单独的键级关系,这些信息可直接用于推导平衡角和扭转角力常数的杂化效应。利用键中 π 特征量的信息推导出价角平衡角,见方程组(6.1)和图 6.2。该算法计算的平衡角会平滑地从 sp^3 碳原子的四面体(109.47°)变化到 sp^1 碳原子的线性

(180°)。在推导出键序依赖的平衡角后，可以按式(6.1)计算价角能量，BO 为键级，p_{val1} 为价态。方程组(6.1)中的价角/能量关系与非反应力场描述的一个重要区别是：价角能量乘以角度中涉及键级的函数，从而确保在键离解时角能平稳地归零。而后一个条件对于保持分子动力学模拟所需的能量和力的连续性至关重要。

从键级计算平衡性质的这两个概念和在能量/力计算中包括键序的概念可以扩展到所有共价相互作用。在 ReaxFF 反应力场中，类似的概念用于描述扭转角、三体和四体共轭及氢键，从而能够描述旋转势垒、芳香族和部分共轭体系及亲水官能团。

$$\begin{cases} E_{val} = f(BO_{ij}) \cdot f(BO_{jk}) \cdot \left\{ p_{val1} - p_{val1}\exp - p_{val2}\left[\theta_0(BO^\pi)\right]^2 \right\} \\ \theta_0(BO^\pi) = 180° - \theta_{0.0} \cdot \left\{ 1 - \exp\left[-p_{val10} \cdot (SBO^i) \right] \right\} \\ f(BO_{ij}) = 1 - \exp(-p_{val3} \cdot BO_{ij}^{Pval4}) \end{cases} \quad (6.1)$$

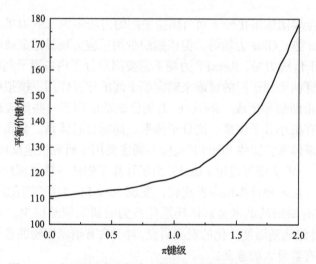

图 6.2 ReaxFF 反应力场中 π 键级和平衡价键角的变化关系

6.2 分子动力学模拟熔化过程

6.2.1 纳米铝颗粒熔化过程研究

因为纯纳米铝团簇难以保存和进行实验，近年来国内外研究者多采用分子动力学模拟方法研究铝团簇的熔化过程[5-11]。Puri 和 Yang 等[5]使用 ES+力场在(正则系综)(NVT 系综)下研究原子数小于 1000 时铝团簇的熔化行为并与 EAM 势得到的结果进行对比，观察到当原子数小于 850 时铝团簇熔化时在一定温度区间中存在固液共存的阶段，当原子数更小时，熔化规律存在奇特现象：熔点与团簇尺寸具有非线性关系，一些特定原子数团簇的熔点甚至高于块体铝的熔点。Puri 等[6]运用 NPH 系综分子动力模拟方法将多种不同势函数得到的结果进行对比，发现 ES+和 Glue 势函数能够描述纳米铝团簇熔化时的尺寸效应，即团簇的熔点与尺寸的线性变化，铝团簇因熔化引起的表面电荷变化对熔点影响不大。在随后对有缺陷铝团簇熔化特性的研究中，Puri 等[6]发现当空隙浓度超过一临界体积时才会对团簇熔点产生较大影响，而且外界压强的变化并不会显著影响铝团簇的熔点；Duan 的研究小组采用半经验的 Gupta 多体势详细研究了不同原子数铝团簇的熔化行为[9-11]：小尺寸铝团簇（原子数 13～32）存在奇特的熔化现象，基态结构对团簇熔化行为有很大影响，有些尺寸的熔点甚至高于晶体铝；Al_{196} 团簇熔化存在无规律性，并且和初始结构有明显关联[9]；在对原子数小于 10000 的铝团簇的模拟中发现[15]：从不同初始结构出发模拟所得团簇的熔点基本相同，熔点与团簇粒径基本呈线性关系。

目前对于金属团簇熔化分子动力模拟使用的力场多为 ES+力场和其他半经验力场，如 Gupta 势、Glue 力场等，但依然缺少用反应力场描述金属团簇熔化行为的研究。相比于传统力场，ReaxFF 力场不需要固定分子内各原子间的连接性，而是通过计算任意两个原子间的键级来确定原子间的相互作用，模拟中各原子间的化学键可以自由断裂和生成。ReaxFF 力场已成功应用于一些反应动力学的研究中，包括碳氢有机小分子体系、高分子体系、高能材料体系、金属氧化物体系和过渡金属催化剂体系。这些 ReaxFF 反应力场主要用于研究快速反应过程（如爆炸和燃烧过程）[12]。宋文雄等应用 ReaxFF 力场计算了铝的各项物理性能，并将结果与实验值和第一性原理计算结果做比较，发现 ReaxFF 力场对铝能量的描述较准确[13]，但对带有缺陷的纳米金属团簇熔化行为的研究依然很少。对不同缺陷浓度 Al 团簇额外储能随温度变化的观测研究，对于含有纳米铝粉的各类固体推进剂的保存与更换有着重大的意义。

6.2.2　熔点研究的分子动力模拟设置

本节采用正则系综（NVT）研究铝团簇熔化的过程，温度控制采用 Berendsen 热浴法[16]，用 Verlet 算法积分解牛顿运动方程。时间步长取 0.5fs。在分子动力模拟中，对块状晶体铝的模拟需要用到周期性边界条件，而对团簇熔化模拟则需要保证团簇的自由表面[7]，模拟盒子统一选择边长为 20nm 的正六面体盒子，以保证团簇有足够的运动空间，边界条件设为固定边界。

使用分子动力学模拟退火法获得初始结构，退火步骤如下：建立初始速度为 0 的铝团簇，用最速下降法在 NVE 系综下弛豫 30000 步，采用 NVT 系综将团簇快速升温至熔化状态，再进行缓慢降温，每降温 10K，在当前温度下弛豫 100000步；接着再进行一次最速下降法的能量最小化过程，确保得到该温度点下最稳定的构型；缓慢降温至 0K 后弛豫 50000 步得到退火后的铝团簇。

加热速率的选取对熔化模拟是至关重要的。本节分别选取 0.1K/fs、0.01K/fs、0.005K/fs 和 0.001K/fs 加热速率，在粒径为 2nm 的铝颗粒团簇从 300K 升温至 1000K 的模拟过程中发现：小于 0.01K/fs 的加热速率明显地增加了计算时间，而得到的结果相近，快速的加热速率则不能得到准确的结果。本节加热速率采用 0.01K/fs。熔化加热过程采用阶梯加热的方法，每 20K 设立一个温度点，在每个温度点上进行 500000 步分子动力模拟并记录统计数据。

加热速率在分子动力模拟中至关重要。为了找到合适的值，用不同的加热速率 0.1K/fs、0.01K/fs 和 0.005K/fs 对粒径为 2nm 的铝颗粒进行加热。较大的加热速率会使颗粒在每个温度点来不及平衡到稳定结构而产生错误的结果。图 6.3 为加热速率实验图：0.01K/fs 与 0.005K/fs 有着相同的计算结果精度，但计算时间大幅减少。后续所有模拟的加热速率也都选为 0.01K/fs。

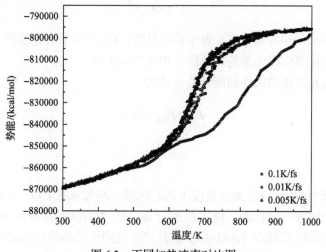

图 6.3　不同加热速率对比图

严格来说，每种材料由加热方法可分为两种不同的熔点：一个是动力熔化温度，另一个是平衡熔化温度。前者与加热速率有很大关系，而后者是材料本身的性质。为了消除加热速率对材料熔点的影响，可以采取"阶梯加热法"。在熔化过程中，每 20K 收集数据并分析，并称这样的点为数据收集点。在每个数据收集点弛豫 500000 步（远比加热步数多），这样一来可以认为进行的是一种平衡加热，只有来自数据收集点的数据才可以进行作图，这样得出的熔点就可以认为是平衡熔化温度而不是动力熔化温度。

本书根据势能温度曲线、Lindemann 因子、体系比热的变化来预测团簇的熔点。Lindemann 因子的表达式为

$$\delta = \frac{2}{N(N-1)} \sum_{i<j} \frac{\sqrt{\left\langle r_{ij}^2 \right\rangle_t - \left\langle r_{ij} \right\rangle_t^2}}{\left\langle r_{ij} \right\rangle_t} \tag{6.2}$$

原子间振动加剧是晶体材料发生相变的重要特征，Lindemann 因子表征原子振动的剧烈程度，可由原子间距离函数算出[17]。在升温模拟的过程中，对于较大尺寸团簇（原子数大于 50）的情况，Lindemann 因子达到初始饱和值时对应的温度视为团簇的熔点[18]。表达式中 r_{ij} 为 i 原子与 j 原子的距离，$\langle\ \rangle_t$ 为在相同温度下的统计平均值。

体系比热表达式为

$$C_v = \frac{\left\langle E_{tot}^2 \right\rangle_t - \left\langle E_{tot} \right\rangle_t^2}{2NK_bT^2} \tag{6.3}$$

式中，K_b 为 Boltzmann 常数；T 为体系的温度；E_{tot} 为体系的总能量。

纳米铝团簇熔化时体系的比热图会出现尖锐单峰。

由缺陷引起团簇的额外储能计算公式为

$$E_e = E_{tot} - N\varepsilon \tag{6.4}$$

$$\varepsilon = \frac{E_{tot}}{N_A} \tag{6.5}$$

式中，E_e 为额外储能；E_{tot} 为该温度下的总能量；N 为总原子数；ε 为该温度下无缺陷的晶体铝团簇的结合能，由式(6.5)计算，N_A 为阿伏伽德罗常数。

铝团簇的初始模型由 LAMMPS 软件建立规则块状晶体后删除团簇范围外的原子得到，退火颗粒在晶体模型基础上退火得到。以粒径为 2nm 的铝颗粒为例，初始模型和退火后的模型由 OVITO 软件呈现于图 6.4。

1. 分子动力模拟结果与分析

团簇熔化与块状晶体熔化最主要的区别在于：团簇表面存在预熔化现象，表面部分原子在温度远低于块状晶体熔点时就可以熔化。图 6.5 为 2nm 铝颗粒团簇熔化过程中温度从 0K 上升到 500K 的径向分布曲线。熔化前铝原子沿径向阶梯分布，呈现出类似块状晶体分布的特征，峰值处尖锐，峰值分布具有一定的周期性。随

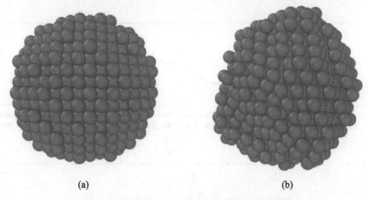

(a)　　　　　　　　　　　　　　(b)

图 6.4　退火前 (a)、后 (b) 2nm 铝颗粒团簇

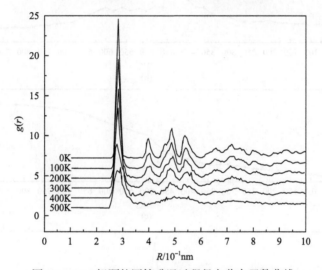

图 6.5　2nm 铝颗粒团簇升温过程径向分布函数曲线

着温度上升，径向分布函数曲线首先从表面位置逐渐变平滑，靠近中心处的部分曲线峰值降低，但依然尖锐；随着温度继续上升，曲线在不断降低的同时向远离中心的区域分布，并且距离中心越远的区域越早进入平滑状态，这个过程证明了团簇表面预熔化过程的存在。团簇熔化前 (温度低于 420K) 曲线存在尖锐的峰值，彻底熔化后，曲线趋于平滑，不再出现尖锐的峰值，说明在团簇熔化后原子间距增大，径向各区域原子分布得更加均匀，导致团簇体积增加。

　　图 6.6 和图 6.7 给出了不同尺寸的纳米团簇势能 E_{pot}、比热 C_v 随温度变化的曲线和 Lindemann 因子随温度变化的曲线。由图 6.6 可见，不同粒径的团簇在温度达到熔点时比热都会出现一个明显高于周围的单峰，Lindemann 因子图线上升部分的斜率将达到最大值。从图 6.6(a) 可以发现，粒径为 2nm 团簇的比热曲线除存在单峰外，当温度超过比热峰值对应的温度时，还存在一段高度在峰值与最低值

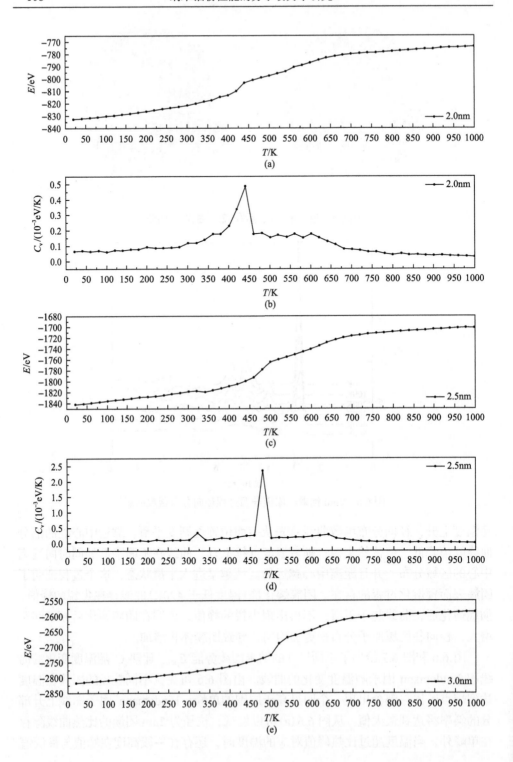

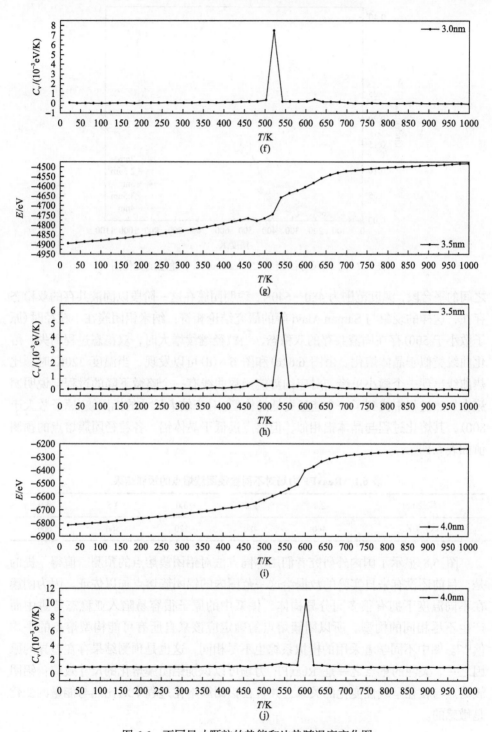

图 6.6　不同尺寸颗粒的势能和比热随温度变化图

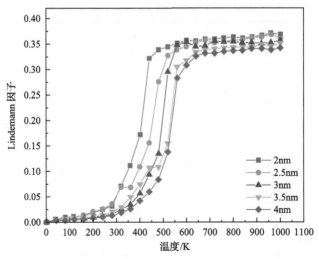

图 6.7　不同尺寸团簇的 Lindemann 因子随温度变化图

之间的平台段，温度范围为 480～640K，说明团簇在这一阶段以固液共存的双稳态存在，这样的现象与 Saman Alavi 等的研究结论相符：纳米铝团簇在小粒径时（原子数小于 500）存在固液共存的双稳态，当粒径继续增大时，双稳态过程消失，熔化曲线类似于晶体熔化。由图 6.6(c) 和图 6.6(d) 可以发现，当温度 320K 时，比热曲线出现一个微小单峰，对应的势能函数曲线有一个略微下降的过程，说明团簇在加热过程中找到了一个能量更低的构型。对于较大尺寸的铝团簇（原子数大于800），其熔化过程与晶体铝相似，但熔点远低于晶体铝。各粒径团簇熔点的预测值如表 6.1 所示。

表 6.1　ReaxFF 力场对不同粒径团簇熔点的预测结果

粒径/nm	2.0	2.5	3.0	3.5	4.0
熔点/K	440	480	520	560	600

图 6.8 显示了国内外研究者们用不同方法对铝团簇熔点的预测。值得一提的是，目前还没有来自实验的数据给这一范围内的铝团簇熔点加以佐证。因为团簇在不同温度下拥有很多同分异构体，体系中的原子很容易陷入亚稳态势阱中而产生不尽相同的构型，所以团簇熔点的确定应该来自所有可能构型熔点的平均值[19]。图中不同学者采用的模拟系综也不尽相同，这也是预测结果存在差异的原因之一。关注的重点之一是 ReaxFF 力场可以识别铝团簇熔化的尺寸效应：铝团簇熔点与粒径呈线性变化的关系，并且在铝团簇熔化过程中对比热与能量的变化是敏感的。

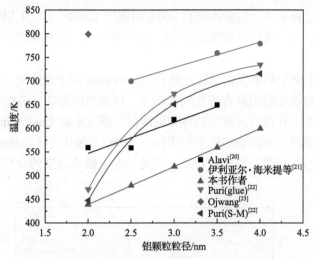

图 6.8　不同学者应用不同力场对铝团簇熔点的预测对比图

在验证了 ReaxFF 力场可以对铝团簇的熔化过程进行正确描述后,对粒径 4nm 的团簇中存在缺陷的情况进行模拟,并研究在升温过程中各团簇的额外储能变化。Puri 等[6]的研究表明:只有当缺陷浓度达到临界值时才会对纳米团簇的熔点产生影响。但 Puri 和 Yang 的研究方法是在没有缺陷的晶体团簇中"挖取"不同立方体积的规则缺陷,根据缺陷包含原子数与总原子数的比值确定缺陷浓度。在纳米铝粉的实际生产中很少存在这样规则的、大面积的连续缺陷。通过电爆炸法制得粉体存在的缺陷可以定性地表征为线缺陷和面缺陷,详细制备方法可见宋武林等的论文。由于电爆炸法的制备条件是极度非平衡状态,所以制备出的铝颗粒较相同粒径下晶体结构的铝颗粒会因缺陷而产生额外储能[9]。在粒径一定的情况下,还研究了缺陷浓度与额外储能的关系,以及额外储能随温度的变化,并对缺陷团簇的熔点进行了预测。

2. 带有缺陷的纳米铝颗粒熔点及额外储能研究

与前面的建模方法不同,初始模型(缺陷浓度为 0%)为 FCC 排布,晶格常数为 4.0495Å 的球形铝团簇,随后在晶体颗粒中根据缺陷浓度百分比随机删除原子作为具有不同缺陷浓度铝团簇的模型,各团簇具体原子数见表 6.2。因总原子数的限制,且挖取缺陷方式为随机挖取,相邻缺陷浓度间相差原子数为 100 左右。

表 6.2　不同缺陷浓度铝团簇的原子数

缺陷浓度	0%	5%	10%	15%	20%
原子数	2028	1933	1845	1719	1632

　　熔化模拟过程如下：初始团簇在 300K 时弛豫 100000 步，采用最速下降法进行能量最小化过程，随后缓慢降温至 0K，用阶梯加热的方法加热至 1000K，收集统计数据。

　　图 6.9 为不同缺陷浓度铝团簇比热和 Lindemann 因子曲线图。从图中可明显看出，不同缺陷浓度的团簇有着相同的熔点，比热曲线图在 560K 同时出现了明锐单峰，证明熔点并没有因缺陷的存在而降低。图 6.8 的 Lindemann 因子图部分揭示了同样的规律，不同缺陷浓度的团簇在 560K 的温度下 Lindemann 因子曲线同时达到了初始饱和值，说明在粒径一定的情况下缺陷浓度的变化并不会影响团簇的熔点。

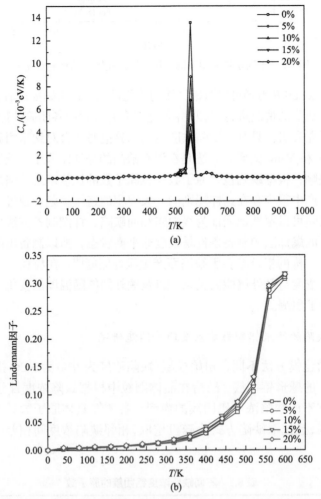

图 6.9　金属丝电爆炸核冕结构示意图(a)和 20.3μm 铝丝爆炸激光影像(b)

根据式 (6.5) 计算出无缺陷情况下粒径为 4nm 铝颗粒团簇的结合能，结果如表 6.3 所示。

表 6.3　4nm 铝颗粒团簇在不同温度下的结合能

温度 T/K	结合能 ε/eV
0	−3.3753
20	−3.37031
40	−3.36526
60	−3.36019
80	−3.35508
100	−3.34993
120	−3.34479
140	−3.33953
160	−3.33424
180	−3.32899
200	−3.32365
220	−3.31805
240	−3.31236
260	−3.30655
280	−3.30049
300	−3.29393
320	−3.28789
340	−3.28163
360	−3.27516
380	−3.26767
400	−3.26022
420	−3.2521
440	−3.2438
460	−3.23457
480	−3.22501
500	−3.21421
520	−3.20266
540	−3.18537
560	−3.11892
580	−3.09452
600	−3.08002

根据式 (6.4) 可计算出不同缺陷浓度团簇在不同温度下的额外储能情况，额外

储能与平均原子的能量随温度变化曲线见图 6.10。

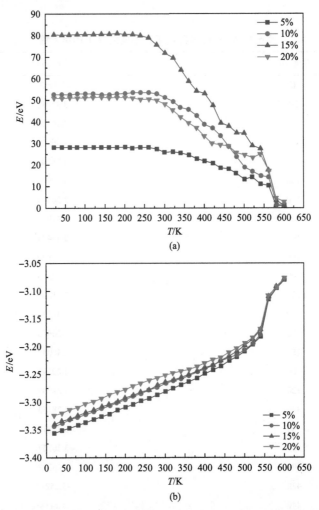

图 6.10　不同缺陷浓度团簇的额外储能(a)和平均原子能量(b)随温度变化曲线

由图 6.10(a)可见，不同缺陷浓度团簇的额外储能随温度变化有着相近的变化趋势：温度低于 300K，额外储能基本不随温度变化，与初始额外储能持平。温度在 300～540K 时，额外储能开始随温度升高而下降，缺陷浓度为 5%～15%时，缺陷浓度越高曲线下降速率越快，而缺陷浓度为 20%的团簇在 300～440K 的变化速率与缺陷浓度为 10%相似，随后在 440～540K 的额外储能存在一段平台区，并在 540K 时与缺陷浓度为 15%的额外储能几乎相等。当温度继续上升，缺陷浓度分别为 15%和 20%团簇的额外储能在 540K 时开始急剧下降，而较低缺陷浓度的团簇则滞后 20K 才开始急剧下降。所有团簇在温度达到熔点时(560K)停止急剧的能量下降过程，额外储能特征变得很不明显。当温度超过熔点后，各团簇的额外储能继续降低但变化不明显。以上分析说明：带有缺陷的铝团簇额外储能与温度有关，在低温下(0~300K)，原子运动不活跃，各团簇较好地保留了以晶体结构为主且带有缺陷的结构特征，这一温度区间的额外储能变化不大；随着温度升高，原子运动加剧，各团簇的缺陷特征也不再明显，额外储能随之快速下降，温度升至熔点后，以晶体结构为主的固体团簇彻底转变为液态，团簇缺陷浓度间的差异也逐渐消失，额外储能最终趋近于 0。

从图 6.10(a)中还可以发现：同一温度下，5%、10%和 15%缺陷浓度团簇的额外储能与缺陷浓度基本成正比，而缺陷浓度为 20%团簇的额外储能并没有像预期一样比缺陷浓度为 15%的团簇高，而是和缺陷浓度为 10%的团簇相近。从图 6.10(b)中可以看到：各团簇熔化过程开始前(540K 之前)，5%~15%缺陷浓度团簇的平均原子能量与缺陷浓度呈正比，而缺陷浓度为 20%团簇的曲线基本与10%的曲线重合，这也说明进一步加大缺陷浓度，由于原子数的减少，团簇固有的总能量也不可避免地减少，从而使额外储能降低。

为了研究在熔化过程中颗粒结构的变化，还分析了每个模型的中心对称参数(CSP)。这个参数由方程式(6.6)算出：

$$CSP = \sum_{i=1}^{N/2} \left| \boldsymbol{R}_i + \boldsymbol{R}_{i+N/2} \right|^2 \tag{6.6}$$

式中，N 为每个原子最近的近邻数；$\boldsymbol{R}_i$ 和 $\boldsymbol{R}_{i+N/2}$ 为从新原子出发到最近邻原子的矢量。

在固体体系中，CSP 是一个描述局部晶格紊乱程度的常用工具，并且通过它能够判断原子所处的周围环境，即是在一个局部缺陷里，还是在晶格中。对于 FCC 晶格来说，当 CSP 的值为 0 时，意味着原子周围是完整的 FCC 晶格排布。但是，中心对称参数对于表面和核心部分的原子差异较大(如核心处原子的 CSP 接近于0)，本节还计算了中心对称参数的加权平均数，结果如图 6.11 所示。一个值得注意的事是，当温度达到 300K 之前，所有带有缺陷模型的曲线均展现出下降的趋势，这意味着加热过程正在"治愈"颗粒中存在的缺陷，反观 0%缺陷的算例曲线则相当平稳。换句话说，体系结构的紊乱程度正在不断下降。这样的发现与图 6.10(a)的推测一致，并进一步证明了额外储能来源于内部结构的紊乱程度。另外，缺陷为 20%算例的曲线位于 10%和 15%的曲线之间。由此推测是因为由每个原子的最近邻原子数不足以算出 CSP，故体现出一种更稳定的结构，因为 20%缺陷的算例依然按一定梯度下降。0%缺陷的算例比其他曲线更早地进入上升阶段，因为内部原子间已经没有空间来形成一个更稳定的结构。所有曲线按推理的那样在熔点处有一个急剧的上升。

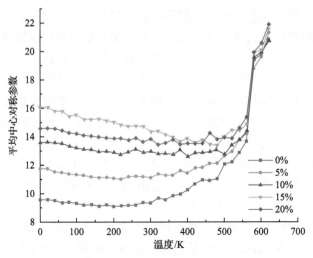

图 6.11   不同缺陷浓度模型的中心对称参数分析

模拟结果表明：ReaxFF 力场可以正确描述铝团簇的熔化过程，验证了铝团簇熔化的尺寸效应，对熔化过程中的比热、能量参数变化敏感，2～4nm 铝团簇的熔点与粒径呈线性关系。在粒径一定的情况下，团簇的熔点不随缺陷浓度（20%以下）的变化而变化。所以，一味提高缺陷浓度并不会使团簇的额外储能一直增加。当团簇在 5%～15%的缺陷浓度时，额外储能与缺陷浓度成正比。20%缺陷浓度团簇的额外储能变化情况则与 10%的情况相似。所有缺陷浓度的团簇在熔化过程中的额外储能急剧下降，熔化后，额外储能基本为 0。用 CSP 参数分析熔化过程中颗粒结构的变化为以后应用 ReaxFF 力场研究不同材料包覆的铝团簇熔化和燃烧做了基础性工作。

6.3   分子动力学模拟燃烧过程

与微米级颗粒相比，纳米铝颗粒具有更大的吸引力和更好的热力学性质。这些差异可归因于纳米材料的大表面/体积比、低熔化温度、高化学反应性和较小的质量和能量特征时间[19,24,25]。相关研究表明，在固体推进剂中加入一定量的纳米铝颗粒，可以显著改善推进剂的燃烧性能：用纳米铝颗粒代替细小的铝颗粒，可以使推进剂的燃烧速率提高 30 倍，并降低压力指数。虽然纳米铝颗粒已被广泛而成功地应用，但其氧化机理仍存在争议[26,27]。

Mohan 和 Liu 的工作总结说，氧化剂分子的粒径和平均自由程是两个重要的长度尺度，他们引入 Knudsen 数来区分这两种情况[28,29]。对于小颗粒和大颗粒，颗粒直径远大于氧化剂分子的平均自由程，因此可以将外部气体区简化为一个连续介质模型。微颗粒的着火温度高于壳体的熔化温度也没有争议。然而，与微细颗粒不同的是, 由于氧化剂气体部分不再被视为一个连续体部分, 这时铝核和氧化铝壳之间的相互作用开始发挥重要作用, 因此纳米铝颗粒的点火和燃烧更加复杂。另外, 对于纳米铝颗粒, 表面原子的比例随着尺寸的减小而急剧增加。表面原子具有较小的配位数和结合能, 从而使其具有较低的着火温度和其他异常的物理化学性质。另一个重要原因是纳米铝颗粒的主要传热方式已由传导转变为辐射, 这使纳米铝颗粒的火焰温度与粒径之间的关系很小, 但在很大程度上取决于氧化气体的温度。根据 Young 及其同事的综述, 纳米铝颗粒的燃烧过程可分为以下三个阶段: ①在铝核熔化之前, 气体分子缓慢扩散通过氧化铝外壳, 受温度的限制, 反应释放的热量不足以点燃整个颗粒; ②铝核熔化后, 氧化铝外壳转化为更致密的晶体结构和/或在主要取决于加热速率和非均匀化学反应的内压作用下破裂, 无论出于什么原因, 这一阶段质量和热量的扩散都得到了极大的促进, 整个粒子都会被点燃; ③氧化反应产生的热量维持着纳米铝颗粒的燃烧, 铝原子表面的燃烧和蒸发是这一阶段的特征[27]。虽然已经建立了动力学和自由分子相结合的方法来阐明纳米铝颗粒(通常小于 100nm)的传热传质机理, 但实际情况远比理论复杂。在不同的升温速率下, 壳体结构经历了不同的结构演化。壳核间电场的建立可能导致相邻粒子间的团聚。表面燃烧的不均匀性也使其热物性不能用理论公式精确计算。以上因素都导致了纳米铝颗粒燃烧过程的不可预测性。

6.3.1 纳米铝颗粒燃烧过程研究

十多年来, 对纳米铝颗粒的研究已从实验扩展到理论和模拟。不同的研究者关注不同的方面。Filippov 和 Allen 根据 Knudsen 数总结了连续统和自由分子体系[30,31]。从他们的公式来看, 连续介质区的线性依赖于颗粒大小, 而后者则由气体分子的碰撞决定。在点火过程中, 不同粒径的颗粒之间存在着很大差异。纳米铝颗粒的燃烧普遍存在于自由分子区。Allen 等进行了激波管实验, 并测试了 80nm 铝颗粒的燃烧时间和火焰温度, 实验结果与自由分子理论相吻合[17]。Sundaram 等利用自由分子传热模型成功地研究了纳米铝颗粒的自燃性, 但当该方法切换到连续介质模型时, 会出现高估热损失的问题[30]。Yetter 和其他学者基于以下假设得出气体分子到粒子表面的传质速率: 反应只发生在表面上, 而没有注意到粒子的蒸发[33-35]。特鲁诺夫等对氧化铝层中的多晶相变进行了详细研究, 结果表明当非晶壳层转变为晶体结构时, 会形成促进氧化气体扩散的途径[31]。熔化分散机理是由 Levitas 及其同事提出的[32,33]。他们通过理论计算估算了熔核产生的压力, 并评估了卸载波对氧化铝外壳的影响。他们的结论表明, 熔化分散机理要求在氧化层破裂前以较快的加热速率熔化纳米铝颗粒的核心。Ohkura 等通过实验和 TEM 分析验证了熔化分散机理。他们通过闪燃法产生高升温速率(超过 10^6K/s), 并成功观察到了氧化铝外壳的碎裂[38]。Rai 等通过 TEM 研究了解了纳米铝颗粒中氧化层的稳定性，并在温度超过铝的熔点后发现明显的壳层开裂。他们把这归因于铝相变所产生的巨大压力(88000atm)[39]。另外，也有大量研究支持多态相变。Puri和 Yang 利用 Streitz-Mintmire 势进行了分子动力学模拟。他们在模拟中采用极高的升温速率($10^{13} \sim 10^{14}$K/s)，然而，尽管径向压力达到 8.4GPa，远大于氧化铝的体积模量[40]，但并没有发现壳体碎片。Chowdhury 等采用快热($\sim 10^5$K/s)铂丝点燃不同壳层厚度的 Al/CuO 铝热剂，研究点火延迟时间及其机理。他们的结果支持多态相变理论和扩散控制机制[41]。Li 等进行了数百万原子反应分子动力学模拟，研究粒径对纳米铝颗粒氧化的影响。他们对氧化铝外壳的分析表明，纳米铝颗粒的外壳在加热过程中没有破裂或破碎，而只是发生了变形。在他们的模拟中，系统温度一度达到 5000K，但没有发现铝原子的大规模蒸发，这对原子间势仍然存在疑问[42]。Chakraborty 和 Zachariah 研究了氧化铝外壳中电场的发展，他们指出在熔化过程中，外壳不能简单地视为纯 Al_2O_3，这表明外壳的主要成分随时间而变化[43]。他们的研究结果集中在壳体内的扩散过程，在加热过程中没有发现壳的碎片。Hong 和 Duin 利用 ReaxFF 力场从理论和模拟两个方面研究了裸纳米铝颗粒的氧化机理。他们的结果揭示了纳米铝颗粒的氧化状态与外界条件(如氧气的温度和压力)之间的关系。根据实验结果，ReaxFF 力场成功地预测了铝板的氧化动力学，验证了 ReaxFF 力场可以定性描述 Al-O 反应[43]。然而，由于测量结果的不同，人们对纳米铝颗粒的燃烧仍知之甚少。

　　与微米颗粒相比，纳米颗粒的燃烧行为还没有得到很好的理解。由于实验装置的限制，很难在纳秒尺度观察到扩散过程和电场的变化，而分子动力学模拟是很难做到的。一个重要的事实是，由于环境气体的热损失，纳米铝颗粒的实际火焰温度明显低于绝热火焰温度。纳米铝颗粒通过在推力室中的爆炸将辐射热传递到外部。然而，对于细小的铝颗粒，火焰温度几乎保持不变。

6.3.2　燃烧系统的初始模型建立及模拟设置

　　模拟系统包含四种类型的原子：位于纳米铝颗粒核心区的铝原子、外层区域由氧化铝外壳组成的铝原子、有助于形成氧化铝的氧原子和外部氧原子。本节建立了两种氧化程度不同的纳米铝颗粒模型：第一种纳米铝颗粒具有直径为 6nm 的铝核和厚度为 0.5nm 的氧化铝壳层，用 s 纳米铝颗粒表示；另一种纳米铝颗粒具有直径为 6nm 的铝核和厚度为 1.0nm 的氧化铝壳层用 t 纳米铝颗粒表示。在以往纳米铝颗粒熔化的研究中，当铝颗粒粒径大于 2nm 时，其熔点随粒径呈线性变化，当粒径达到 4nm 时，铝颗粒的熔点与微米级铝颗粒的熔点基本相同。因此，本节使用的 6nm 铝核足够大，可以忽略铝核内部的尺寸效应。这两个纳米铝颗粒共享相同的建模过程。以 s 纳米铝颗粒为例，预先构建一个直径为 72Å 的氧化铝颗粒，并切割出直径为 6nm 的球形区域。壳体与铝核截面之间的间隙设置为 1Å 以保证熔合后的紧密接触。然后进行聚变模拟：纳米铝颗粒在 300K 开始弛豫过程，持续 1ps，然后在 100ps 内将系统温度从 300K 升高到 1000K，再进行持续 200ps 的冷却过程，待温度冷却到 300K。最后，进行 10ps 的松弛处理以消除残余应力。图 6.12 显示了初始颗粒模型和最终的 s 纳米铝颗粒（灰色代表核心区域的铝原子，紫色代表核心区域中的铝原子，壳层区的铝原子和氧原子为黄色），为后续的燃烧模拟做好了准备。很明显，核心和外壳部分已经完全集成。

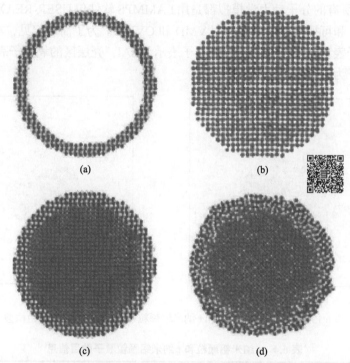

图 6.12　s 纳米铝颗粒在不同建模阶段的横截面图（彩图扫二维码）
(a)直径为 72Å 的氧化铝外壳和直径为 31Å 的空心区域；(b)直径为 6nm 的初始铝核；
(c)聚变过程前的纳米铝颗粒；(d)核壳聚变过程后的 s 纳米铝颗粒

将模拟盒子设置为 180Å×180Å×180Å 的立方体，在三个方向上都有周期性边界。纳米铝颗粒被放置在模拟箱的中心。氧分子是常温下氧密度的近 20 倍，并随机分布在纳米铝颗粒周围。除燃烧模拟（包含辐射传递）外，所有的分子动力学模拟都在正则系综中进行。选择 Berendsen 恒温器作为温度控制方法。原子运动方程通过 Verley 速度算法进行积分。时间步长是 ReaxFF-MD 模拟中的一个重要参数。据报道，在 ReaxFF MD 模拟中，0.5～1.0fs 是一个合理的参数，因为在这样的时间尺度下，ReaxFF 力场能够处理化学反应。考虑到计算时间和记录反应的准确性，所有模拟都选择 0.5fs，并设置温度阻尼参数为 10.0fs。

在纳米铝颗粒周围随机加入氧分子后，在 300K 时松弛 1ps 得到合理的构型。两种情况下的初始预燃烧配置如图 6.13 所示。然后，系统经历加热过程：所有原子在 70ps 下从 300K 加热到 1000K。加热速率为 10^{13}K/s，这在 Young 等的研究中被证明是一个合适的加热速率。通过关闭 Berendsen 热浴来启动燃烧过程。同时，从正则系综到微正则系综(NVE)[40]。此外，通过辐射换热降低原子动能的程序将在设计的辐射区域内特别激活。最后，燃烧模拟持续 500ps。表 6.4 列出了详细的建模信息。所有的分子动力学模拟都是用 LAMMPS 软件包 USER-REAXC 进行的，后处理软件和可视化软件分别选用 VMD 和 OVITO。为了简单起见，本节将核心区的铝原子表示为 cAl，壳区的 Al 原子表示为 sAl，壳层区的氧原子表示为 sO，外部氧原子为 eO，见图 6.14。

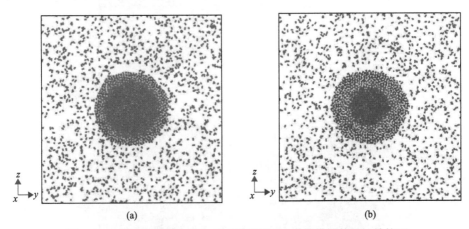

(a)　　　　　　　　　　　　　　　(b)

图 6.13　s 纳米铝颗粒(a)和 t 纳米铝颗粒(b)升温模拟前的初始构型

表 6.4　s 纳米铝颗粒和 t 纳米铝颗粒原子数目信息

	总原子数	eO	sAl	sO	cAl	纳米铝颗粒中活化铝含量
s 纳米铝颗粒	21867	6000	3634	5414	6819	42.98%
t 纳米铝颗粒	24175	5760	5748	8670	3997	21.71%

6.3.3　纳米铝颗粒点火过程的分子动力模拟研究

在加热阶段，本节重点研究了氧化铝外壳的形态变化及其核心区氧分子和铝原子的扩散过程。首先，对纳米铝颗粒进行近邻分析，给出了多个时间节点的相关配置，结果如图 6.14 所示。在加热前，壳层保持非晶态，这与实验结果相符，但核心区 FCC 的晶格特性随温度而变化。铝核区 FCC 晶格完整地提供了铝核熔化过程的信息。s 纳米铝颗粒和 t 纳米铝颗粒具有相似的晶格消失趋势：14ps 以前，FCC 晶格的消失速度相对较慢；在 21ps 后，保持 FCC 晶格特性的原子数以较大速率下降，s 纳米铝颗粒和 t 纳米铝颗粒分别在 49ps 和 70ps 时达到 0，这意味着 cAl 原子已进入固液共存状态。固-液共存状态被认为是铝颗粒完全熔化前的一个重要阶段。虽然不能严格地从晶格存在的角度来判断铝核是否熔化，但 s 纳米铝颗粒和 t 纳米铝颗粒在完全失去 FCC 晶格结构特征方面有近 20ps 的时间差异引起了研究者的注意。根据之前的研究和 3～8nm 铝颗粒的熔化规律，预期 t 纳米铝颗粒的核心可能会更早地失去其晶格结构特征，因为核心区的主要物质是相同的（Al），可以将这种差异归因于氧原子在氧化铝外壳中的扩散，毕竟 s 纳米铝颗粒和 t 纳米铝颗粒的唯一区别是外壳的厚度。

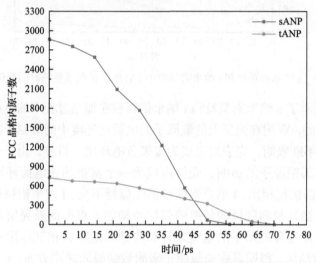

图 6.14 占据晶格位点原子数目随时间变化曲线图

为了进一步证明这一点，首先分析壳层中氧原子对核心区的渗透程度。本节计算了纳米铝颗粒中 cAl 原子的均方位移（MSD），MSD 随时间变化的斜率反映了原子的扩散率，如图 6.15 所示。很明显，在加热 10ps 后，s 纳米铝颗粒中核心铝原子的热运动经历了一个稳定然后迅速上升的过程。在 45ps 左右，s 纳米铝颗粒曲线开始快速上升，表明核心区已进入预熔阶段。这种发现也与图 6.14 中的观察结果一致。然而，对于具有较小的 cAl 原子和核心区半径的 t 纳米铝颗粒，情况就大不相同了。与 s 纳米铝颗粒相比，t 纳米铝颗粒中铝原子的扩散系数在加热过程中始终低于 s 纳米铝颗粒。此外，与前 10ps 的弛豫期相比，10～55ps 的平均扩散速率降低了 96%，之后 t 纳米铝颗粒开始进入预熔阶段，扩散速率仅增加了 1.8 倍。结合图 6.15 发现，t 纳米铝颗粒中的铝原子在低扩散率的情况下完全失去了晶格特征，这似乎违背了固体熔化的规律。

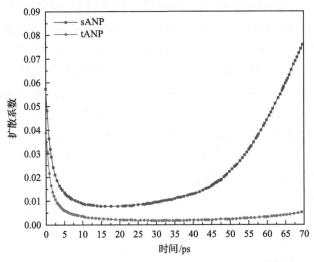

图 6.15　s 纳米铝颗粒和 t 纳米铝颗粒中 cAl 原子扩散系数随时间变化曲线

　　图 6.16 显示了 s 纳米铝颗粒和 t 纳米铝颗粒在加热过程中的电荷分布情况。从图中可以看出，吸附在壳层上的氧原子的电荷比环境中的氧原子的电荷更低。随着氧分子的不断吸附，壳表面已成为富氧负电环境。另外，由于壳层内部的原子不断受到内部铝原子的影响，壳体内成为一个富铝的正电荷环境。与壳变形较大的 s 纳米铝颗粒相比，t 纳米铝颗粒的壳保持不变。t 纳米铝颗粒中 cAl 原子的热运动被占据其径向区域的较厚的壳层所抑制。更厚的外壳所带来的影响还不止这些。通过区分氧原子的电荷来计算与纳米铝颗粒相互作用的氧原子数，图 6.17 为计数结果，很明显在总氧原子吸附数或吸附速率方面，t 纳米铝颗粒总是弱于 s 纳米铝颗粒。即使在加热的早期阶段，铝原子还没有被氧化时也是如此。

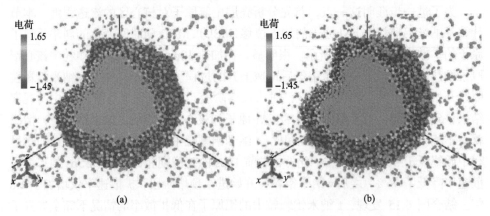

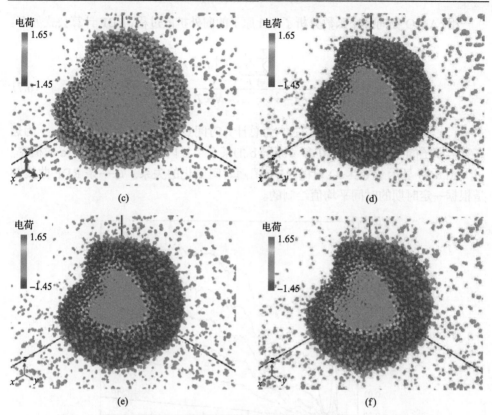

图 6.16　依据电荷着色的快速加热期间粒子电荷分布快照，s 纳米铝颗粒在
10ps（a）、40ps（b）和 70ps（c）及 t 纳米铝颗粒在 10ps（d）、40ps（e）和 70ps（f）

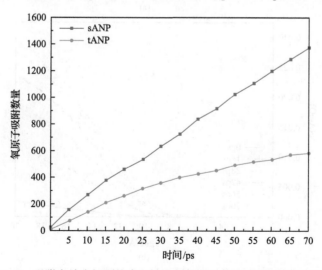

图 6.17　吸附在纳米铝颗粒表面被还原氧原子数目随时间变化关系图

用 cAl-eO 径向分布函数分析了 cAl 原子的向外扩散过程，RDF 计算公式如下：

$$g(r) = \frac{1}{\rho 4\pi r^2} \frac{\sum\limits_{t=1}^{T}\sum\limits_{j=1}^{N} \Delta N\left(r \xrightarrow{\Delta} r + \mathrm{d}r\right)}{N \times T} \tag{6.7}$$

式中，ρ 为系统密度（数量密度）；T 为总计算时间（步数）；N 为原子总数；r 为远离参考原子的半径；$g(r)$ 为在参考原子 b 的某个半径内找到后一个原子 a 的概率。

图 6.18 显示了 cAl-eO 对的 RDF 图随时间变化的关系。每一条 RDF 曲线都是根据一定时期的时间平均值绘制的。

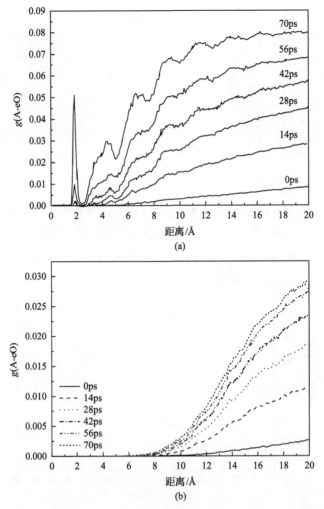

图 6.18　s 纳米铝颗粒(a) 和 t 纳米铝颗粒(b) 的 cAl-eO 径向分布函数图

前三个时期中未出现第一个高峰的。当对间距大于 3Å 时，氧原子出现的概率缓慢增加。42ps 后，第一峰出现在约 1.9Å 处，认为这是当前温度下 Al-O 键合的距离。除此之外，当距离大于 3Å 时，42ps 后的曲线呈现出梯形特征。当加热过程进入最后阶段时，阶梯状特征甚至演化为几个上升的峰值。这种现象表明，随着温度的升高，一些钙原子已经到达壳层区域并成为新生长壳层的一部分。t 纳米铝颗粒的 RDF 曲线比较简单，在整个加热过程中没有出现峰值。而且，同一位置相邻曲线之间的间隙随着加热的进行而变窄，这与 s 纳米铝颗粒的等距分布有很大不同。这种演化反映出壳层太厚，以至于氧原子被阻挡而无法进一步扩散。在 2Å 处没有出现峰，表明在加热过程中，cAl 和 eO 原子之间没有形成键合作用。

6.3.4 纳米铝颗粒点火过程中的应力分析

铝核熔化对氧化铝外壳造成的压力是本研究的另一个焦点。根据 Levitas 等的理论研究，由铝熔化引起的体积变化将产生 0.1～4GPa 的压力，同时也会导致氧化层剥落。计算径向平均应力的方法如下：首先，将纳米铝颗粒以 0.5Å 的间隔分成几个环形区域，然后计算每个原子的六个应力分量之和，最后求出该区域的径向应力之和。图 6.19(a) 和图 6.19(b) 分别显示了 s 纳米铝颗粒和 t 纳米铝颗粒原子的径向平均应力。

在图 6.19 中，正值柱形图表示相应区域处于压缩状态，负值柱形图表示相应区域处于拉伸状态。根据相邻杆件间的应力状态，将应力状态分为三种特征。第一个特征存在于从纳米铝颗粒核心区域到核-壳接触界面。这种状态的特点是大多数条都是正值，这表明原子通常是压缩的。第二个特征出现在核心-外壳接口周围。在 s 纳米铝颗粒和 t 纳米铝颗粒的初始模型中，s 纳米铝颗粒和 t 纳米铝颗粒的核-壳界面分别位于半径 30Å 和 25Å 处，在随后的弛豫过程中，界面向内收缩到内部区域。因此，不能确定一个确切的界面边界，而只能通过应力变化加以区分。处于这种状态的杆件具有正应力和负应力交错，这意味着相应区域的原子受到强烈的拉伸和压缩。这些区域的应力变化最剧烈，裂缝也最有可能从这里向外扩展。这种积极和消极的压力交织在一起直到第三种状态出现。在第二阶段和第三阶段中，第二阶段和第三阶段的拉压情况是相反的。所以，可以认为厚壳阻碍了应力的传播，并相应地产生了方向相反的应力。

如图 6.19 所示，对于 s 纳米铝颗粒和 t 纳米铝颗粒，第一应力状态相似：cAl 原子承受的压力通常低于 3GPa，并且在加热过程中几乎没有拉伸应力区域。当应力传播到核-壳界面时，情况就大不相同了。对于 s 纳米铝颗粒，在 28ps 之前，相邻应力差最大出现在核壳界面(约 27Å)，原子从这里到壳层表面处于第三种状态。

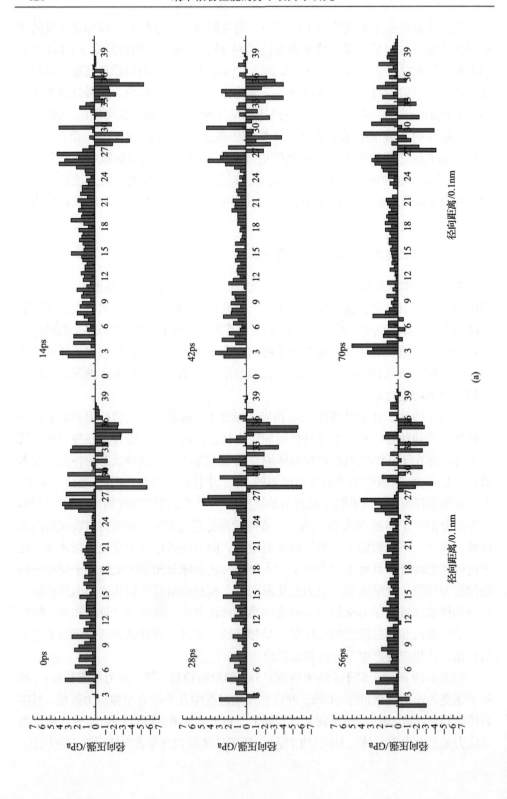

(a)

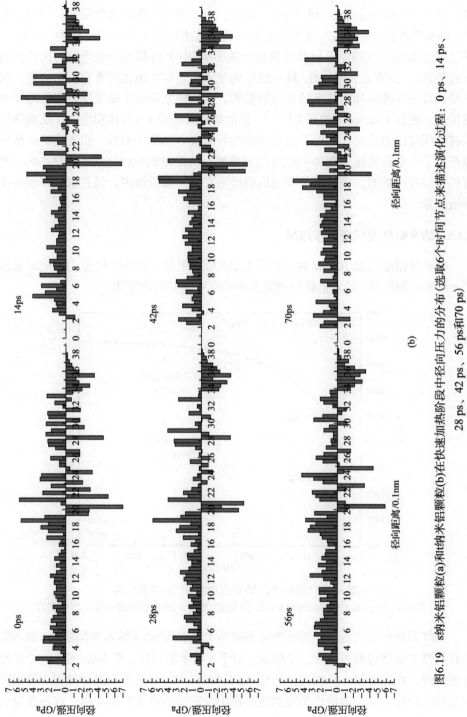

(b)

图6.19　s纳米铝颗粒(a)和i纳米铝颗粒(b)在快速加热阶段中径向压力的分布（选取6个时间节点来描述演化过程：0 ps、14 ps、28 ps、42 ps、56 ps和70 ps）

28ps 后，第二状态传播到壳表面，第三状态消失，取而代之的是产生向外张力的第二状态[图 6.19(a) 56ps 和 70ps]。同时，第二级柱形图的高度降低。相反，对于 t 纳米铝颗粒，相邻应力变化的值始终保持在类似水平(0~70ps 约为 11GPa)，并且靠近表面区域的原子始终受到负压的影响(由于内部运动而产生的拉伸张力没有裂缝)。换言之，半径在 34~38Å 的原子总是牢牢地占据着它们的位置，而不受来自核壳界面和内部区域应力的影响。这种现象揭示了厚壳层阻碍铝原子的热扩散。根据 Levitas 等的研究[36,37]：铝的熔化伴随着 6%的体积增加，从而导致铝核的压缩压力达到几 GPa，而壳体中的环向应力达到 10GPa。铝表面的突然压降产生了一个拉伸压力在 3~8GPa 的卸荷波，从而将铝颗粒分散成大量小的、裸露的铝碎片。然而，模拟结果和他们的预测在同一数量级内，但并未观察到熔化分散现象。

6.3.5 纳米铝颗粒燃烧模拟结果

当系统温度达到 1000K 时，关闭正则系综，用微正则系综代替。图 6.20 显示了 s 纳米铝颗粒和 t 纳米铝颗粒燃烧期间的温度随时间的变化。

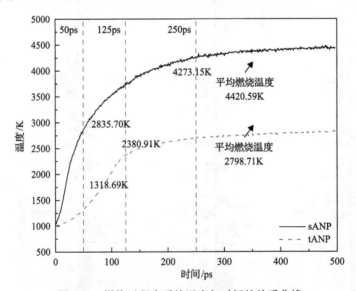

图 6.20 燃烧过程中系统温度与时间的关系曲线

三条 50ps、125ps 和 250ps 的标记线标记出了 s 纳米铝颗粒和 t 纳米铝颗粒燃烧过程的特征阶段

燃烧温度和点火延迟是固体推进剂的两个重要指标。s 纳米铝颗粒和 t 纳米铝颗粒的整个燃烧过程可分为三个阶段。对于 s 纳米铝颗粒，在 50ps 前有一个快速升温阶段，在此阶段，升温速率达到 3.6714×10^{13}K/s，是整个燃烧过程中升温速率最快的阶段。这个数值也是在加热过程中设定的加热速率的 4 倍。这种现象表

明 s 纳米铝颗粒在加热后被直接点燃。s 纳米铝颗粒燃烧的第二个阶段在 50～
250ps，这一阶段的特点是升温速率不断降低。250ps 后，s 纳米铝颗粒进入稳定、
可持续的燃烧阶段，平均燃烧温度为 4420.59K。t 纳米铝颗粒的情况略有不同：
温度在 50ps 后才开始迅速上升，t 纳米铝颗粒经历了从 50ps 到 125ps 的快速升温
阶段，计算其升温速率为 1.42×10^{13}K/s，也低于 s 纳米铝颗粒；125ps 后，t 纳米
铝颗粒比 s 纳米铝颗粒提前进入连续燃烧阶段，但达到了较低的燃烧温度，即
2798.71K。最终的燃烧温度由最后 100ps 的平均值计算得出，通过比较升温速率
也可以估算出这两种模型的点火延迟时间。s 纳米铝颗粒在微正则系综开始时直
接进入快速燃烧阶段，但对于 t 纳米铝颗粒来说，这一阶段直到 50ps 后才出现，
这表明 t 纳米铝颗粒比 s 纳米铝颗粒具有更长的点火延迟。以上分析从温度变化
的角度定性地研究了燃烧过程，结果表明纳米铝颗粒的氧化失活严重影响了其
燃烧性能。

　　势能随时间的变化曲线如图 6.21 所示。势能和温度曲线表明燃烧过程与上一
段的分析相同。很明显，cAl 原子和 sO 原子混合在一起，eO 原子扩散到 s 纳米
铝颗粒的壳层区域。这种现象表明 s 纳米铝颗粒在 50ps 之前已经经历了表面燃烧
过程，注意到第一阶段 sAl 原子仍然保持在壳层内或靠近壳层区域的位置，并没
有明显扩散到内部区域。第二阶段，sAl 和 eO 原子扩散到核心区，本节称为慢燃
阶段，因为在这一阶段，温度和势能的变化率都比第一阶段慢。之后，在自持续

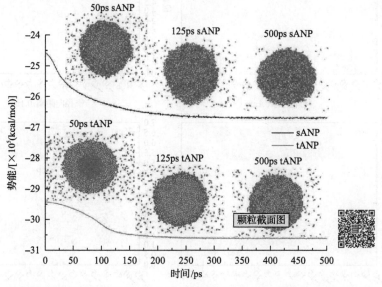

图 6.21　系统势能随时间变化的曲线和三个关键时间节点的截面轮廓（彩图扫二维码）
（50ps 表示燃烧的初始阶段，125ps 表示中间阶段，500ps 表示自持燃烧时的情况）

燃烧阶段，s 纳米铝颗粒和 eO 原子中的所有原子混合在一起，势能曲线斜率接近 0。对于 t 纳米铝颗粒，在 50ps 之前，很明显核心区仍被 cAl 原子占据，而 eO 原子只吸附在氧化层表面。在前 50ps，氧化物壳层严重阻碍了 eO 原子进一步扩散到内部区域。在 125ps 时，sAl 和 cAl 原子混合在一起，但 sAl 原子并没有扩散到内部区域，这与 s 纳米铝颗粒第一阶段的情况一致。在燃烧的第三阶段，情况与 s 纳米铝颗粒相似，纳米铝颗粒中的所有组分都与 eO 原子混合在一起，因此将表面燃烧作为判断剧烈氧化反应开始的重要标志是合理的。

为了研究燃烧初期（125ps 前）组分的扩散行为，本书分析了四种组分（cAl、sAl、sO 和 eO）在纳米铝颗粒中的径向分布。根据纳米铝颗粒的球形特征，选取沿 X 坐标系的原子进行分布统计。样品的形状是一个近似的长方体，其中 Y 和 Z 的长度为 20Å。通过从原子在当前帧中的位置减去其在最后一帧中的位置来计算每个原子的位移向量，Y 轴代表每个位移向量的大小。图 6.22 和图 6.23 分别记录了 s 纳米铝颗粒和 t 纳米铝颗粒散射图法中每个原子位移矢量的大小。实时截面图显示在每张图的上方。

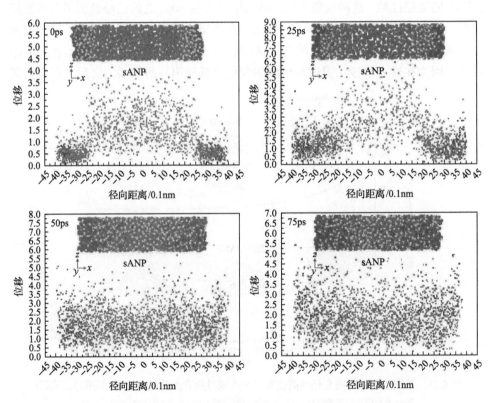

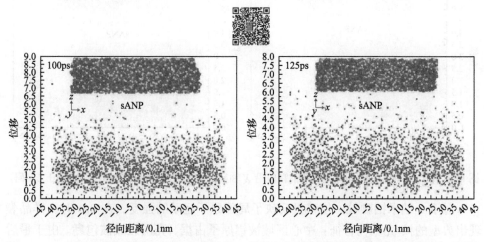

图 6.22　125ps 前不同时间点 s 纳米铝颗粒沿 X 轴径向位移量的快照和散点图（彩图扫二维码）

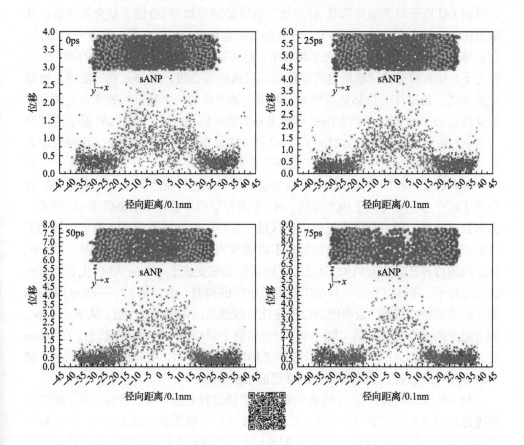

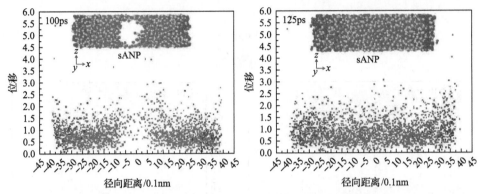

图 6.23　125ps 前不同时间点 t 纳米铝颗粒沿 X 轴径向位移量的快照和散点图（彩图扫二维码）

对于 s 纳米铝颗粒，位移量反映了局部原子运动的强度。在 0ps 时，样品表现出典型的核-壳结构特征：中心区域被铝原子占据，壳层区域被包裹。由于最后一个加热周期的热运动，一些 cAl 原子扩散到壳层区域并与 sO 原子结合。因此，过量的 sAl 原子将形成局部富 Al 环境，所以必须寻找与 eO 原子结合的机会。从散射图中也明显看出：sAl 原子（蓝色）分布在远离核心区的一侧，靠近外部氧区。在位移量上，Al 原子达到最大平均水平，这可能是由于前一阶段铝核的熔化。相比之下，相对较低的位移量也可以证明其仍然是实心的。在 25ps 内，随着系统温度的升高，各部件的位移量都增大。燃烧初始阶段的一个吸引人的现象是钙原子的反向运动。sO 原子的散射图变得稀疏并扩散到核心区域，然而 sAl 原子更倾向于与 eO 原子相互作用。在 25ps 处，eO 和 sAl 分布区的大部分重叠。这种现象表明，初始燃烧反应是由 eO 和 sAl 原子引发的。

随着燃烧过程的进行，化学反应能迫使原子发生更剧烈的振动。首先，在 50 个原子的中心区域与原子相互作用。eO 穿透壳层的扩散速率明显低于 sO 原子。大多数 sAl 原子仍占据着壳层的外层区域，其中一些被携带的 sAl 原子扩散到了内层区域。从现在起，s 纳米铝颗粒不再被视为"真正的"纳米铝颗粒，因为组件之间的边界已经完全消失。相反，s 纳米铝颗粒变成了一种由 Al-O 化合物组成的混合粒子，每种组分均匀分布以获得更稳定的构型。在 75ps 时，一些 eO 和 sAl 原子扩散到核心区域，表明燃烧过程在此阶段继续向内传播。注意，从 50～75ps，所有组分的平均位移量趋于同一水平，表明整个颗粒进入固液共存状态。在 100ps 时，sAl 原子和 cAl 原子沿 X 轴分布得更均匀。125ps 后，所有成分混合均匀。整个粒子将继续燃烧，直到所有的活性铝原子被氧化。

与 s 纳米铝颗粒相比，t 纳米铝颗粒的燃烧过程要慢得多。最初，由于壳层的厚度足以阻止铝原子的进一步扩散，大多数钙原子被限制在核心区域（沿 X 轴从 −20～20Å）。在核-壳界面，位移量急剧下降，说明氧化铝壳层的高温熔化起到了固体壁的作用，阻碍了液态铝原子的扩散。同时，外部的氧气分子只吸附在壳层表面而不向内部扩散。

当燃烧过程达到 25ps 时，靠近核壳界面的原子扩散到核心区。同时，由于铝原子必须与新加入的氧原子发生相互作用，所以核心区的密度降低。在 50ps 时，位移量的分析表明壳层区域仍保持固体，而 eO 原子仍不能穿透壳层。

随着铝原子的不断扩散，核心区密度继续降低，而壳层则变得越来越厚。t 纳米铝颗粒在 100ps 时甚至在中心形成空腔，与初始阶段的 s 纳米铝颗粒相比，相对较低的局部温度既不能使壳层熔化，也不能使壳层成分进一步扩散到核中。因此，钙原子的扩散在 t 纳米铝颗粒燃烧初期起主导作用。另外，无论 eO 原子的数量或活性如何，t 纳米铝颗粒都不能与 s 纳米铝颗粒的水平相匹配。这种现象表明 eO 原子可以吸引 Al 原子，但随着壳层中氧原子的增加，这一过程将变得越来越困难。富铝环境有利于快速燃烧。

压力差也会促使壳中的组件向内扩散。在 125ps 时，cAl 等原子混合均匀，就像 s 纳米铝颗粒在 50ps 前发生的那样，随后的过程类似于 s 纳米铝颗粒，t 纳米铝颗粒开始了自持续燃烧过程，但由于缺乏活性 Al 原子，反应速率较低。

正如第 6.3.2 节所述，本节在燃烧过程中引入辐射传热。辐射能量转移率曲线如图 6.24 所示。可见，s 纳米铝颗粒的辐射能量转移速率始终大于 t 纳米铝颗粒。温度在辐射传热中起主导作用。尽管模拟中考虑了辐射换热，但直到燃烧进入自燃阶段，仍然没有观察到弹壳碎片。受分子动力学模拟时间尺度的限制，本节计算的辐射换热率 $[\times 10^{-9} kcal/(mol \cdot fs)]$ 在 500ps 内并不能产生相当大的热量，但可以预见，在时间尺度为秒的实际燃烧过程中，将会有大量的热量辐射到环境中。

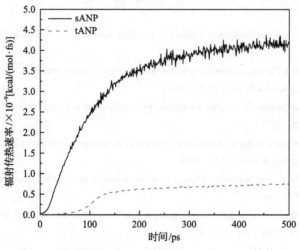

图 6.24　燃烧过程中辐射传热速率与时间函数关系图

通过以上分析，可以总结燃烧过程的三个演化特征。第一，受热运动的影响，钙原子不断向外扩散，使壳层区域成为富铝环境。相反，在电场的驱动下，原子向内扩散并与钙原子发生相互作用。因此，在富铝环境中，sAl 原子不断吸引 eO 原子形成新的氧化铝。第二，在慢燃阶段，sAl 的行为发生变化。与第一阶段不同的是，随着越来越多的 eO 原子进入壳层区域，壳层区域变成富氧区域。第三，纳米铝颗粒成为氧化铝-氧气混合物，其中原始组分和被吸收的 eO 原子均匀分布。燃烧将持续到混合物变成氧化铝颗粒。

纳米铝颗粒燃烧的模拟结果显示：在快速加热阶段，分析显示出了一种反常现象：直径较大的核心铝比较小的核心铝熔化得快。MSD 和 RDF 的分析表明，较厚的氧化物壳层将阻止 cAl 原子的进一步扩散，从而使核心保持固液共存状态。核壳界面受力情况的变化最为严重。交错应力在 s 纳米铝颗粒中成功地向表面传播，但 t 纳米铝颗粒较厚的氧化壳层使其局限在核心区，从而直接导致 t 纳米铝颗粒的异常熔化现象。纳米铝颗粒的燃烧可分为三个阶段：①cAl 原子的反向运动降低了核心区的密度，在壳层表面形成了富 Al 环境；②sAl 和 eO 原子开始大规模地扩散到内部区域，认为这是快速氧化反应发生的标志；③自持续燃烧阶段。燃烧温度几乎保持不变，氧化反应持续到所有铝原子被氧化。氧化膜厚度越薄，越容易形成富铝环境，这是纳米铝颗粒着火和燃烧的关键过程。虽然考虑了辐射能量转移，但仍没有观察到氧化物壳层的裂纹。研究结果为纳米铝颗粒的扩散控制燃烧机理提供了分子模拟依据，并为进一步研究包覆不同材料的纳米铝颗粒的燃烧特性奠定了基础。

参 考 文 献

[1] Pauling L. Atomic radii and interatomic distances in metals[J]. Journal of the American Chemical Society, 1947, 69(3): 542-553.

[2] Daw M S, Baskes M I. Embedded-atom method: Derivation and application to impurities, surfaces, and other defects in metals[J]. Physical Review B, 1984, 29(12): 6443.

[3] Tersoff J. Empirical interatomic potential for carbon, with applications to amorphous carbon[J]. Physical Review Letters, 1988, 61(25): 2879.

[4] Brenner D W. Empirical potential for hydrocarbons for use in simulating the chemical vapor deposition of diamond films[J]. Physical Review B, 1990, 42(15): 9458.

[5] Puri P, Yang V. Effect of particle size on melting of aluminum at nano scales[J]. The Journal of Physical Chemistry C, 2007, 111(32): 11776-11783.

[6] Puri P, Yang V. Effect of voids and pressure on melting of nano-particulate and bulk aluminum[J]. Journal of Nanoparticle Research, 2009, 11(5): 1117-1127.

[7] Fedorov A V, Shulgin A V. Molecular dynamics and phenomenological simulations of an aluminum nanoparticle[J]. Combustion Explosion and Shock Waves, 2016, 52(3): 294-299.

[8] Li C L, Duan H M, Mardan K. Molecular dynamical simulations of the melting properties of Al-n (n=13~32)

clusters[J]. Acta Physica Sinica, 2013, 62(19): 193104.

[9] Li C L, Kailaimu M, Duan H M. Molecular dynamical simulation of the structural and melting properties of Al196 cluster[J]. J. At. Mol. Sci, 2013, 4: 367-374.

[10] Ilyar H, Chun L L. Molecular dynamical simulations of melting properties of Aln (n 10000) clusters[J]. Journal of Atomic and Molecular Physics, 2015, 32: 71-78.

[11] Russo Jr M F, Li R, Mench M, et al. Molecular dynamic simulation of aluminum—Water reactions using the ReaxFF reactive force field[J]. International Journal of Hydrogen Energy, 2011, 36(10): 5828-5835.

[12] Zhang Q, Çağın T, van Duin A, et al. Adhesion and nonwetting-wetting transition in the Al/α-Al$_2$O$_3$ interface[J]. Physical Review B, 2004, 69(4): 045423.

[13] Hong S, van Duin A C T. Molecular dynamics simulations of the oxidation of aluminum nanoparticles using the ReaxFF reactive force field[J]. The Journal of Physical Chemistry C, 2015, 119(31): 17876-17886.

[14] Tersoff J. Empirical interatomic potential for carbon, with applications to amorphous carbon[J]. Physical Review Letters, 1988, 61(25): 2879.

[15] Senftle T P, Hong S, Islam M M, et al. The ReaxFF reactive force-field: Development, applications and future directions[J]. NPJ Computational Materials, 2016, 2(1): 1-14.

[16] van Duin A C T, Dasgupta S, Lorant F, et al. ReaxFF: a reactive force field for hydrocarbons[J]. The Journal of Physical Chemistry A, 2001, 105(41): 9396-9409.

[17] van Duin A C T, Strachan A, Stewman S, et al. ReaxFF SiO reactive force field for silicon and silicon oxide systems[J]. The Journal of Physical Chemistry A, 2003, 107(19): 3803-3811.

[18] Alavi S, Thompson D L. Molecular dynamics simulations of the melting of aluminum nanoparticles[J]. The Journal of Physical Chemistry A, 2006, 110(4): 1518-1523.

[19] Gromov A A, Strokova Y I, Teipel U. Stabilization of metal nanoparticles-A chemical approach[J]. Chemical Engineering & Technology: Industrial Chemistry-Plant Equipment-Process Engineering-Biotechnology, 2009, 32(7): 1049-1060.

[20] Zachariah M R, Carrier M J. Molecular dynamics computation of gas-phase nanoparticle sintering: A comparison with phenomenological models[J]. Journal of Aerosol Science, 1999, 30(9): 1139-1151.

[21] 伊利亚尔·海米提, 李春丽, 方萌, 等. Aln(n<100000)团簇熔化行为的分子动力学模拟[J]. 原子与分子物理学报, 2015, 1.

[22] Puri P, Yang V. Effect of particle size on melting of aluminum at nano scales[J]. The Journal of Physical Chemistry C, 2007, 111(32):11776-11783.

[23] Ojwang J G O, van Santen R, Kramer G J, et al. Predictions of melting, crystallization, and local atomic arrangements of aluminum clusters using a reactive force field[J]. The Journal of Chemical Physics, 2008, 129(24):244506.

[24] Gromov A, Ilyin A, Förter-Barth U, et al. Characterization of aluminum powders: II. Aluminum nanopowders passivated by non-inert coatings[J]. Propellants, Explosives, Pyrotechnics: An International Journal Dealing with Scientific and Technological Aspects of Energetic Materials, 2006, 31(5): 401-409.

[25] Zhang C, Yao Y, Chen S. Size-dependent surface energy density of typically fcc metallic nanomaterials[J]. Computational Materials Science, 2014, 82: 372-377.

[26] Sundaram D S, Yang V, Zarko V E. Combustion of nano aluminum particles[J]. Combustion Explosion and Shock Waves, 2015, 51(2): 173-196.

[27] Sundaram D S, Puri P, Yang V. A general theory of ignition and combustion of nano-and micron-sized aluminum

particles[J]. Combustion and Flame, 2016, 169: 94-109.

[28] Liu F, Daun K J, Snelling D R, et al. Heat conduction from a spherical nano-particle: Status of modeling heat conduction in laser-induced incandescence[J]. Applied Physics B, 2006, 83 (3): 355-382.

[29] Mohan S, Trunov M A, Dreizin E L. Heating and ignition of metal particles in the transition heat transfer regime[J]. J. Heat Transfer, 2008, 130 (10): 104505.

[30] Filippov A V, Rosner D E. Energy transfer between an aerosol particle and gas at high temperature ratios in the Knudsen transition regime[J]. International Journal of Heat and Mass Transfer, 2000, 43 (1): 127-138.

[31] Allen D, Krier H, Glumac N. Heat transfer effects in nano-aluminum combustion at high temperatures[J]. Combustion and Flame, 2014, 161 (1): 295-302.

[32] Sundaram D S, Puri P, Yang V. Pyrophoricity of nascent and passivated aluminum particles at nano-scales[J]. Combustion and Flame, 2013, 160 (9): 1870-1875.

[33] Yetter R A, Risha G A, Son S F. Metal particle combustion and nanotechnology[J]. Proceedings of the Combustion Institute, 2009, 32 (2): 1819-1838.

[34] Ermoline A, Yildiz D, Dreizin E L. Model of heterogeneous combustion of small particles[J]. Combustion and Flame, 2013, 160 (12): 2982-2989.

[35] Trunov M A, Schoenitz M, Dreizin E L. Effect of polymorphic phase transformations in alumina layer on ignition of aluminium particles[J]. Combustion Theory and Modelling, 2006, 10 (4): 603-623.

[36] Levitas V I, Pantoya M L, Dikici B. Melt dispersion versus diffusive oxidation mechanism for aluminum nanoparticles: Critical experiments and controlling parameters[J]. Applied Physics Letters, 2008, 92 (1): 011921.

[37] Levitas V I. Mechanochemical mechanism for reaction of aluminium nano-and micrometre-scale particles[J]. Philosophical Transactions of the Royal Society A: Mathematical, Physical and Engineering Sciences, 2013, 371 (2003): 20120215.

[38] Ohkura Y, Rao P M, Zheng X. Flash ignition of Al nanoparticles: Mechanism and applications[J]. Combustion and Flame, 2011, 158 (12): 2544-2548.

[39] Rai A, Lee D, Park K, et al. Importance of phase change of aluminum in oxidation of aluminum nanoparticles[J]. The Journal of Physical Chemistry B, 2004, 108 (39): 14793-14795.

[40] Puri P, Yang V. Thermo-mechanical behavior of nano aluminum particles with oxide layers during melting[J]. Journal of Nanoparticle Research, 2010, 12 (8): 2989-3002.

[41] Chowdhury S, Sullivan K, Piekiel N, et al. Diffusive vs explosive reaction at the nanoscale[J]. The Journal of Physical Chemistry C, 2010, 114 (20): 9191-9195.

[42] Li Y, Kalia R K, Nakano A, et al. Size effect on the oxidation of aluminum nanoparticle: Multimillion-atom reactive molecular dynamics simulations[J]. Journal of Applied Physics, 2013, 114 (13): 134312.

[43] Chakraborty P, Zachariah M R. Do nanoenergetic particles remain nano-sized during combustion?[J]. Combustion and Flame, 2014, 161 (5): 1408-1416.

[44] Nakamura R, Tokozakura D, Nakajima H, et al. Hollow oxide formation by oxidation of Al and Cu nanoparticles[J]. Journal of Applied Physics, 2007, 101 (7): 074303.

[45] Dreizin E L. On the mechanism of asymmetric aluminum particle combustion[J]. Combustion and Flame, 1999, 117 (4): 841-850.

[46] Bucher P, Yetter R A, Dryer F L, et al. PLIF species and ratiometric temperature measurements of aluminum particle combustion in O_2, CO_2 and N_2O oxidizers, and comparison with model calculations[C]//Symposium (International) on Combustion. Elsevier, 1998, 27 (2): 2421-2429.

[47] Liu J, Wang M, Liu P. Molecular dynamical simulations of melting Al nanoparticles using a reaxff reactive force field[J]. Materials Research Express, 2018, 5(6): 065011.

[48] Berendsen H J C, Postma J P M, Van Gunsteren W F, et al. Molecular dynamics with coupling to an external bath[J]. The Journal of Chemical Physics, 1984, 81(8): 3684-3690.

[49] Ryu S, Cai W. Comparison of thermal properties predicted by interatomic potential models[J]. Modelling and Simulation in Materials Science and Engineering, 2008, 16(8): 085005.

[50] Chenoweth K, Van Duin A C T, Goddard W A. ReaxFF reactive force field for molecular dynamics simulations of hydrocarbon oxidation[J]. The Journal of Physical Chemistry A, 2008, 112(5): 1040-1053.

[51] Plimpton S. Fast parallel algorithms for short-range molecular dynamics[J]. Journal of Computational Physics, 1995, 117(1): 1-19.

[52] Humphrey W, Dalke A, Schulten K. VMD: Visual molecular dynamics[J]. Journal of Molecular Graphics, 1996, 14(1): 33-38.

第7章　有机小分子包覆纳米铝颗粒

7.1　醇醚小分子包覆纳米铝颗粒

7.1.1　异丙醇包覆

1. 样品表面形貌

通过等离子体增强化学气相沉积法(PECVD)在 80nm 直径铝颗粒上生成了异丙醇包覆层。图 7.1 为异丙醇包覆铝颗粒的 TEM 照片[1]。从图中可以观察到包覆层是一个轻微的阴影层，铝核对应颜色更深的区域，整个复合粒子呈现出明显的壳-核结构。对于图 7.1 中的异丙醇包覆铝颗粒，包覆时间为 30min，包覆层厚度为(30±5)nm。通过调整包覆时间可以控制包覆层厚度，在之后的研究中包覆铝颗粒的包覆层厚度约为 5nm。

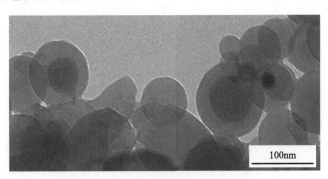

图 7.1　异丙醇包覆铝颗粒的 TEM 照片

2. 包覆层分析

异丙醇包覆层对水具有良好的亲和力，使用异丙醇包覆的颗粒可形成稳定的水分散体。在与包覆颗粒种类相同的条件下，在异丙醇涂覆的平板硅片上进行水滴接触角的测量，结果显示异丙醇包覆层的接触角为(84±2)°。

将未包覆的样品和带有包覆层的样品同时放置于相对湿度为 85% 的封闭容器中，在(25±5)℃下保存两个月，并将结果与同一时期存放在氩气条件下的未包覆样品进行比较。我们发现，未包覆颗粒在惰性环境中呈现出光滑的球形；在湿气环境中未包覆颗粒则呈现出明显的损伤，失去了球形形态，而包覆后的颗粒仍能保持球形，损伤较小。

为了测量不同样品的铝含量，在空气中对其加热并进行热重分析(TGA)，见图 7.2。样品在空气中被缓慢加热氧化，从其增重可以分析铝的含量。在加热过程中，缓慢加热的方式可以防止纳米颗粒发生自燃。整个过程分为 350℃之前，加热速率为 20℃/min；从 350~600℃，加热速率为 5℃/min；从 600~850℃，加热速率为 20℃/min。样品在冷却至室温前于 850℃保存 4h，以确保全部铝均已反应。

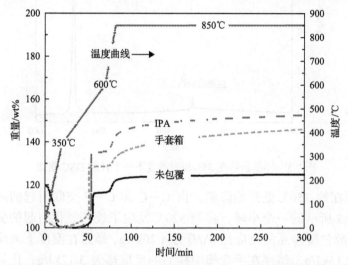

图 7.2 包覆和未包覆铝粉在 90%相对湿度下放置一个月的热重分析(TGA)图

样品的第一次失重是在 350℃内完成的，在此温度范围内，包覆层是热稳定的。最初的失重是由于水和其他挥发性物质的蒸发。值得注意的是，保存在手套箱中的颗粒没有暴露在空气和湿度中，并且显示出最小的失重，未涂覆的暴露粒子则显示出最大的失重。

随后的重量增加是在 350~500℃ (~50min) 观察到的，这是由铝的氧化所致。由于包覆层的分解，预计会有较小的重量损失，但这显然被由铝氧化引起的较大的重量增加所掩盖。在 500℃附近，氧化层的堆积防止了其进一步氧化，所有样品的增重都产生了近 20min 的停滞期。接下来的增重是在 650℃附近观察到的。据报道，100nm 铝的熔点为 656℃，所以这种增重可归因于铝核的熔化，这有利于其进一步氧化。到实验结束(340min)，样品质量的增加几乎不变，达到了最大重量。暴露的未包覆样品显示其重量只增加了 20%，而异丙醇包覆颗粒的增重较大，颗粒的重量增加了 52%。

包覆样品比储存在手套箱中的未包覆样品的增重更多。这表明未包覆铝的氧化不完全，异丙醇包覆层有助于铝粉更完全的氧化，从而提高了增重。为了进一步研究这种可能性，用 DSC 对这些样品进行研究。该方法测量了与相变或反应相关的热流和温度，并给出了与温度相关的函数曲线，如图 7.3 所示。

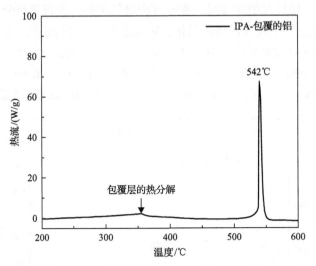

图 7.3　样品暴露在 85%相对湿度下一个月的 DSC 曲线

包覆层在约 350℃处开始降解，由 C—C 和 C—F 交联引起的放热过程引起了如图 7.3 所示的一个小峰，在约 520℃发生了放热氧化引起的尖峰。经过测量，异丙醇包覆样品的反应热（ΔH）为 4.20kJ/g，暴露在湿度下未涂覆样品的反应热为 2.15kJ/g，储存在手套箱中样品的反应热为 3.12kJ/g，比异丙醇包覆样品低 10%。TGA 中的增重与测量的焓值一致，表明异丙醇包覆层确实促进了更完整的反应。

7.1.2　乙醇和乙醚包覆

乙醇和乙醚是实验室的常用溶剂。在之前的研究中，醇醚小分子（如乙醇、乙醚等）通常作为溶剂或溶液的主要成分来保护纳米铝颗粒。但在近期的研究中显示，乙醇和乙醚有机小分子对纳米铝颗粒的包覆也获得了良好的效果。

1. 样品表面形貌

将纳米铝颗粒加入纯乙醇或乙醚溶液中，通过使用机械搅拌的方法，成功地用纯乙醇和纯乙醚溶液包覆了纳米铝颗粒。相关的 TEM 照片显示在图 7.4 中。从图 7.4(a)中可以看到乙醇分子均匀地覆盖了纳米铝颗粒的表面，形成了壳-核结构。值得注意的是，在外围包覆层区域和铝纳米粒子之间检测到了一个很薄的深黑色区域（厚度估计为 1nm）。该深黑色区域被推定为化学吸附层，其中羟基原子与纳米铝颗粒的表面原子发生了强烈的相互作用。另外，由于其相对较低的密度和松散的结构，可推断出浅黑色区域是氢键合层。图 7.4(b)显示了乙醚也能均匀地覆盖在纳米铝颗粒的表面，并且与乙醇包覆的结果相似。另外，在 TEM 图像中还显示了乙醇/乙醚团聚体的形成。乙醇溶剂中因羟基的强极性作用，分子之间会形成氢键，乙醇分子由于氢键作用产生聚集；乙醚溶剂作为非极性溶剂，乙醚分子之间也能形成少量氢键。解决办法可以采用：①升温，高温能破坏分子间的氢键结合，但升温也会破坏铝颗粒外层的结构，使铝原子热运动后变得无序；②添加乙醚，在乙醇和乙醚的混合溶液中，乙醚的加入会增大乙醇分子之间氢键的成键距离，缓和溶液分子之间的聚集。

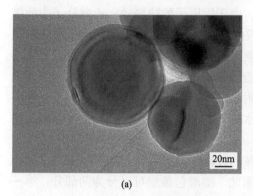 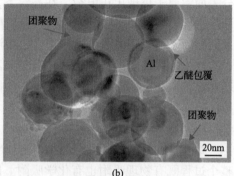

(a)　　　　　　　　　　　　　　　(b)

图 7.4　乙醇包覆样品 (a) 和乙醚包覆样品 (b) 的 TEM 照片

2. 包覆机理与性能

目前已通过实验获得了乙醇和乙醚包覆纳米铝颗粒的相关数据，但受限于当前的实验条件，从分子、原子这个微观水平上解释纳米颗粒包覆行为的研究还比较少。本节采用分子动力学工具模拟乙醇/乙醚分子对纳米铝颗粒的包覆，获得了与实验相符的结果，揭示了分子包覆机理。

乙醇和乙醚包覆会改变纳米铝颗粒表面的电荷性质。乙醇分子在吸附过程中通过自我调节，使极性羟基总是指向纳米铝颗粒的表面。同时，铝颗粒表面的局部电荷随乙醇和颗粒表面之间缩短的距离而变化。对于较短的铝-羟基距离，其可以使颗粒表面的铝原子获得较高的电荷值。

在低温下，乙醇分子与铝基体之间通常只是发生物理吸附。乙醇分子主要包含两个基团，即羟基和乙基，吸附强度主要取决于羟基，吸附的不稳定性主要是乙基的原因。虽然两个基团都可以与纳米铝颗粒发生相互作用，但羟基的吸附发生得更早，作用力更强，吸附更牢固，所以可以把羟基的吸附作为乙醇分子吸附开始的标志。在高温时，需要考虑铝原子的热振动，整个包覆过程将变得更加复杂。在铝原子热振动的作用下，乙醇分子容易分解为羟基和乙基，羟基会扩散到纳米铝颗粒表面的内部区域，余下的乙基仍能吸附在铝颗粒表面。羟基在扩散过程中，氧原子和氢原子也会发生分离，各自扩散，其中 Al-O 键的形成使得颗粒表面铝原子所带正电荷值达到最大。分离出的氢原子具有不同的构型：一部分氢原子从表面扩散到颗粒内部，一部分则与溶液中的残基结合。整个包覆过程不会产生氢气，这与实验结果一致。

区别于乙醇分子，乙醚分子没有极性基团，所以乙醚分子在吸附过程中不会出现明显的指向性，而是倾向于通过库仑力和范德瓦耳斯力的作用平铺在纳米铝颗粒表面。同样，乙醚分子的吸附也会影响纳米铝颗粒表面的局部电荷，使得部分表面铝原子呈现出正电荷。在高温下，由于铝原子的热振动，乙醚分子中的氧原子也会发生脱离，并扩散进纳米铝颗粒的内部区域，Al-O 键的形成也会使颗粒表面铝原子所带正电荷值达到最大，溶液中的残基仍能吸附在颗粒表面。

在乙醇和乙醚混合溶液的包覆中，乙醚分子还出现了解离和自氧化，形成乙基和新的乙醇分子等。这些产物也都吸附在纳米铝颗粒表面，吸附机理与上述一致。但在整个包覆过程中并没有氢气、水等产物的生成，说明没有发生强烈的化学反应。

综上，在乙醇或乙醚包覆纳米铝颗粒的过程中形成了壳-核结构，见图 7.5，整个过程既有物理吸附也有化学吸附。因此，醇醚包覆层可以分为两部分：第一部分是化学吸附层，其中分子通过形成 Al-O 键直接吸附在纳米铝颗粒（ANP）的表面上；第二部分是氢键合层，溶液中的分子通过氢键与化学吸附层中的分子相互作用。制备的复合粒子分为三层：外层的铝原子倾向于形成有机提供的氧化铝层，粒子内部是活性铝，外部是有机涂层。

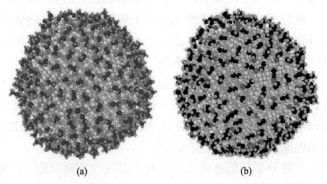

(a)　　　　　　　　　　　　　　(b)

图 7.5　乙醇(a)和乙醚(b)在退火纳米铝颗粒表面吸附的最终结构快照

乙醇、乙醚和乙醇/乙醚混合溶液都可以在纳米铝颗粒表面形成致密的包覆层，但包覆层中分子总吸附量却呈现出明显差异。对纯乙醇、乙醚而言，对相同纳米铝颗粒包覆稳定后，乙醇分子的数量比乙醚分子多一倍多，见图 7.6。原因是乙醇分子的长度比乙醚分子短很多，乙醇分子中具有强极性的羟基使乙醇分子之间容易生成氢键，从而促使乙醇分子更容易发生堆叠。对乙醇和乙醚混合溶液而言，包覆层中的分子数量与浓度呈正相关。

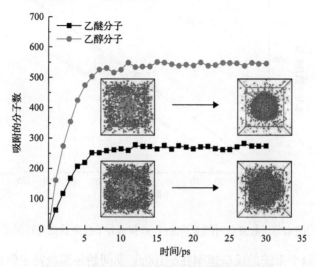

图 7.6　乙醚/乙醇包覆曲线及其系统配置的变化

　　铝团簇被认为是从水中氢化的"催化剂"，收集足够的水分子对于水铝反应至关重要。图 7.7(a) 为包覆颗粒表面吸附水分子数量与时间的曲线。尽管在开始的 30ps 内一直发生水分子的解离，但在强烈的吸附作用下，被吸附水分子的数量仍迅速增加。随后，解离和吸附作用接近平衡，因此在此阶段吸附曲线并不会发生太大变化。后来，自由水分子的可利用性限制了其吸附作用，并使其比解离作用弱。结果，两条吸附曲线在 70ps 之后下降。

　　吸附分子的变化是由解离和吸附作用决定的，因此有必要单独研究已反应水分子的数量。根据图 7.7(b)，随着时间的流逝，水分子的反应曲线几乎呈线性增

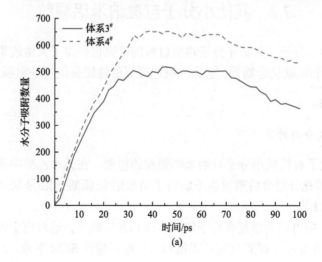

(a)

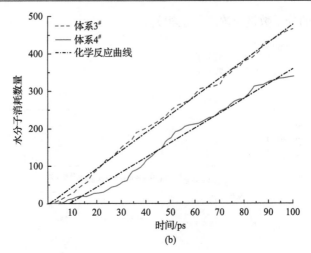

图 7.7　吸附的水分子数量与时间关系曲线(a)和水分子反应数量与时间关系曲线(b)

长，这意味着每个系统的反应速率在～100ps 期间始终围绕特定值波动。通过计算斜率可以确定乙醚包覆颗粒和乙醇包覆颗粒的水反应速率分别约为 4.847(每皮秒)和 3.962(每皮秒)。

其中，具有乙醚包覆层的颗粒显示出比乙醇包覆颗粒更好的氢化性能。有机包覆层的形成限制了可用于氢吸附的位点数量，起到阻碍氢化反应的作用。在高温条件下，需要考虑有机物解吸的影响，乙醇/乙醚分子的解吸可为水分子提供更多的反应位点。结果显示，乙醇包覆层的解吸强度高于乙醚包覆层。这说明乙醚包覆的纳米铝颗粒适合在室温下氢化，而乙醇包覆的纳米铝颗粒更适合在高温下氢化。

7.2　其他小分子包覆纳米铝颗粒

除了醇醚小分子，其他小分子包覆材料的研究也获得了大量成果，如碳氢化合物、醇、酸和氟碳化合物等，这为控制包覆层的性能提供了一定程度的灵活性。

7.2.1　有机酸

1. 样品成分与外貌

前面提及了有机酸小分子对纳米铝颗粒的包覆。在无水乙醇中将纳米铝颗粒和硬脂酸/油酸充分混合后蒸发烘干制备了纳米铝/硬脂酸、铝/油酸复合粒子，相关参数见表 7.1[2]。

从表 7.1 中可以看出复合粒子的比表面积有所减小，这对应于颗粒表面的溶液残留。图 7.8 显示了硬脂酸包覆铝粉和未处理铝粉的 SEM 图像。结果显示：未处理铝粉的颗粒边缘清晰，互相分离；而硬脂酸包覆颗粒周围有大量的有机溶剂残留，这会导致纳米铝颗粒发生粘连，所以复合粒子的比表面积有所减小。

表 7.1　有机酸包覆铝粉的参数

序号	金属	包覆溶液	比表面积/(m²/g)	粒径/nm	活性铝/%	相组成
1	Al	空气	18.6	484	85	Al
2	Al	硬脂酸	12.1	255	74	Al, 存在 Al_4C_3
3	Al	油酸	14.3	393	45	Al, 存在 Al_4C_3

(a)　　　　　　　　　　　　　　　　　(b)

图 7.8　硬脂酸包覆铝粉(a)和未处理铝粉(b)的 SEM 图像

2. 包覆层性能

图 7.9 显示了空气钝化铝粉和油酸包覆铝粉的 TEM 图像。在 TEM 图像中显示，被空气钝化的颗粒表面被氧化膜覆盖，而被油酸包覆的颗粒不存在任何可见的氧化层。这意味着当使用油酸包覆时，颗粒内活性铝的含量比空气钝化的颗粒更高，这与表中的数据并不一致。另外，在油酸包覆的案例中，观察到部分颗粒拥有比其他颗粒更多的氧气。研究这部分油酸包覆的铝粉可以观察到没有强烈的有机层，所以包覆层并不能完全保护铝颗粒免受进一步氧化，氧气可以透过油酸所形成的包覆层与铝原子形成氧化层，有机层可作为氧化和钝化铝的氧源。根据 TEM 图像可以看出，有机包覆金属颗粒有两层：有机层和内部氧化层(图 7.10)。

从图 7.9(a)中还可以观察到在空气环境中钝化的纳米铝颗粒表面的非晶态氧化物膜的临界厚度为 4~5nm，然后开始结晶。因此，在空气钝化的条件下，4~5nm 的氧化层厚度形成后，颗粒表面的氧化停止，氧化层发生结晶。值得注意的是，纳米铝颗粒与硬脂酸和油酸的相互作用使颗粒表面碳化。

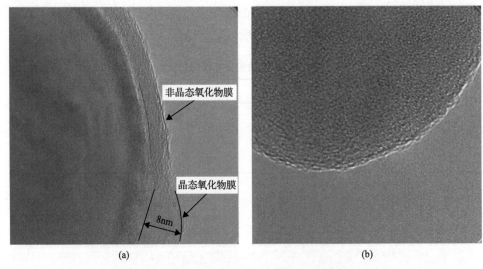

图 7.9　空气钝化铝粉(a)和油酸包覆铝粉(b)的 TEM 图像

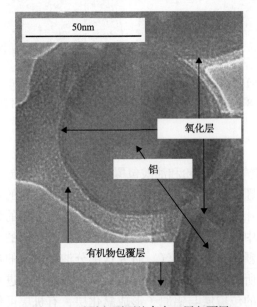

图 7.10　油酸包覆颗粒存在双层包覆层

　　空气环境中空气钝化和包覆样品的 DSC-TG 分析结果见表 7.2。在空气中采用非等温加热,加热速率为 10K/min。空气中钝化的纳米铝颗粒的氧化起始温度也低于铝的熔点(660℃)。油酸包覆的铝粉的氧化温度为 486℃,远低于铝的熔点。吸附的有机气体质量是空气中钝化颗粒的 3~5 倍。但包覆层的全部能量更高,这可能是包覆层的氧化及包覆层与铝核之间反应的共同结果。

表 7.2　在空气中非等温加热下包覆铝粉的反应性参数

序号	金属	包覆溶液	氧化起始温度/℃	包覆层(气体)质量/%	ΔH(Al)/(J/g)
1	Al	空气	558	2	5465
2	Al	硬脂酸	549	5	5997
3	Al	油酸	486	10	4875

在 20℃条件下，将制得的复合铝粉置于 10% NaOH 溶液中，研究粉末与水的相互作用动力学。具有包覆层的样品在 NaOH 溶液中表现出良好的稳定性。因此，相对于自然氧化的颗粒，具有有机酸包覆层的颗粒表面在水中的抗氧化性能更好。

通过对油酸和硬脂酸表面性质的研究可以得知，在包覆过程中，硬脂酸和油酸主要与铝颗粒表面发生化学作用。其中部分油酸与金属的相互作用更强烈，从而导致复合粒子中活性铝的含量降低，同时油酸包覆层的致密性差，并不能完全保护铝粉不被氧化。但包覆后的纳米铝颗粒的氧化温度有所提高且放热峰也有所提前。另外，有机酸包覆层在水中都具有良好的保护性能。

7.2.2　卤代烷

通过还原法制得纳米铝颗粒后，将铝颗粒加入甲苯进行分散，然后加入卤代烷在环境温度下进行反应，反应结束后使用甲苯溶液冲洗 2h 后进行真空干燥，成功制得包覆复合粒子[3]。包覆后纳米铝颗粒样品与未包覆样品的 SEM 和 IR-ATR对比图分别如图 7.11 和图 7.12 所示，表 7.3 列出了未处理铝颗粒和卤代烷处理铝颗粒表面化学各成分具体含量。

采用 TGA 与 DTA 耦合的方法，在空气中进行包覆并分析包覆效率，见图 7.13。未处理的纳米颗粒由于样品的脱水和脱羟基化及吸附有机物种的降解，在 $T=400℃$ 前显示失重约 8%。然后是铝芯的氧化，可分为两步，对应于氧化铝在不同结构中的结晶，颗粒增重约 63%。Al-$(CH_2)_9$-CH_3 的 TGA 曲线显示了第一次失重约 17%，是未处理铝粉测量值的 2 倍，证实了纳米铝颗粒周围存在有机涂层。然后颗粒增重约 45%，这一数值明显低于铝颗粒。根据密度计算出有机涂层厚度为 7nm，从而证实铝核周围形成了多包覆层结构。Al-$(CH_2)_2$-C_8F_{17} 的 TGA 曲线的情况更加复杂。这些结果都强调了包覆有机涂层既要做到包覆铝颗粒表面，又要防止颗粒氧化的困难。包覆颗粒在制备过程中会在甲苯中清洗 2h，这些处理也会促进颗粒的氧化。

综上，①使用卤代烷对纳米铝颗粒的包覆相对较容易和快速；②铝核与有机包覆层之间存在共价键；③在铝核周围可形成有机多层膜。这种制备方法虽然对抑制铝粉团聚和存储过程中的老化作用不明显，但提供了一种在铝粉表面接枝有机基团的有效思路，未来可以通过调控烷基基团 R，实现对 Al-R 核-壳产物性能的调控。

图 7.11　未处理纳米铝粉样品(a)、Al-$(CH_2)_2$-C_8F_{17} 样品(b)和
Al-$(CH_2)_9$-CH_3 样品(c)的 SEM 图像

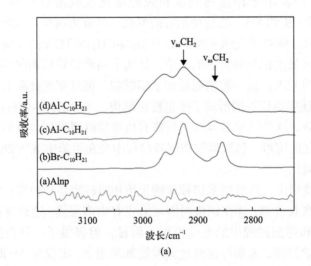

(a)

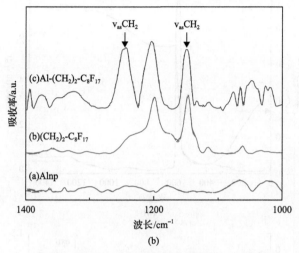

图 7.12 未处理铝颗粒(a)和卤代烷处理铝颗粒(b)的 IR-ATR 光谱

表 7.3 未处理铝颗粒和卤代烷处理铝颗粒表面化学成分

样品	Al	O	C	F	I
Al	31	46	23	—	—
ANP-$(CH_2)_2$-C_8F_{17}	0.1	0.2	42.3	57.3	0.1

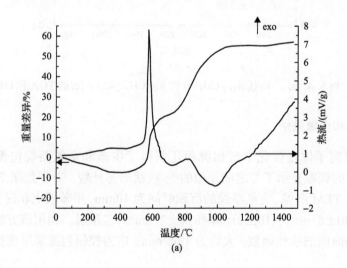

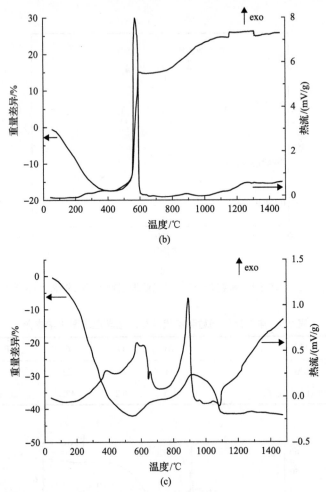

图 7.13　纳米 Al(a)、Al-(CH$_2$)$_9$-CH$_3$(b) 和 Al-(CH$_2$)$_2$-C$_8$F$_{17}$(c) 的 TGA 和 DTA 曲线

7.2.3　甲苯和全氟萘烷

　　通过等离子体增强化学气相沉积还制得了甲苯和全氟萘烷包覆的纳米铝粉。包覆后的颗粒显示了与之前相似的壳-核状形态外貌。对于如图 7.14 所示的复合粒子的 TEM 图像，全氟萘烷的沉积时间为 10min，甲苯的沉积时间为 7min，分别产生 (30±5)nm、(10±2)nm 和 (7±2)nm 的包覆层。利用该方法获得包覆层的厚度是时间的线性函数，大约为 1nm/min，这为控制包覆层厚度提供了一种方法[4]。

　　相较于异丙醇包覆层的良好亲水性，甲苯和全氟萘烷包覆层则表现出了良好的疏水性，包覆颗粒难以在水中分散。将未包覆的铝样品和带有包覆层的纳米粒子样品放置在 85%相对湿度下的封闭容器中,在(25±5)℃下保存两个月,并将结果与同一时期存放在氩气下的未包覆样品进行比较。TEM 照片显示在图 7.15 中。从图中可以观察到未包覆颗粒在惰性环境中表现出光滑的球形;在湿气环境中未包覆颗粒呈现出明显的损伤,失去了球形形态;全氟萘烷包覆层暴露后起到了一定的保护作用,保持了较完整的球形形态。

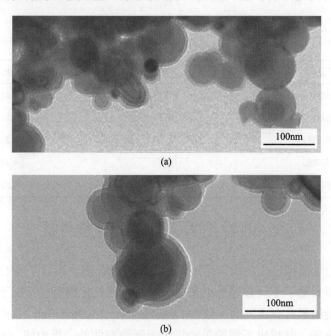

图 7.14　甲苯(a)和全氟萘烷(b)包覆铝颗粒的 TEM 照片

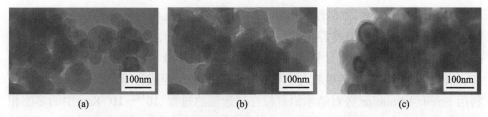

图 7.15　未处理颗粒从手套箱转移到密封容器(a)、未处理颗粒暴露于有一定湿度的空气(b)和全氟萘烷包覆颗粒暴露于有一定湿度的空气(c)的 TEM 照片

与初始样品相比,甲苯和全氟萘烷包覆层都提供了抗湿度的保护,与之前的异丙醇比较,效果排名如下:异丙醇<甲苯<全氟萘烷。这一顺序也与三种包覆层水接触角的增加有关,甲苯和全氟萘烷包覆层的接触角分别为(92±2)°和 125°,均大于异丙醇包覆层的接触角。疏水相互作用在建立包覆层保护活性铝中起到了重要作用,这种性质可以通过适当选择化学前驱体来进行调节。

　　另外，表 7.4 给出了差示扫描量热法测量的样品在氧化过程中释放的热量，发现其增加顺序与抗湿度顺序相同。全氟萘烷包覆的铝粉产生了最大的燃烧焓，ΔH=4.65kJ/g。这一数值明显高于储存在惰性气氛中未包覆的铝，表明包覆层促进了更完全的核心氧化。因此可以得出结论，研究的有机小分子包覆层是适合纳米铝颗粒的钝化薄膜，它既能提供抗氧化保护，又能促进金属芯在高温下的完全氧化。

表 7.4　包覆与未包覆铝颗粒的燃烧焓

样品	环境	$\Delta H/$(kJ/g)
未包覆铝	手套箱	3.12
未包覆铝	湿度	2.15
异丙醇包覆铝	湿度	4.20
甲苯包覆铝	湿度	4.40
全氟萘烷包覆铝	湿度	4.65

7.3　改性纳米铝颗粒的燃烧性能

　　分子动力学模拟已成功地应用于纳米铝颗粒的研究。Alavi[4]和 Li 等[5]使用分子动力学模拟预测了不同直径的纳米铝颗粒在有无氧化物壳层情况下的熔点，模拟结果与实验结果具有高度的一致性。Chakraborty 和 Zachariah[6]重点研究了氧化铝外壳中的电场，并指出不能简单地将纳米铝颗粒的外壳视为纯 Al_2O_3，而应将其视为具有动态成分的复杂 Al-O 混合物。Hong 和 Duin[7]从理论和分子动力学两个角度研究了具有氧化铝外壳的纳米铝颗粒的氧化机理。他们的研究集中在纳米铝颗粒氧化状态与外界条件(氧气的温度和压力)之间的关系。一年后，根据密度泛函理论(DFT)的计算，他们专门为 Al-C-H-O 体系开发了一个反应力场(ReaxFF)，使模拟纳米铝颗粒与有机化合物之间的反应成为可能。Puri 和 Young[8]利用 Streitz-Mintmire 势对纳米铝颗粒在高速加热过程($10^{13}\sim10^{14}$K/s)中的多态相变进行了分子动力学模拟。Li 等进行了数百万原子反应分子动力学模拟，并以此研究在加热期间纳米铝颗粒氧化物壳层的变化。Zhang 等[9]研究了乙醇在纳米铝颗粒上的氧化过程。他们发现，纳米铝颗粒的存在可以显著降低乙醇分子的反应温度，而铝核的熔化加速了乙醇自由基在燃烧过程中的扩散。

　　之前的工作证明分子动力学模拟是一个强有力的工具，它能很好地分析纳米铝颗粒的热力学性质及其与有机物在纳米尺度上的相互作用。此外，它还验证了ReaxFF 力场在确定熔点与纳米铝颗粒尺寸之间线性关系的能力。乙醇在裸纳米铝颗粒(无氧化膜)上的吸附研究表明,ReaxFF 力场可以定性地描述有机物与纳米铝颗粒之间的相互作用。此外,还证明了纳米铝颗粒的燃烧是一个由扩散主导的过程,并没有瞬间氧化铝外壳破裂。上述工作为今后的研究提供了坚实的基础。然而,尽管已经进行了大量的实验和模拟,但对于纳米铝颗粒在点火和燃烧阶段与包覆之间的关系仍缺乏研究。因此,研究纳米铝颗粒在有机材料包覆后的燃烧特性具有重要意义。

7.3.1　乙醚在氧气中的燃烧反应机理

对于本节讨论的乙醚燃烧模拟,模拟盒子设置为 $50\times50\times50$ 的立方体。盒子里随机分布 20 个乙醚分子和氧分子。氧分子数分别为 80 个、120 个和 160 个,其中 120 个氧分子是 20 个乙醚分子完全燃烧所需的化学计量数。其他氧浓度分别对应于缺氧和富氧环境。图 7.16 显示了这三个系统的初始快照。所有系统遵循相同的热力学过程。首先,将每个原子的速度分配到 298K 的高斯分布温度,然后在 298K 的正则系综下弛豫 5ps,以获得合理的构型。然后,以 10^{12}K/s 的加热速率进行加热,直到系统温度达到 2000K。燃烧阶段开始时,用微型集合(NVE)代替 NVT 系综,持续 100ps。

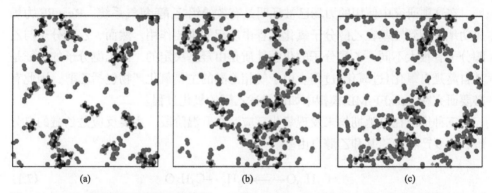

图 7.16　20 个乙醚分子燃烧的初始构型：(a)80、(b)120 和(c)160 个氧气分子,温度为 298K

对于制备和燃烧纳米铝颗粒的情况,将模拟箱扩展到 $100\times100\times100$。纳米铝颗粒被放置在盒子中心,其他分子如乙醇、乙醚和氧分子随机分布在纳米铝颗粒周围。本研究使用的纳米铝颗粒具有典型的核-壳结构。铝核直径为 4nm,铝壳厚度为 0.5nm。在之前对纳米铝颗粒熔化的研究中,直径大于 2nm 的纳米铝颗粒的熔点与直径呈线性关系。考虑到计算成本,4nm 的纳米铝颗粒足以显示纳米材料的热特性。铝核和氧化铝外壳模型是从立方晶体中切割出来并组装在一起的,如图 7.17 所示。在循环包覆工艺中引入熔接工艺既保证了核壳紧密接触,又消除了表面应力。

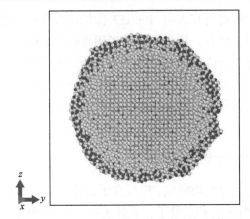

图 7.17　　铝核和氧化铝核壳结构的初始构型

　　本节将 Verley 速度算法用于积分原子运动方程。研究中采用的温度控制方法是温度控制的有效方法。因为 ReaxFF 力场主要根据原子之间的距离来判断反应是否发生，所以需要一个比分子最高频率(t 为 0.5~1.0fs)低一个数量级的时间步长，以确保化学反应顺利进行。考虑到本研究中几乎所有的化学反应都发生在 1000K 以上，故所有模拟选择 0.2fs 作为时间步长。

　　在这项研究中使用的力场已被证明是有效的铝-乙醇-氧气系统。ReaxFF 力场成功地检测到羟基在乙醇分子氧化过程中所起的重要作用。然而，乙醚分子与乙醇分子有很大不同，乙醇分子的化学性质是由羟基决定的，而乙醚分子的特征是其自蔓延自氧化(过氧化)过程。由于气相乙醚的主要氧化产物包括乙醇，因此有必要研究在 ReaxFF-MD 模拟中如何描述乙醚的氧化过程。

　　三种情况在松弛期均未发现氧化反应。在升温阶段，主要反应是乙醚的自分解，主要产物为乙基和乙醇自由基。

$$C_4H_{10}O \longrightarrow C_2H_5 \cdot + C_2H_5O \tag{7.1}$$

　　一旦进入燃烧阶段，情况就会发生变化。图 7.18 为三个测试系统的温度与时间曲线图。T_c 为 500ps 燃烧模拟期间的平均燃烧温度。所有工况均在微正则综下实现了平衡燃烧，并根据不同程度的氧化反应放热。不同氧浓度下的平均燃烧温度分别为 1832.2K、1838.9K 和 1869.1K。前两种情况的微小温差可归因于不同的氧化途径，由于富氧环境，160 个氧原子情况下的燃烧热明显高于其他情况。利用 USER-REAXC 软件包提供的 C 语言代码，根据原子间的相对距离确定物质，确定三种情况下的主要产物分别为乙醇、甲醛和乙烯。三种不同氧化程度的反应总结如下。

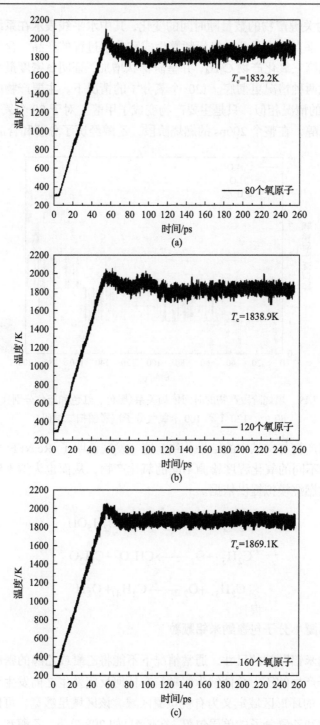

图 7.18　20 个乙醚分子与氧气分子燃烧的时间温度曲线

　　图 7.19 为关键产物的数量随时间的变化, 其中水平线表示在系统中停留一段时间的物质, 垂直线表示此时经历频繁生成和分解过程的产品。含氧分子最多的体系首先生成第三氧化产物 C_2H_4, 并呈阶梯状增加, 证明氧密度最高情况下的氧化过程比其他两种情况更彻底。120 个氧分子的情况下, 主要产物的变化趋势与 160 个氧分子的情况相似, 只是主要产物变成了甲醛。对于 80 个氧分子的情况, 主要产物是乙醇, 在整个 200ps 的燃烧阶段, 乙醇经历了分解和合成过程。

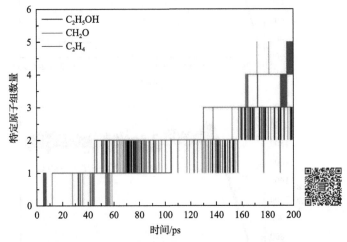

图 7.19　燃烧阶段产物的时间依赖关系 (黑色、红色和蓝色分别代表
80 个、120 个和 160 个氧气分子) (彩图扫二维码)

　　主要中间产物与文献中的结果一致。这一发现证明了 ReaxFF 力场能够根据 200ps 过程中不同的氧化程度检测不同的氧化产物, 从而也为纳米铝颗粒在有机材料包覆后的燃烧模拟提供依据。

$$C_2H_5O\cdot + OH \longrightarrow O\cdot + C_2H_5OH$$

$$C_2H_5\cdot + O_2 \longrightarrow CH_3O\cdot + CH_2O$$

$$C_2H_5\cdot + O_2 \longrightarrow C_2H_4 + O_2H \tag{7.2}$$

7.3.2　乙醇乙醚小分子包覆纳米铝颗粒

　　考虑到纳米铝颗粒的尺寸, 通常情况下不能将乙醚或乙醇的密度设为液相, 因为液相分子产生的压力会使纳米铝颗粒在任何反应发生之前发生变形。将纳米铝颗粒外 8Å 的环形区域定义为有机包覆区域。该区域足够宽, 可以在纳米铝颗粒上形成乙醇和乙醚分子的单层包覆。在低温 (如 298K) 下, 乙醇和乙醚分子倾向于聚集在一起, 因为这两种有机化合物的液体密度远大于模拟箱中的值。因此,最好在较高温度下涂覆纳米铝颗粒。采用循环包覆法：首先用能量最小化法对系统进行优化，然后在 298K 下松弛 1ps，能量最小化采用共轭梯度法。松弛后，依次进行 9 个包覆循环。每个循环包括三个子过程：高温包覆、冷却和去除包覆区外的原子。在高温镀膜过程中，将纳米铝颗粒原子置于 298K 的热浴中，乙醇和乙醚分子分别置于 600K 和 800K 的热浴中。这些步骤可以防止纳米铝颗粒熔化并加速包覆过程。根据之前的研究，发现乙醚分子很容易相互聚集和自氧化，而 800K 是打破它们之间相互作用的合理温度。对于乙醇分子包覆纳米铝颗粒，600K 就足以破坏分子间的氢键。

　　图 7.20 显示吸附在纳米铝颗粒上的原子总数随包覆循环次数的变化过程。在前三个包覆周期中，由于纳米铝颗粒表面的自由结合位点不断被占据，有机材料的包覆率从 0.96(乙醚为 1.04)降至 0.40(乙醚为 0.28)。此后，有机材料的包覆率逐渐降低，吸附原子总数最终稳定在饱和值附近。

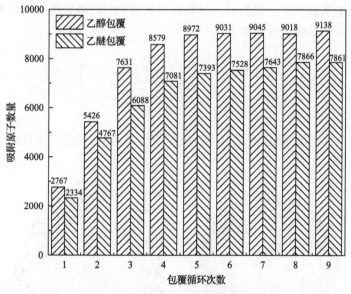

图 7.20　每个循环包覆吸附的原子数

　　从图 7.20 中还可以发现，在最后三个包覆循环中，两种情况下的吸附率变化率都不超过 3%，这表明纳米铝颗粒的表面几乎被乙醇或乙醚分子饱和。因此，可以认为具有 9 个周期的结构几乎是被完全有机包覆的纳米铝颗粒。由于分子结构和吸附方式的不同，乙醇和乙醚的最终吸附原子数比乙醚大。

　　在实际生产过程中，纳米铝颗粒与有机溶液充分搅拌后，在干燥箱中进行干燥以除去多余的液相物质。因此，在循环包覆过程结束时，进行蒸发消除程序，以消除未紧密吸附在纳米铝颗粒上的原子。考虑到燃烧模拟的起始温度，蒸发过程在恒定温度下进行：298K，5 个循环，每个循环持续 10ps。由于包覆过程是动态的，因此允许分子分解是很自然的。我们分析了各元素的百分比，详细的包覆信息见表 7.5。

表 7.5　乙醇/乙醚有机包覆层的组成

包覆材料	总吸附原子数	C/%	H/%	O/%
乙醇	6344	22.4	65.1	12.5
乙醚	4996	27.1	63.8	9.1

　　根据乙醇 (C_2H_6O) 和乙醚 $(C_4H_{10}O)$ 的化学式，在纳米铝颗粒上吸附后，乙醇的元素百分率几乎没有变化。然而，对于乙醚分子，O 元素含量的增加伴随着 H 元素含量的减少，这表明在包覆过程中发生了自氧化。图 7.21 为涂覆有机化合物的纳米铝颗粒的横截面快照。为了简化表达，分别用 eANP 和 dANP 表示乙醇和乙醚包覆的纳米铝颗粒。我们引入径向分布函数（RDF）来分析有机包覆的结构。在分子动力学模拟中，计算如下：

$$g(r) = \frac{1}{\rho 4\pi r^2} \frac{\sum_{t=1}^{T}\sum_{j=1}^{N} \Delta N\left(r \xrightarrow{\Delta} r + \mathrm{d}r\right)}{N \times T} \qquad (7.3)$$

式中，ρ 为系统密度（数量密度）；N 为原子数；T 为计算时间（步数）；r 为远离参考原子的半径。

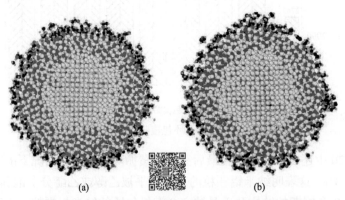

图 7.21　eANP(a) 和 dANP(b) 的快照（彩图扫二维码）
铝元素为黄色，氧化壳中的氧元素紫色，碳元素黑色，有机物中的氧元素青色

　　我们最感兴趣的是有机包覆与纳米铝颗粒之间的相对结构。我们将氧化铝外壳中的铝和氧原子定义为 "A" 原子。根据之前的研究，乙醇和乙醚中的 O 原子在吸附过程中有重要作用。也就是说，Al-O 键是所有其他原子对中最短、最强的

键。图 7.22 为 Al-O 对的 RDF 结果。

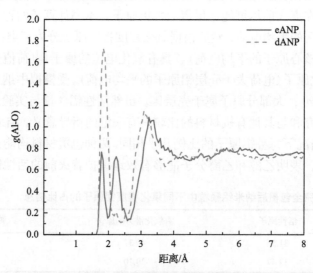

图 7.22 eANP 和 dANP 中表面原子和有机物中氧原子的径向分布函数图

第一峰的位置对应于乙醇和乙醚分子在氧化铝外壳上的吸附距离。对于 dANP,第一个峰值出现在 1.83°处,表明第一个乙醚包覆的位置。然而,对于 eANP, 情况有所不同:第一个峰值出现在 1.78°处,第二个峰值仅比第一个峰远 0.45°, 两峰之间的高度差小于 10%。这些结果表明,在 eANP 的氧化表面附近有两个相邻的包覆。考虑到乙醚分子的长度是乙醇的 3 倍,所以纳米铝颗粒氧化物壳层的粗糙表面不能为乙醚分子提供像乙醇分子那样多的自由结合位点。结果,乙醇分子将形成一个重叠的结构,从而使包覆更加致密。众所周知,第一包覆是最稳定的包覆,但对于 eANP,第一包覆由内部和外部子部分组成。在距离参考原子 3.15° 附近,eANP 和 dANP 都会产生另一个峰值,认为这是二次包覆。第一吸附层与第二吸附层的距离决定了第一吸附层与第二吸附层的距离。因此,探测到氧原子的概率几乎保持不变,并没有出现明显的峰值。

第一和第二包覆层之间的间隙可能导致 eANP 形成一个相对致密的结构。将与第一和第二包覆层相互作用的原子分别定义为 S1 和 S2,计算结果见表 7.6。乙醚分子并不能像乙醇那样完全覆盖纳米铝颗粒,而是暴露出更多的表面原子。

表 7.6 包覆后颗粒的原子信息

	表面原子总数	S1 原子总数	S2 原子总数
eANP	1984	1202	557
dANP	1999	1048	411

一旦纳米铝颗粒被完全包覆，活性铝原子含量就是另一个需要研究的方面。包覆材料有望在点火前尽可能地保留活性铝原子。本书计算了两种情况下铝原子在核区和壳层区的平均电荷，然后根据氧化程度将铝原子分为三类：活性原子(电荷小于或等于核心原子的平均电荷)、具有氧化电位的原子(电荷值介于两个平均值之间)和氧化原子(电荷大于壳层铝原子的平均电荷)。受模拟中纳米铝颗粒尺寸的限制(<10nm)，大部分原子属于壳层区。虽然活性铝含量与实验水平不符，但对进一步的研究和与其他有机材料的比较具有一定的指导意义，结果见表 7.7。分析表明，两种情况下每种铝原子的比例几乎相同。两种包覆材料均能保存至少 70% 未氧化铝原子，表明乙醇和乙醚分子能够有效地保护着火前的活性铝原子。

表 7.7　完全包覆后纳米铝颗粒中不同氧化程度铝原子的占比信息　　(单位：%)

	活性原子	有氧化潜力的原子	被氧化原子
eANP	31.56	40.37	28.07
dANP	32.47	39.10	28.43

7.3.3　包覆后纳米铝颗粒的燃烧性能

在蒸发过程之后，eANP 和 dANP 进行燃烧实验。为了验证有机包覆对燃烧性能的改善，在相同的程序设置中加入了另一个裸纳米铝颗粒模型(一个只有氧化铝外壳的核-壳纳米铝颗粒)。在这一时期开始时，总共有 1000 个氧分子随机分布在所有纳米铝颗粒周围。

具体的测试步骤如下：在正则系综下，以 70ps 的速度直接从 298K 加热到 1000K。根据纳米铝颗粒的点火温度，1000K 的温度足以点燃整个纳米铝颗粒。然后，关闭系统温度控制，用微正则系综代替正则。最后，在微正则系综下，所有的纳米铝颗粒进入燃烧阶段，持续 500ps。

对于裸纳米铝颗粒、eANP 和 dANP，氧原子的平均吸附速率分别为 7.67ps、8.89ps 和 8.15ps。注意，计数的原子是那些与纳米铝颗粒相互作用但不与有机包覆层相互作用的原子。

首先对加热过程进行研究。众所周知，纳米铝颗粒将在铝(1000K)熔点附近被点燃。尽管纳米铝颗粒的点火机理仍存在争议，但核心铝原子与外部氧分子的直接接触是其着火的重要标志。因此，用 RDF 方法分析铝核原子(cAl)和氧化铝壳层原子(sAl)与外部氧原子(eO)的关系。我们预计有机包覆在较低温度下可以抗氧化，但在较高温度下会促进燃烧。图 7.23 中三个子图的总体趋势是相似的：在距离达到 3Å 之前，在 1.825Å 处，随着温度的升高，峰值逐渐增大，认为这是 ReaxFF 力场中 Al-O 键的距离。因此，RDF 曲线逐渐变为阶梯状，说明氧分子从一开始就随机分布，进而演变成长程有序结构。与裸纳米铝颗粒相比，在 42ps(温度

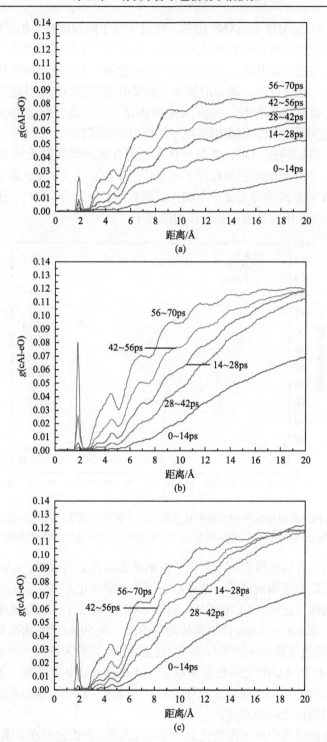

图 7.23　裸纳米铝颗粒(a)、eANP(b)和 dANP(c)在加热过程中 cAl-eO 的径向分布函数图

低于 750K)之前，dANP 和 eANP 的第一峰高均低于同期裸纳米铝颗粒。在 298～700K 的温度范围内，有机材料成功地抑制了外部氧分子与纳米铝颗粒的大范围接触。随着温度的进一步升高，eANP 和 dANP 的第一个峰值迅速增加。有机包覆预计与外部氧气发生反应，额外的氧分子被吸引到周围的包覆并进行反应。值得注意的是，在 42～56ps 和 56～70ps，eANP 的第一个峰高分别比 dANP 高 40.87% 和 40.68%，这可能是因它们吸引氧原子的能力不同所致。

　　为了进一步证明这一点，本节计算了吸附在纳米铝颗粒上的氧原子数，如图 7.24 所示。所有与纳米铝颗粒原子相互作用半径小于 2 的 eO 原子都被认为是吸附原子。2Å 的距离确保了原子与纳米铝颗粒原子的结合。此外，还包括其他可能与纳米铝颗粒原子发生强烈相互作用的原子。

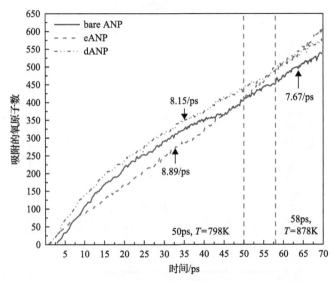

图 7.24　加热阶段吸附在纳米铝颗粒上的氧原子数随时间变化的关系图（eANP 的曲线分别在 50ps 和 58ps 时超过了未包覆纳米铝颗粒和 dANP 的曲线）

　　结果表明，有机包覆有利于氧原子在纳米铝颗粒上的吸附。dANP 从一开始就具有最高数量的吸附氧原子，这可以归因于乙醚氧化需要更多的氧原子和相对松散的包覆结构，正如 7.3.2 节所述。对于 eANP，氧原子的吸附速率几乎保持不变，尽管曲线在 6.8～53.4ps 低于其他两种情况。在 50ps（所有情况都达到 800K）后，eANP 曲线超过裸纳米铝颗粒曲线。注意 800K 被视为该尺寸纳米铝颗粒的熔化温度。eANP 和 dANP 之间的竞争以 eANP 超过 dANP 而结束。上述分析表明有机包覆可以帮助纳米铝颗粒上额外的氧原子掉落。然而，还需要进一步讨论两种包覆纳米铝颗粒之间的差异。

　　包覆在加热过程中的厚度变化是一个动态过程：有机包覆在高温下会被剥离，

外部的氧分子也会腐蚀包覆，所以很难研究每一步包覆与纳米铝颗粒之间的相对结构关系。为了研究有机包覆在加热过程中的热力学行为，首先记录有机分子的均方位移(MSD)，然后计算 MSD 随时间变化的斜率值。图 7.25 的计算结果反映了原子扩散率。eANP 和 dANP 的两个峰值出现在 6.2ps 之前。这种现象可以解释为在加热初期，纳米铝颗粒没有将有机分子紧密吸附到外部氧气环境中。随后，有机质的扩散经历了先减小后增加的过程。结合图 7.24 中的研究结果可以得出结论：有机包覆从一开始就吸引氧原子，并在 20ps 时进入解吸阶段，有机化合物的扩散系数随温度的升高开始增大。当达到 52.4ps 时，乙醇包覆的扩散系数开始超过乙醚包覆的扩散系数。这可能是产生图 7.24 结果的原因：在 58ps 之后，eANP上吸附的氧原子比 dANP 上的更多。由于强烈的热扩散，越来越多的 eANP 上有机化合物从表面被解吸，从而为外部氧原子留下了结合位点。

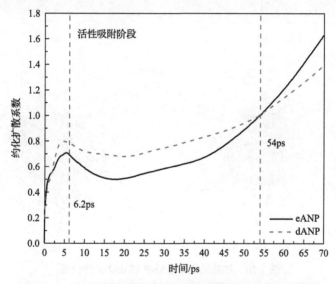

图 7.25　有机化合物成分的约化扩散系数随时间变化关系图

根据扩散系数曲线的不同特征，图 7.26 给出了 eANP 和 dANP 在 30ps 和 65ps 的快照。在加热初期，只有一小部分未被紧密吸附的有机物扩散到外界环境中。在 30ps 时，氧原子明显吸附在纳米铝颗粒上。在 65ps 时，有机包覆分解并与外部氧原子混合。考虑到 dANP 和 eANP 在加热阶段的性能，eANP 在高温(超过 800K)下表现出优越的氧原子吸附能力和较高的有机化合物扩散速率。

碳原子被认为是有机包覆中重要的附加燃料源。虽然它们可以在纳米铝颗粒周围燃烧，但吸附在纳米铝颗粒上的有机物将直接影响其后续的燃烧行为。表 7.8 列出了这三个案例最终组成部分的信息。注意，原子数应在一个半径值内，这既保证了原子不仅与纳米铝颗粒发生相互作用，而且还与有机包覆层发生相互作用。

这也不同于上述和图 7.24 的计数方法,该方法旨在识别与纳米铝颗粒发生强相互作用的原子。eANP 吸收的氧原子最多,碳原子较少,说明乙醇分子在高温下具有较高的扩散性。

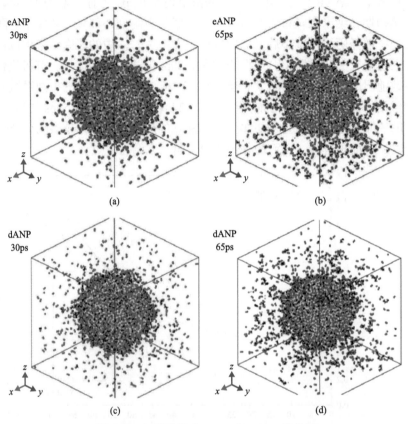

图 7.26　加热阶段中 eANP 和 dANP 的快照

(a) 和 (c) 30ps; (b) 和 (d) 65ps

表 7.8　加热阶段结束后,三种纳米铝颗粒的原子分布信息

	C	H	有机物中的 O	外界 O
eANP	430	1257	316	816
dANP	563	1277	236	755
裸纳米铝颗粒	—	—	—	584

　　此外,活性铝含量是一个重要的研究参数。cAl 原子在点火前被保存下来,在燃烧阶段释放出反应热。图 7.27 为加热后三种纳米铝颗粒的电荷分布和活性铝含量。活性铝原子从低于 1.0 阈值的电荷中计数,这意味着原子在燃烧阶段可能进一步被氧化。裸露的纳米铝颗粒保留了最活跃的铝原子,即 1245,这是由于氧

化铝外壳的低扩散率及裸露的纳米铝颗粒缺乏吸引外部氧原子的能力。eANP 和 dANP 中的 cAl 原子可以与有机质中的氧原子结合。结果表明，它们最终的活性铝原子数分别为 1127 和 1192。在任何情况下，所有的纳米铝颗粒都保持着核-壳结构，表明纳米铝颗粒在加热阶段没有被点燃。

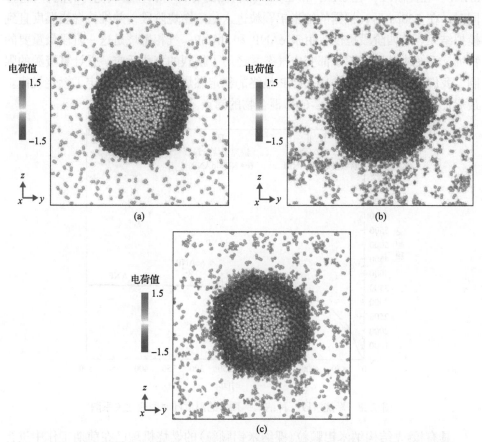

图 7.27　bare ANP（a）、eANP（b）和 dANP（c）三种纳米铝颗粒在加热阶段结束时的最终构型
（根据电荷量染色）

　　在加热阶段之后，dANP 和 eANP 被认为是浸泡在有机物和氧气的混合环境中。燃烧实验在微正则系综下进行，图 7.28 给出了温度随时间变化的曲线图。值得注意的是，燃烧过程是一个典型的非平衡过程。为了模拟自然发火过程，在燃烧情况下采用了微正则系综。

　　可见，具有有机包覆的纳米铝颗粒具有较高的燃烧温度。裸纳米铝颗粒的最终燃烧温度稳定在 3581K 左右，与实验结果相符。在 500ps 时，dANP 的最高燃烧温度为 8350K，比 eANP 高 966K。根据升温速率，可将整个燃烧过程分为四个阶段，如图 7.28 所示。第一阶段为点火阶段，所有纳米铝颗粒均达到最大升温速

率：裸纳米铝颗粒为 31.2K/ps、eANP 为 27.0K/ps、dANP 为 30.5K/ps。第二阶段
仅适用于裸纳米铝颗粒，裸纳米铝颗粒在 8.9K/ps 时的升温速率明显低于前一阶
段。第三阶段是快速燃烧阶段（与同期的裸纳米铝颗粒相比），仅适用于 eANP 和
dANP。在此阶段，在 eANP 和 dANP 中检测到有机物和金属氧化物的混合燃烧。
同时，在 150ps 后，裸露的纳米铝颗粒进入稳定燃烧阶段，并维持燃烧温度直到
模拟结束。第四阶段也仅适用于 eANP 和 dANP。气相燃烧是这一阶段最重要的
特征。系统中的所有原子都变成气态并经历了剧烈的氧化反应。受计算资源的限
制，我们不能得到 eANP 和 dANP 最终的稳定燃烧温度，而是确定了燃烧规律。
最后，系统温度超过了 Al-C-O-H 混合物的沸点。

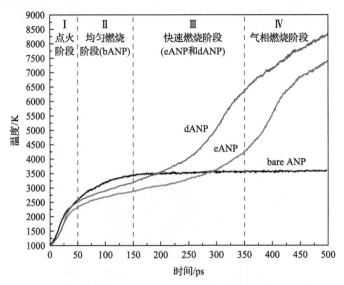

图 7.28　燃烧阶段三种纳米铝颗粒的温度随时间变化关系图

具有核-壳结构纳米铝颗粒（裸纳米铝颗粒）的燃烧机理已在前期工作中进行
了研究。综上所述，对于 ReaxFF 力场，纳米颗粒的燃烧过程可以描述为核原子
和壳层原子的反向运动，外部氧原子在热运动和库仑力的控制下不断地冲击纳米
铝颗粒的扩散过程。因此，裸纳米铝颗粒具有直接点火的优点，其均匀燃烧阶段
比其他燃烧阶段提前。对于 eANP 和 dANP，有机层首先与外界氧气发生反应，
从而延迟了纳米铝颗粒的点火时间。虽然 eANP 和 dANP 的温度曲线趋势相似，
但随着时间的推移，dANP 进入下一阶段的时间提前。结合表 7.6 和表 7.7，温度
曲线表明 C 是产生燃烧热的主要元素。如图 7.25 所示，尽管乙醚包覆的流动性不
如乙醇包覆的流动性好，但在燃烧阶段，由系统温度控制的热运动成为影响燃烧
过程的关键因素。

势能随时间的变化如图 7.29 所示。有趣的是，具有有机包覆的纳米铝颗粒的

势能趋势与裸纳米铝颗粒的势能趋势完全相反。裸纳米铝颗粒曲线表明，在相对缓慢的氧化反应下，体系趋于平衡。然而，对于有包覆的纳米铝颗粒，电位曲线经历了先下降后平衡，最后上升的过程。势能反映了系统的混沌程度。在点火阶段之后，尽管温度继续升高，水平势能曲线仍反映了纳米铝颗粒正在经历均匀燃烧。进入气相燃烧阶段后，气相的形成极大地增加了系统的势能。这些结果也对应于图 7.28 中的结果。虽然燃烧的分子动力学模拟是一种典型的非平衡分子动力学模拟，但平衡计算仍可以作为参考。因为势能反映了系统的相对结构和混沌程度。通过选取四个温度点来代表两个有机层中纳米铝颗粒燃烧过程中的四个关键阶段，并将平均势能与微正则系综下的计算结果进行比较，在正则系综下进行了八个平衡计算。比较结果见表 7.9。Pec 和 Pee 分别记录了燃烧和正则平衡模拟计算的势能。结果表明，微正则模拟与平衡计算的差异不超过 7%。注意，在四个温度点中，代表快速燃烧阶段的第三个温度点的差异最大。这一现象可归因于该阶段发生大规模剧烈氧化反应，在同一温度点，正则平衡模拟比 NVE 模拟有更多的反应时间。以上分析也验证了燃烧模拟的有效性。

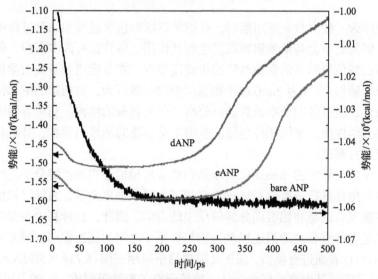

图 7.29　燃烧测试中三种纳米铝颗粒的势能随时间变化关系图

表 7.9　正则平衡系综和微正则系综燃烧条件下计算的势能对照表

	eANP				dANP			
温度/K	1000	2750	4000	6500	1000	2750	5000	7500
Pec/×10⁶(kcal/mol)	−1.53	−1.59	−1.56	−1.33	−1.45	−1.51	−1.43	−1.19
Pee/×10⁶(kcal/mol)	−1.48	−1.55	−1.47	−1.29	−1.39	−1.49	−1.34	−1.16
误差/%	3.27	2.58	5.77	3.01	4.14	1.32	6.29	2.52

　　结果表明,ReaxFF 力场不仅成功地识别了中间产物,而且对氧浓度也很敏感:较高的氧浓度可使燃烧进一步进行。本书从有机材料包覆期到燃烧期进行了对比研究。结果发现,乙醇分子更容易被纳米铝颗粒吸附,形成具有较大扩散率的双层包覆结构。乙醚分子在形成稳定的包覆之前容易发生自分解反应,所以比 eANP 暴露出更多的铝原子。在加热过程中,尽管有机包覆在不断升高的温度下发生分解,但具有有机包覆的纳米铝颗粒比裸纳米铝颗粒更容易吸引氧分子。当温度达到 1000K 时,所有纳米铝颗粒都保持核-壳结构。在燃烧实验中,裸纳米铝颗粒首先被点燃,但保持相对较低的燃烧温度,只能维持液体燃烧系统。具有有机包覆的纳米铝颗粒表现为三级燃烧过程,有机物氧化释放的热量使系统进入气相燃烧。我们的工作为纳米铝颗粒在固体推进剂中的应用提供了一个更有效的解决方案。有机小分子包覆将显著提高燃烧温度,促进纳米铝颗粒更彻底的燃烧,从而有利于整个推进系统。

7.4　包覆层常温下抗氧化性研究

　　乙醇作为一种实验室常用溶剂,在纳米铝颗粒包覆过程和保存过程中已有大量应用,因为它不会与纳米铝颗粒发生相互作用。尽管已有许多实验,但从分子水平解释乙醇包覆纳米铝颗粒过程的研究还很少。本节运用分子动力学模拟了乙醇和纳米铝颗粒(直径为 3nm)在正则系综中的包覆行为。对初始的纳米铝粒子进行退火改性,通过径向分布函数进行分析,研究包覆的结构。利用等温吸附曲线研究其热力学性质。采用循环包覆法获得了全包覆的纳米铝颗粒,并对包覆的抗氧化性能进行测试。

　　为了评估文献中的 ReaxFF 力场是否能合理地描述铝和乙醇分子之间的相互作用,本节选择进行一系列 QM 计算来测试力场。根据文献,力场已被证明能够定量描述碳氢自由基在铝表面分解的反应动力学。因此,在计算中主要关注的是测试力场是否能够合理地描述羟基物质与铝原子之间的相互作用。研究采用平板模型对铝(111)表面进行模拟,在正交模拟箱中采用三层($5.73Å \times 5.73Å \times 19.68Å$)的铝(111)平板,其中真空层为 20Å,这里研究了两种吸附质,一种是甲醇分子,一种是乙醇分子。梯度校正泛函(GGA-PBE)用于表示计算中使用的交换相关电位,并为平面波基集选择了 400eV 的最大截止值。用 $5 \times 5 \times 1k$ 点网格对这些吸附质在 Al(111)表面的吸附进行研究。

　　乙醇分子在整个模拟过程中起着至关重要的作用。由于乙醇是本研究中重要的吸附质,因此通过密度泛函理论(DFT)计算得到了乙醇分子的构型。采用拟牛顿法(BFGS)的几何优化方法寻找最稳定的乙醇分子结构,能量收敛容限设为 $5.0e^{-6}eV$/原子。电子结构计算采用 OTFG 超软赝势[5],SCF 计算的收敛阈值设为

5.0^{e-7}eV/原子。表 7.10 和表 7.11 显示了乙醇分子的电荷和键长参数。

表 7.10　乙醇分子中各原子有效电荷

原子	q/e（质子电荷）
C1	−0.159
C2	0.054
O	−0.57
H	0.053
H3	0.41

表 7.11　乙醇分子模型中的键长

键	平衡状态键长
C1sbndC2	1.523
CsbndH	1.099
CsbndO	1.439
OsbndH	0.975

在 ReaxFF 势中，键合原子之间的距离决定了它们的相对能量和反应机理。本节省略了乙醇分子的键势、角电位、二面体势等参数。

分子动力学模拟中使用的所有纳米铝颗粒都是退火的铝粒子，尺寸为 3nm，含有 841 个原子。铝纳米粒子的熔化行为强烈地影响着被有机包覆的纳米铝颗粒在高温下的结构。大量的实验和模拟已经证明，含有大约 850 个原子的 3nm 铝纳米颗粒是具有调节熔化的临界尺寸[6,7]。当纳米铝颗粒粒径小于 3nm 时，在加热过程中会出现固液共存相，并且随着粒径的变化熔点变得不规则。然而，粒径大于 3nm 的纳米铝的热力学性质则表现出规则的尺寸效应。因此，本书选取 3nm 纳米颗粒为例是合理的。铝纳米粒子是从大块晶体上切下来的，因此有必要消除表面的所有边缘效应。退火过程如下：每个粒子在正则系综下从 0K 直接加热到 1000K，以确保其完全熔化。随后，进行缓慢的冷却过程。每个粒子从 1000K 冷却到 0K，温度每降低 10K 在每个温度下平衡 10000 步。在每一个平衡过程之后，用最速下降法求出粒子在当前温度下的全局最小值。最后，退火粒子在 0K 下平衡 50000 步，以获得后续模拟的初始构型。

将模拟箱设置为一个尺寸为 60Å×60Å×60Å 的立方盒子，在盒子中心放置直径为 3nm 的纳米铝颗粒。另外，通过在铝纳米粒子周围随机加入不同量的乙醇分子，构建了不同浓度乙醇溶液的环境。所有在这项工作中进行的分子动力学模拟都是在正则系综中进行的。有几种恒温器方法，如 Nose/Hoover、Berendsen 和 Anderson 可以控制系统温度。这三种温度控制方法在模拟之前都进行了测试。实验结果表明，在阻尼系数为 50.0 的情况下，Berendsen 法在加热过程中可以得到单调变化，是最有效的方法。原子运动方程通过 Verlet 速度算法进行积分。时间步长是 ReaxFF MD 仿真中的一个重要参数。据报道，0.5～1.0fs 是 ReaxFF MD 模拟的合理时间步长范围，因为 ReaxFF MD 可以处理化学反应。考虑到乙醇分子与铝的反应，模拟温度高达 1000K，故选取 0.5fs 作为时间步长能够有效地描述乙醇分子的吸附、解离和扩散过程。在模拟箱中加入原子得到初始构型后，进行能量最小化，以保证整个系统在模拟开始时处于基态。能量最小化计算使用共轭梯度算法，其中能量容限设定为 1.0×10^{-10}kcal/mol。所有分子动力学模拟均由 LAMMPS 和 USER-REAXC 软件包进行。VMD 和 OVITO 分别作为后处理软件和可视化软件。

我们进行了 ReaxFF 力场计算，并将结果与 DFT 计算结果进行对比。吸附能由下式计算：

$$E_{\text{adsorption}} = E_{\text{Al slab/adsorbate}} - (E_{\text{Al slab}} + E_{\text{single adsorbate}}) \tag{7.4}$$

式中，$E_{\text{adsorption}}$ 为吸附能；$E_{\text{Al slab/adsorbate}}$ 为体系总能量；$E_{\text{Al slab}}$ 为铝颗粒能量；$E_{\text{single adsorbate}}$ 为吸附物能量。

通过 DFT 计算，可以发现单个甲醇分子和单个乙醇分子在 Al(111) 表面的有利位置分别是空穴和桥位。图 7.30 为 ReaxFF 分子动力学和 DFT 计算所得吸附能的比较结果。ReaxFF 力场计算结果与 DFT 结果吻合良好（最大差值在 15.0%以内）。因此，本书采用的 ReaxFF 力场可以模拟乙醇分子在铝表面的吸附过程。

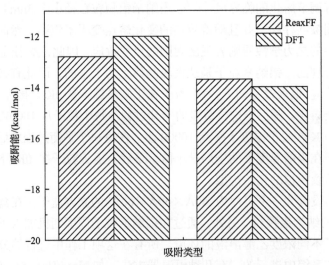

图 7.30　CH$_3$OH 和 C$_2$H$_5$OH 吸附在铝表面上的吸附能比较
（黑色和红色分别为 ReaxFF 和 DFT 的计算结果）

　　本书使用力场文件中的 ReaxFF 参数是根据量子力学的训练集进行的优化，并用附加的量子力学数据和实验文献中的数据进行了验证。在文献中，ReaxFF 力场已被证明是有效地定性描述 Al-C 键和油气结构。在包覆过程中，还测试了几种碳氢化合物前体。

　　单个乙醇分子的吸附能很好地反映吸附机理。选择 0.1fs 的时间步长观察了单个乙醇分子的吸附过程。对于分子动力学模拟，模拟箱中铝原子的所有空间位置都是固定的，因为在室温(300K)下，如果人们关心与吸附分子的相互作用而不是晶体本身的物理行为，那么可以忽略这些原子的热振动。

　　图 7.31 显示了氧原子和铝表面之间的距离与模拟时间的关系。最初，单个乙醇分子平行于表面布置在 FCC 铝基板上方 5Å 处。乙醇分子表面的极性基团不断地向铝基板方向调整。同时，表面的局部电荷随乙醇与表面的距离而变化。较短的铝羟基距离可获得较高的电荷。在 0.22ps 时，如图 7.32 所示，羟基的氧原子与表面铝原子之间的距离达到最小值。此外，受影响的铝原子的价态达到峰值。0.22ps 后，乙醇分子继续漂浮在铝表面，并认为吸附在铝表面的短桥位。结果表明，乙醇分子在 0~1.2ps 时逐渐接近表面，1.2ps 后，乙醇分子在最终的平衡位置附近开始振动，距离的平均值为 2.39Å。此外，该值也被设定为后续包覆模拟中化学吸附的标准。

　　然而，在上述情况下也观察到了乙醇在大多数情况下的吸附。本书使用的所有纳米铝颗粒都是退火粒子，其表面相当粗糙，这也会导致整个表面的表面性质发生变化。所以，实际的吸附过程非常复杂。图 7.33 显示了模拟过程中乙醇分子

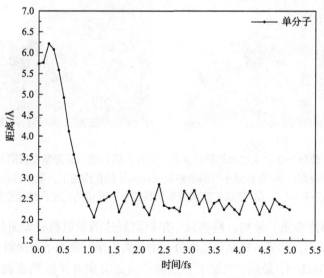

图 7.31　羟基中的氧原子距离铝基底表面距离随时间变化图

电荷值

−0.571765 　　　　　　　　 0.182978

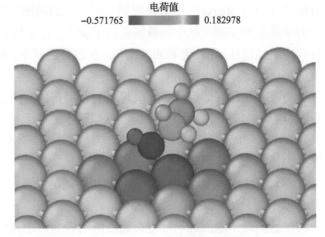

图 7.32　单个乙醇分子吸附构型图(时间步长为 0.1fs，最近的吸附距离出现在 0.22ps 时刻)

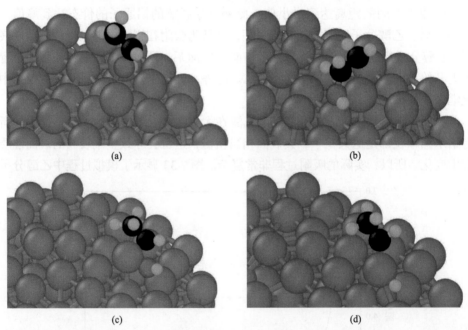

图 7.33　单个乙醇分子在退火纳米铝颗粒表面吸附过程的快照：(a)羟基在吸附发生前就到达纳米铝颗粒的粗糙表面；(b)在氧原子与纳米铝颗粒表面的相互作用下，吸附过程开始；(c)羟基与原来的乙醇分子不同；(d)羟基扩散到纳米铝颗粒中，残留的乙基在纳米铝颗粒表面漂浮

吸附过程的小片快照。最初，羟基以一定距离到达纳米铝颗粒表面(FCC 结构)，如图 7.33(a)所示。然后，羟基从乙醇分子中分离出来，氧原子直接附着在表面的铝原子上[图 7.33(b)]。最后，氢原子和氧原子彼此分离并扩散到表面内部[图 7.33(c)和图 7.33(d)]。乙基残基成为外溶液的组成部分，通过库仑力和分子间作用力

与其他组分相互作用。这一过程进一步证明了乙醇的吸附并不是简单的物理吸附。

由以上分析可知，乙醇分子的极性羟基总是吸附在铝表面。即使羟基可能从分子中分离出来，氧原子在任何情况下都起着至关重要的作用。在随后的模拟中，将 Al—O 键的形成视为乙醇吸附的标志。注意，根据氢键长度标准 0.74Å，并没有检测到 H—H 键。这一发现表明，在吸附过程中不产生氢气。此外，从乙醇分子中分离出来的氢原子具有不同的结构：一些从表面扩散到内部区域，另一些与溶液中带负电的残留物结合。同时，没有产生大量氢气也与实验结果一致。

为了消除乙醇分子间氢键聚集的负面影响，将所获得包覆的纳米铝颗粒以备进一步研究，采用类似退火循环的方法对 3nm 的纳米铝颗粒进行包覆。在前面分析的基础上，认为 300 个乙醇分子是包覆纳米铝颗粒的合适数量，这时可以达到吸附层的饱和值。此外，300 个乙醇分子不会在纳米铝颗粒周围产生过多的氢键聚集。具体步骤如下：时间步长设为 0.1fs，裸纳米铝颗粒的温度设置为 300K，溶液温度为 500K，包覆过程进行 10ps，然后在 1ps 内将溶液冷却到 300K，使纳米铝颗粒保持在固态的同时，乙醇分子吸附层的结构稳定。随后，所有未被吸收的乙醇分子在单循环后被移除。然后，在纳米铝颗粒周围随机添加 300 个乙醇分子，以进行下一个循环。为了描述每个循环的吸附过程，将乙醇(ads)/乙醇(sol)定义为吸附比。图 7.34 为包覆率和总吸附分子数随包覆循环的变化。在前两个循环中，吸附率急剧下降。这一现象表明，在前两个循环中，乙醇分子直接吸附在纳米铝颗粒表面。在随后的循环中，由于氢键的相互作用，乙醇分子更倾向于形成外层。吸附循环 8 次后，包覆率几乎为 0%，表明已经完全包覆。

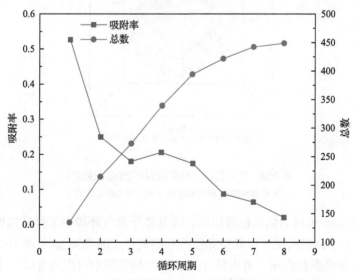

图 7.34　3nm 纳米铝颗粒包覆率随包覆循环变化过程图

　　包覆纳米铝颗粒的最终配置如图 7.35 所示。表面被乙醇分子包覆饱和，内部的铝原子保留在退火结构中。对最终构型的电荷分析显示出以下有趣的特征：①与羟基完全接触的最外层铝原子由于形成了 Al—O 键而呈现红色；②带负电的原子分布在纳米铝颗粒周围，表明第一个键合层的位置，然后外部原子构成了第一个物理吸附层，由于氢键的作用，其与吸附层相邻；③内部铝原子的价态低于外部铝原子，它被认为是包覆后在纳米铝颗粒中保持活性的原子。

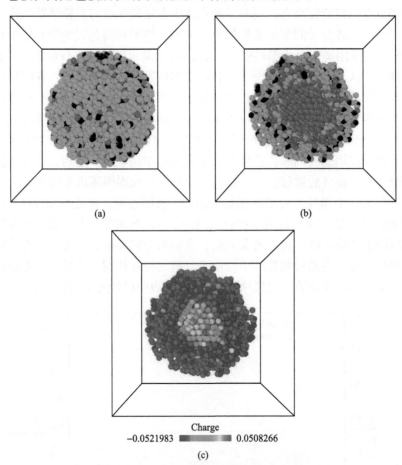

图 7.35　循环包覆法最终构型图(按电荷染色)
(a)整体模型、(b)剖视图和(c)原子按电荷染色图

　　在获得 3nm 包覆的纳米铝颗粒后，将其置于氧气环境中来测试包覆的性能。预计在 300K 下，有机层可以保持完整性和耐氧性。图 7.36(a)显示 100 个氧分子随机分散在包覆颗粒周围。考虑到 ReaxFF 力场模拟中可用的有限尺寸和时间尺度，氧气密度计算为 0.032g/cm^3，远大于 1atm 下氧气的实际密度 0.0014g/cm^3。此外，模拟时间设定为 150ps。颜色方案与上面使用的图片相同，新添加的气相氧

分子与包覆中的红色氧原子相比呈紫色。最终的模拟结果快照如图 7.36(b) 所示。

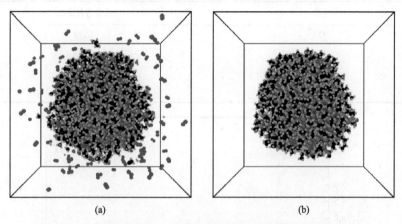

(a)　　　　　　　　　　　　　　　(b)

图 7.36　100 个氧分子和完全被包覆的纳米铝颗粒初始构型图(a)和
在 300K 条件下氧化过程的最终构型图(b)

表 7.12 列出了完全包覆后纳米铝颗粒中各元素百分比含量值，图 7.37 为在 300K 下氧化过程中吸附的氧分子的数量。如图所示，100ps 后，吸附的原子趋于达到饱和值约 160。注意，在整个氧化模拟中没有检测到 H_2O 或 CO_2 分子，表明所有气相氧分子都被有机层吸附，而不是在 300K 时分解有机层。此外，本节计算了 100ps 后气相氧原子与包覆纳米铝颗粒中心之间的平均距离为 19.05Å，其在有机包覆范围内。图 7.38 为两种氧原子的 RDF 比较。很明显，大多数气相氧原子出

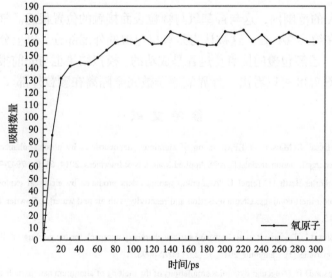

图 7.37　氧化测试过程中吸附在颗粒表面的氧原子数随时间变化图

表 7.12　完全包覆的纳米铝颗粒中元素含量表

元素	元素百分比/%
C	22.33
H	10.53
O	17.37
Al	49.77

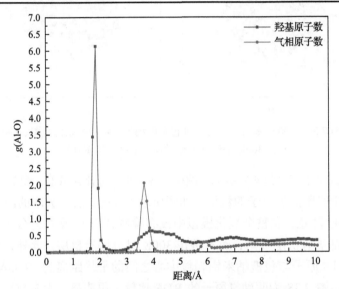

图 7.38　包覆层氧原子和外界氧气的氧原子的 RDF

现在 3.5~4Å 的范围内，这与羟基氧与颗粒表面接触的位置很远。气相氧原子的第二峰出现在约 5.9Å 处，这被认为是有机包覆的外围部分。以上分析证明，在 300K 温度下，乙醇包覆的抗氧化过程是成功的。模拟结果也与先前报道的实验结果一致。从图 7.38 可以看出，外界氧原子被完全隔离在颗粒外部。

参 考 文 献

[1] Shahravan A, Desai T, Matsoukas T.Passivation of aluminum nanoparticles by plasma-enhanced chemical vapor deposition for energetic nanomaterials[J]. ACS Applied Materials & Interfaces, 2014, 6(10): 7942-7947.

[2] Gromov A A, Förter-Barth U, Teipel U. Aluminum nanopowders produced by electrical explosion of wires and passivated by non-inert coatings: Characterisation and reactivity with air and water[J]. Powder Technology, 2006, 164(2): 111-115.

[3] Fogliazza M, Sicard L, Decorse P, et al. Powerful surface chemistry approach for the grafting of alkyl multi layers on aluminum nanoparticles[J]. Langmuir, 2015, 31(22): 6092-6098.

[4] Alavi S, Thompson D L. Molecular dynamics simulations of the melting of aluminum nanoparticles[J]. The Journal of Physical Chemistry A, 2006, 110(4): 1518-1523.

[5] Li Y, Kalia R K, Nakano A, et al. Size effect on the oxidation of aluminum nanoparticle: Multimillion-atom reactive molecular dynamics simulations[J]. Journal of Applied Physics, 2013, 114(13): 134312.

[6] Chakraborty P, Zachariah M R. Do nanoenergetic particles remain nano-sized during combustion?[J]. Combustion and Flame, 2014, 161(5): 1408-1416.

[7] Hong S, van Duin A C T. Molecular dynamics simulations of the oxidation of aluminum nanoparticles using the ReaxFF reactive force field[J]. The Journal of Physical Chemistry C, 2015, 119(31): 17876-17886.

[8] van Duin A C T, Dasgupta S, Lorant F, et al. ReaxFF: A reactive force field for hydrocarbons[J]. The Journal of Physical Chemistry A, 2001, 105(41): 9396-9409.

[9] Zhang Y R, van Duin A C T, Luo K H. Investigation of ethanol oxidation over aluminum nanoparticle using ReaxFF molecular dynamics simulation[J]. Fuel, 2018, 234: 94-100.

第 8 章　纳米铝颗粒燃烧的次要过程研究

8.1　纳米铝颗粒中自感应电场对点火燃烧的促进作用

8.1.1　不同加热速率下氧化壳层中的扩散运动

在实际应用中，所有的金属纳米粒子表面都存在一个原生的氧化层，对于纳米铝来说，它的厚度通常是 2～3nm。因此，任何氧化反应或剧烈的燃烧都必须由铝或氧化剂通过氧化层的运输来进行。现已观察到有氧化壳层铝纳米粒子的点火温度随粒径的增加而降低。铝核熔化的相关机制可以解释纳米铝颗粒的点火过程，而在较大颗粒中，点火温度更接近氧化铝的熔点，即 2327K。反应温度与纯铝熔点接近表明，铝核的熔融可能是纳米颗粒发生此反应的可能引发因素。

以往学者认为，无论是熔化时铝的密度突然降低[1, 2]，还是纳米氧化层外壳[3]的较低熔化温度，都是引发后续剧烈氧化过程的关键。然而，本节探讨了颗粒内部电场(方向与 Fickian 扩散相反)驱动铝离子通过氧化层外壳到达纳米颗粒表面的可能性，从而使氧化过程得以进行。实验制备的空心氧化铝纳米颗粒为这种快速扩散假说提供了支持[4, 5]。这些观察到的空心氧化物壳层表明氧化过程是由铝离子的扩散驱动的。有充分研究已经证明场介导的离子传输要比 Fickian 扩散快得多，已成为纳米铝氧化起始的主要传输过程。这一机制有来自大量的数字和实验研究的支持[6-9]。

本节模拟考虑了两种核尺寸，其中较小的由直径为 5.6nm 的铝核和 1 或 2nm 厚的氧化铝 (Al₂O₃) 外壳组成，如图 8.1 示例系统所示。更大的模型包括一个 8nm 铝核和一个 2nm 厚的晶体氧化物外壳(图 8.2)。该模型用于考虑电场和扩散系数

(a)　　　　　(b)　　　　　(c)　　　　　(d)

图 8.1　不同氧化壳层表面的纳米铝颗粒的横截面图：(a)1nm 厚，致密氧化壳层；(b)1nm 厚，晶体型氧化壳层；(c)2nm 厚，非晶体氧化壳层；(d)2nm 厚，Al∶O 为 2∶2.7 的致密氧化壳层(黄色代表铝原子，紫色为氧原子)

图 8.2　表面为 2nm 厚的晶体氧化铝壳层，8.2nm 铝核的横截面图(彩图扫二维码)
(黄色代表铝原子，深蓝色为氧原子)

的标度效应。

每种氧化层厚度有四种外壳结构。

(1)由极慢或高温形成的无缺陷结晶壳。这种外壳是通过在一个裸铝纳米颗粒上覆盖一层由 α-Al$_2$O$_3$ 组成的结晶壳来模拟的。虽然氧化铝的 γ 相在氧化物包覆的纳米颗粒中更为普遍，但 α 相也被观察到，这是一个在某些外界条件成立时才存在的情况，因为它是氧化物外壳所形成的最密集的相。致密非晶态壳层中铝原子与氧原子的原子比为 2:3(即 Al$_2$O$_3$)。这个壳层是在模拟中通过加热高于熔化温度的晶体氧化物壳层而形成的，同时保持铝核原子位置不变。以这种方式使氧化层熔化，然后快速冷却并修整，以获得具有所需厚度的轻微非晶态氧化层。

(2)一种致密的无定形壳层，氧原子不足 10%，Al:O=2:2.7。这种壳层可能是在更快的形成速率下形成的，或者形成过程中的环境是缺氧环境。在分子动力学模拟中，这个壳层是通过从先前致密的氧化物壳层中除去 10%的氧气而形成的，这个氧化层中铝原子与氧原子的化学计量比为 2:3。

(3)最后，铝原子与氧原子的比例为 2:3。这个壳层的密度大约是先前描述的具有相同原子比的致密壳层的一半。这种多孔性更强的非晶态壳层代表了氧化物的形成，该反应在氧气供应充足的情况下可能会以非常快的速度发生。在计算机模拟中，这种氧化物壳层的形成过程与致密壳层的形成过程相似，只是外壳反复加热到更高的温度并迅速冷却，直到获得非晶态程度更高的结构。

在氧化物壳层产生和平衡之后，模型系统分别以 10^{11}K/s、10^{12}K/s 和 10^{13}K/s 的速率加热，以确定计算对任何加热速率的依赖性。与 Puri 和 Yang[3]的发现一样，在低于 10^{12}K/s 的速率下，加热速率对模拟结果几乎没有影响。这是一个重要的结果，因为较低的加热速率会增加分子动力学模拟时间步长的数量，对于本书的工作来说，为了保持能量守恒，分子动力学模拟的时间步长为~1fs，这一水平在当前的计算能力下是不合理的。模型体系的温度从 300K 提高到 1000K，最终达到 3000K，远高于氧化层的熔点。从实验数据来看，在铝核熔点附近应该观察到了一些反应。在核心的熔点处，铝密度从 $2.7g/cm^3$ 降低到 $2.4g/cm^3$，体积膨胀约 12%。氧化物外壳的熔化需要将纳米颗粒加热到氧化物的熔点以上，对于大块材料来说，这是 2327K，而对于纳米颗粒外壳，由于尺寸的影响，其熔点略低于氧化物的熔点。下面详细介绍这些努力的结果。

正如和其他人观察到的在低于氧化物外壳熔点的温度下，铝离子通过氧化物外壳有显著扩散[3]。根据铝离子的均方位移（MSD）计算扩散系数，得出液体的典型值。这是出乎意料的，因为这些测量是在 600K 下进行的，略低于相对较小的 5.6nm 的纳米铝颗粒核心的熔化温度。虽然由于有限的模拟时间和较小的纳米颗粒尺寸，MSD 数据有一定的波动，但随着温度的升高，扩散速率有明显增加的趋势。为了支持这一观察结果，将径向扩散率与表 8.1 中的总体扩散率进行了比较。

表 8.1　不同氧化壳层厚度的核心铝原子的扩散系数

氧化壳层厚度	类型	温度	$D_{eff}/(\times 10^{-7} cm^2/s)$	$D_{radial}/(\times 10^{-7} cm^2/s)$
1nm	Amorphous	600K	53	5.9
1nm	Amorphous	1000K	420	300
1nm	Amorphous	2000K	7100	8300
1nm	Dense	600K	11	4.0
1nm	Dense	1000K	340	280
1nm	Dense	2000K	1300	1300
1nm	Dense, $Al_2O_{2.7}$	600K	2.6	2.1
1nm	Dense, $Al_2O_{2.7}$	1000K	380	190
1nm	Dense, $Al_2O_{2.7}$	2000K	6000	6700
1nm	Crystalline	600K	31	6.7
1nm	Crystalline	1000K	330	240
1nm	Crystalline	2000K	1000	1300
2nm	Amorphous	600K	23	4.6
2nm	Amorphous	1000K	400	320
2nm	Amorphous	2000K	770	660
2nm	Dense	600K	8.1	6.9
2nm	Dens	1000K	360	250
2nm	Dense	2000K	490	520

续表

氧化壳层厚度	类型	温度	$D_{eff}/(\times 10^{-7} cm^2/s)$	$D_{radial}/(\times 10^{-7} cm^2/s)$
2nm	Dense, Al$_2$O$_{2.7}$	600K	4.2	3.3
2nm	Dense, Al$_2$O$_{2.7}$	1000K	370	180
2nm	Dense, Al$_2$O$_{2.7}$	2000K	270	100
2nm	Crystalline	600K	8.3	7.8
2nm	Crystalline	1000K	330	190
2nm	Crystalline	2000K	490	520
2nm, 8nm core	Crystalline	600K	6.9	9.9
2nm, 8nm core	Crystalline	1000K	190	160
2nm, 8nm core	Crystalline	2000K	1300	920

注：D_{eff} 为有效扩散系数，D_{radial} 为径向扩散系数。

使用下式计算表 8.1 中的扩散系数，即

$$\frac{\partial \langle r^2(t) \rangle}{\partial t} = 2dD \tag{8.1}$$

式中，d 为原子扩散可用的维数，这里为 3，对于径向扩散，使用体积扩散方程是合理的，因为在考虑的时间尺度中，只有最初在表面上的原子的运动受到粒子边界的限制，而我们只关心从纳米颗粒中心径向的 MSD 值。在上式中，t 为经过的时间，$r_2(t)$ 为被跟踪原子的 MSD 值。报告的扩散系数适用于所有核心原子，包括靠近纳米颗粒中心的原子。这一点很重要，因为预计在核-壳界面附近的机械和静电效应会更大，但由于可用样本量较小，所以计算扩散率的径向分布是不可靠的。

通过比较表 8.1 中的径向和整体扩散率，可以观察到一个有趣的趋势。随着温度的升高，径向扩散系数成为铝离子总扩散率的一个更重要的部分。结果表明，与熔化前的结果相比，一旦铝核熔化，铝离子的扩散优先于径向扩散。这可能是由于核-壳界面附近的高压力梯度将原子推向壳层。另一种可能性是，一旦核心熔化，原子的流动性就更大，所以除压力外，任何其他的效应如电场都会增加扩散。与 600K 时的观察结果不相关的径向扩散数据是 5.6nm 和 8.2nm 铝核的 2nm 厚晶体氧化物外壳。这些结构显示了扩散速率与整体扩散率相同，表明在 600K 下，这些壳层结构径向扩散的驱动力之一成比例地增强。这部分内容将在后面章节中说明，在 2nm 厚的结晶壳中，电场确实最强。

图 8.3 给出了本书工作使用的 5.6nm 铝核的每种氧化物壳层结构的扩散率随温度变化的阿雷尼乌斯曲线。从图 8.4 中观察到铝核熔点附近的斜率发生了变化，

即 1000K。这表明对高于 1000K 的温度，阳离子扩散所需的活化能低于 1000K 时的能量。1nm 非晶态致密贫氧壳的活化能增加，这可能是因为这些氧化物外壳的熔点较低。对于更厚或更结晶的外壳，情况并非如此，其中氧化物仍保持固相且不发生任何相变。在其余的模型体系中，一旦达到熔化温度，活化能就会下降，表明扩散机制发生了变化。在 1000K 左右发生的主要变化是铝核的熔化、相关的体积膨胀和铝原子扩散率的增加。这种膨胀将极大地增加堆核内部的压力，并增强铝离子径向向外通过氧化物外壳的扩散(图 8.4)。

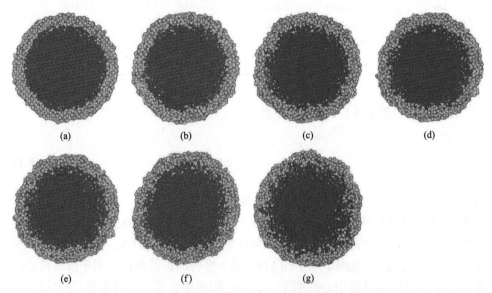

图 8.3　铝阳离子穿过 1nm 厚的氧化壳层的扩散过程，温度从 300K 升到
1000K 并在 1000K 下保持 100ps

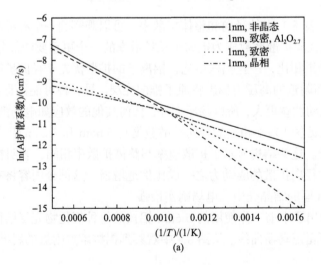

(a)

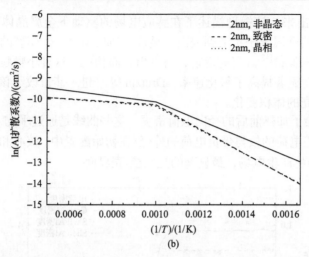

图 8.4　阿雷尼乌斯曲线图(展示了 ln$d$ 和 $1/T$ 的关系，其中，D 为铝核原子的
扩散系数，图线斜率为铝离子扩散所需的活化能)

此外，本书还研究了两种不同的颗粒尺寸(直径分别为 8nm 和 16nm)。较小的 8nm 颗粒由直径为 5nm 的铝核和一个 1.5nm 的氧化层组成。通过只考虑 2.5nm 半径范围内的原子，首次从 FCC 晶体中生成纯铝粒子。随后在 300K 下使其平衡。平衡后，在铝颗粒上覆盖一层结晶的氧化铝外壳。然后将包覆粒子加热到 500K，并将温度保持在 500K 平衡。然而，真正的平衡却从未达到——因为核心铝原子(非常)缓慢地持续扩散到壳层中，所以势能分布不断降低。在 500K 时扩散缓慢，经过 1 ns 平衡后得到的构型被认为是(伪)平衡结构。为了进行比较，我们还建立了直径为 8nm 的纯氧化物颗粒。更大的 16nm 的粒子，与上述构造类似，该粒子由一个 12nm 的核心铝和一个不到 2nm 的氧化物外壳(总共 200000 个原子)组成。

使用这些粒子分别进行三次模拟。该系统由一个粒子和其平移图像相邻放置组成，两个表面之间的最小距离为 2~3。然后将该系统封闭在一个盒子中，以 10^{13}~10^{14}K/s 的速率快速加热：从 500~2000K。显然，这种加热速度比实际燃烧过程中的加热速率要快得多。然而，受总时间的限制，在纳秒尺度中可以在分子动力学模拟中得到真实的模拟。Puri 和 Yang[3]发现 10^{13}~10^{14}K/s 的升温速率足以平衡粒子，并能解析计算其热力学和结构性质。因此，最终将温度保持在氧化铝的整体熔点以下(2400K)。随后，系统温度保持在 2000K。

8.1.2　自感应电场对氧化壳层内扩散运动的影响

在最近一项关于核壳粒子的研究中[10]，计算了不同温度下核心铝原子的径向扩散率，并与整体扩散率进行了比较。研究发现，"感应电场"(而非 Fickian diffusion)驱动核心铝扩散到壳体内。氧化生长是通过"带电物种的扩散"发生的这一观点是由卡尔·瓦格纳在 1933 年首次提出的[11]。1948 年，Cabrera-Mott

模型[12]被开发出来，该模型描述了在感应电场的驱动下金属晶体上氧化膜的生长，该电场可使金属离子扩散到表面。最近，Cabrera-Mott 模型的一种改进形式也被应用于纳米颗粒[13]。研究发现，与平坦表面相比，这种小颗粒中的感应电场要强得多，从而显著提高了氧化速率。Dreizin 等[14]进一步修改了该模型，以考虑收缩核和膨胀壳的体积变化。

图 8.5 描绘了加热前后的径向电荷密度。这些曲线是通过平均 40ps 的模拟时间得到的。带正电荷的核与带负电荷的外壳(在初始配置中，核心和外壳都是电中性的)在粒子中将产生电场，最显著的是在核-壳界面。

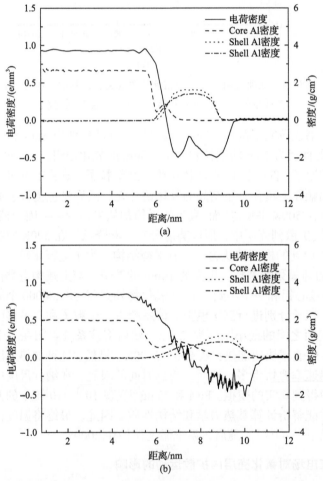

图 8.5　铝颗粒在聚合过程中加热前后的电荷径向分布和密度函数变化图

直接使用库仑定律计算粒子中每个离子处的电场，将距离大于 0.15nm 的所有相邻原子的贡献相加，以排除共价键合离子(共价键合壳层的原子径向分布函数中的最近邻峰)的影响(发生在 0.15nm 处)。图 8.6 为不同时间下粒子中电场的径向分量

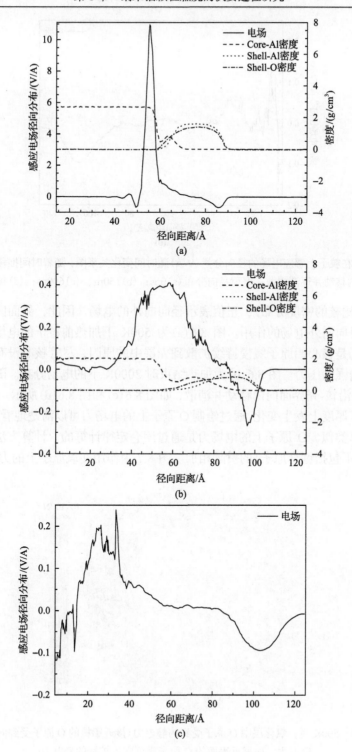

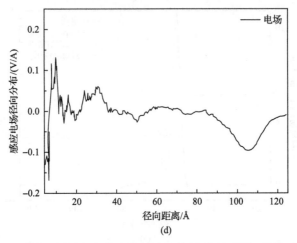

(d)

图 8.6　作用在粒子上感应电场的径向分量(V/Å)随时间变化关系图，随着时间推移，电场的峰值向内移动并逐渐消散：电荷径向分布(a)0ps；(b)150ps；(c)600ps；(d)1000ps

(以及用于比较的密度分布)，正值表示径向向外的电场。因此，界面区的核心铝原子处于径向向外电场的作用。图 8.6(a)为 500K 下加热前粒子的电场分布。界面处的电场是核心铝原子缓慢持续扩散到壳层中的原因，尽管核心没有熔化，也没有受到增强的压力。图 8.6(b)为加热结束时 2000K 下的电场分布。随着时间的推移，电场沿核-壳界面向内移动并消散，如图 8.6(c)和图 8.6(d)所示。还应注意，电场在壳区厚度上发生变化，通过绘制 O 原子上的电场力可以清楚地看到这一点。与电场计算类似，O 原子上的电场力是通过库仑定律计算的，计算方法是将所有相邻原子(不包括键合原子)的贡献相加。图 8.7 为作用在氧原子上的力的方向。

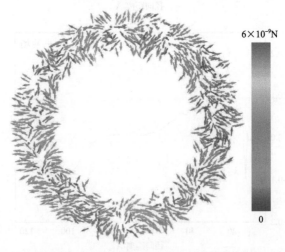

图 8.7　500K 时，氧化层中 O 原子受到的静电力(接近铝核的 O 原子受到向内的静电力，而靠近表面的 O 原子受到向外扩散的静电力

电场的变化符号表明，靠近界面的 O 原子受到向内的电场力，而靠近粒子表面的 O 原子则受到向外的电场力。这是 500K 下粒子平衡时壳层初始膨胀的一个解释。

8.2 控制纳米颗粒聚合的关键因素

在纳米颗粒制备技术成熟之前，微米铝颗粒一直承担着固体推进剂燃烧催化剂的任务。但微米铝颗粒的主要问题之一是其较高的点火温度，研究表明微米及更大铝颗粒的点火温度高达 2350K（接近块体氧化铝的熔点），如此高的点火温度严重降低了铝颗粒在整体含能材料中的能量释放速率。另一个重要问题是微米铝颗粒间的团聚效应，常温下的团聚或升温过程中的烧结会使铝颗粒的燃烧性能降低 10%。燃面附近微米铝颗粒发生的团聚现象，可引起两相流损失、推进剂能量特性下降、声场颗粒阻尼改变、发动机比冲降低等一系列问题。而铝颗粒结块将导致燃烧室中两相流的损失，这是因为结块存在降低了流动速度，并且无法充分传递热能流动。纳米铝颗粒的升温团聚是其表面在升温过程中形成了熔融氧化物，从而导致多个纳米颗粒共用一个连续的氧化壳层，这样氧化壳层将多个纳米颗粒永久地连接在一起，在降低颗粒放热性能的同时增大了含能材料的特征尺寸。此外，这种有害的团聚现象还可以在纳米铝颗粒点火之前发生：在这种情况下，两个原生纳米铝颗粒接触在一起并均匀地共享一个氧化壳层。

8.2.1 纳米颗粒烧结过程的理论研究

最大的碰撞核发生在具有高扩散率的小粒子和较大粒子之间。然而，大多数聚结模型仅限于对等效粒径的分析。本节着重了解了不同大小纳米颗粒的聚结机制。在恒温条件下，用分子动力学模拟研究了体积比为 0.053～1 的颗粒与 10000 个（1500K）和 1600 个（1000K）颗粒的聚结。研究发现，对流过程和小颗粒的变形控制了类液体颗粒的聚结过程。另外，对于类固体颗粒，扩散过程控制着纳米颗粒的聚结。当两个粒径比（小/大）接近零时，聚结过程变得更快。最重要的是，Koch-Friedlander(KF)在与分子动力学模拟结果对标时准确地预测了两个大小不等的粒子的聚结时间，并且特征聚结时间与聚结成分的体积比无关。

现在已经研究了单分散胶体粒子的液相合成方法，它们利用溶剂化力来延缓和控制团簇间的相互作用[15, 16]。然而，这些粒子的纯度是未知的，表面钝化效应的研究也尚不清楚[17-19]。另外，气相过程通常比液相过程更清洁，后者需要去除溶剂和其他合成产物[20]。此外，蒸气相颗粒生产的经济性通常比液相工艺更优异，这也是大多数工业规模生产都在气溶胶相进行的主要原因。考虑到后一种机制的工业相关性，因此了解气溶胶相颗粒凝聚/聚结的速率控制参数非常重要。

为了研究成核后气相中纳米颗粒的形成机理，需要着重研究凝聚过程，其中球形初生颗粒的尺寸和团聚物的生长取决于碰撞和随后的聚结速率。定性地说，在足够高的温度下，粒子的结合比其碰撞的速率快，粒子碰撞将形成一个球形的大粒子。然而，在较低的温度下，颗粒的聚结速率慢得可以忽略，并且会产生一些较小的附着颗粒(聚集体)。

$$\tau_{coalescence} < \tau_{collision} \rightarrow 球形颗粒$$

$$\tau_{coalescence} > \tau_{collision} \rightarrow 聚集体$$

因此，颗粒的形态和尺寸对于理解颗粒的碰撞和聚结至关重要。

纳米颗粒聚结的形成机制已被广泛研究，包括蒸发-冷凝、黏性流动、固态扩散和塑性变形[21-25]。表面积减少的线性速率定律是由 Koch 和 Friedlander 提出的，即

$$\frac{\mathrm{d}a}{\mathrm{d}t} = -\frac{1}{\tau_f}(a - a_{sph}) \tag{8.2}$$

式中，a 为颗粒的表面积；a_{sph} 为等体积球体的表面积；τ_f 为特征聚结时间。

根据固态扩散模型计算的特征聚结时间为

$$\tau_f = \frac{3kT_p N}{64\pi\sigma D} \tag{8.3}$$

式中，T_p 为粒子温度；N 为粒子中的原子数；D 为温度的 Arrhenius 函数报告的扩散系数；τ_f 为表面张力。对于同等尺寸的液滴，聚结时间由下式给出，即

$$\tau_f = \frac{\mu d_p}{\sigma} \tag{8.4}$$

式中，d_p 为颗粒直径；μ 为温度依赖性黏度。

然而，在自由分子状态下，所有考虑在凝固和烧结过程中颗粒生长的烧结模型都假设聚集体碰撞为等体积的球形颗粒。另外，最大的碰撞核位于具有高扩散率的小粒子和呈现大碰撞截面的较大粒子之间[26]。显然，最重要的聚结事件也发生在小颗粒和大颗粒之间。

聚结过程通常涉及自由表面的三维变形，而以往的研究大多局限于简单的观测实验、高度简化的理论研究及有限数量的计算研究。最近，使用 Galerkin 有限元法和用于自由表面跟踪的脊椎通量法研究了雷诺数、液滴尺寸比、冲击速度和内部循环对不同大液滴碰撞/合并的影响[27]。在不等尺寸液滴合并的初始阶段，观察到了较小液滴的大变形。最近，使用改进的 Hippopede 曲线提出了一个计算效

率较高的等粒径和不等粒径颗粒的聚结模型，以近似凝聚颗粒的流体表面[28, 29]。学者们发现，收缩长度和表面积与通过有限元法的计算结果[30]非常一致，但聚结时间与颗粒尺寸比或颗粒系统总质量没有线性关系。

Martínez-Herrera 和 Derby[30]研究了粒径对纳米粒子熔点和相应聚结速率的影响。他们报告说，从式(8.3)扩展而来的模型完美地描述了 Al_2O_3 和 TiO_2 颗粒形成的实验数据，并且聚结速率对颗粒尺寸非常敏感。

这里考虑了 KF 模型[式(8.2)]的应用，其特征聚结时间由方程式(8.3)和式(8.4)控制的粒径不等颗粒的聚结。从模型式(8.3)和式(8.4)可以清楚地看出，表面性质在聚结事件中起着重要作用。聚结的驱动力是通过表面张力参数使表面自由能最小化。结果表明，对于键合高度定向的共价键合结构，表面曲率效应不足以显著改变键长或键角，结果发现表面张力与粒径无关。结果表明，对于一阶条件下，表面张力可以看作是一个常数。

在固相和液相的聚结过程中，扩散系数和黏度都很重要。在微观层面上，聚结在本质上是一个原子扩散过程。根据上述分析，表面扩散系数取决于颗粒表面的曲率。然而，基于先前的分子动力学计算，并没有发现纳米的显著尺寸依赖于扩散系数，所以将其作为唯象模型中的固定参数。

在聚结过程中，原子间新化学键的形成降低了体系的势能，并减小了总的表面积。对于绝热条件下的两个孤立粒子，根据能量守恒，势能的降低导致了粒子中原子动能的增加，这反映为粒子温度的升高。团簇温度的变化会影响扩散系数等性质，并使方程中特征聚结时间的计算复杂化。为了简化这一问题，选择在恒温条件下研究聚结过程。事实上，对于真实的生长过程，这种尺寸的粒子不会出现温度偏移，因为它们被周围的气体有效地加热。

由于聚结的驱动力是通过减少表面积使悬垂键的数量最小化，因此聚结前后的总表面积之差将是影响特征聚结时间的一个重要因素。假设粒子在聚结前后均保持球形，则聚结后的总表面积用总体积 V 表示，如下所示：

$$a = \left(36\pi V^2\right)^{1/3}\left[\left(\frac{1}{1+x}\right)^{2/3}+\left(\frac{x}{1+x}\right)^{2/3}\right] \tag{8.5}$$

式中，x 为初始时两个颗粒的体积比例。当 $x=1$ 时，两个颗粒大小相同。

8.2.2 纳米颗粒烧结过程的分子动力学模拟设置

本节的分子动力学模拟设置如下。平衡过程的第一步是在 2100K 下制备各种尺寸的纳米粒子(500、1000、2000、3000、4000、5000、6000、7000、8000、9000和 9500 个纳米原子)。去除角动量后，粒子温度缓慢降低到 1500K 并平衡 50ps。

制备过程的最后一步是模拟转换为 20ps 的恒定能量计算。如果在此期间粒子的平均温度偏离超过 10K，那么重复平衡过程，直到粒子温度偏离小于 10K。类似地，不同大小的固体粒子（160、320、640、960、1280、1600、1920、2240、2560、2880 和 3040 个纳米原子）在 1000K 下平衡。由于完全聚结的模拟成本昂贵，所以选择的固体颗粒的尺寸比液体颗粒的小。

在这两种温度下产生重复粒子，然后用与粒子内部温度相等的能量对撞，以模拟热碰撞。在研究中，所有的聚结过程都是在恒温模拟下进行的。本节研究了 1500K 以下粒子对的聚结：（500~9500、1000~9000、2000~8000、3000~7000 和 4000~6000）对于 1500K 和（80~1520、160~1440、320~1280、480~1120 和 640~960）。完全聚结后，所有液态和类固体对形成球形粒子（约 8nm 和 4nm），包含 10000 和 1600 个纳米原子。

为了了解两个大小不等的粒子的聚结机理，图 8.8 的横截切片显示了聚结过程中纳米粒子的时间演化。粒子对由一个较小粒子中的 500 个深灰色原子和一个较大粒子中的 9500 个浅灰色原子组成，在模拟开始时，两个粒子的热速度接近并具有初始接触[图 8.8(a)]。一旦碰撞事件开始，扩散过程会使较小的粒子发生变形，以增加两个粒子之间的接触面积。接触圆的半径迅速增长到较小粒子的初始半径[图 8.8(b)]。在这一点上，接触圆看起来几乎是平坦的，在较大的颗粒中没

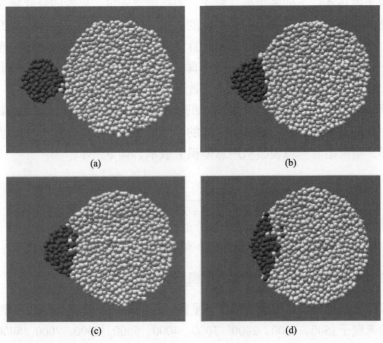

(a)　　　　　　　　　　　　　　　　(b)

(c)　　　　　　　　　　　　　　　　(d)

图 8.8　1500K 时液态颗粒在 1ps(a)、5ps(b)、10ps(c) 和 16ps(d) 的模拟快照，体积比为 0.053

有发生明显的变形。随着较小颗粒在垂直方向上拉伸并最大限度地扩大接触面积，表面积的进一步减小进展顺利[图 8.8(c)]，而较大颗粒的变形最小。在小颗粒初始接触点上的有效粒径为 2 倍。

8.2.3 不同粒径纳米颗粒烧结过程研究

为了更好地理解形貌演化的本质，本节详细研究了 1500K(液态)和 1000K(近固态)温度下粒子的性质。其形态的时间变化可以通过体流运动或原子扩散过程来实现，研究目标即试图分离这些影响。图 8.9 为在 1500K 下，体积比为 0.053 的液体颗粒的聚结事件中原子速度向量(箭头长度与速度成比例)的时间演化和由平均速度归一化的原子速度等值线图，显示厚度为−0.5nm$<y<$0.5nm 的横截面切片。在最初的方法中，较小的粒子被加速到接近静止的大粒子，这是由大幅度(e)和与所有速度矢量(a)相似的方向所证明的，并且这是由短程引力引起的。相比之下，较大粒子中的速度矢量更小，并且在随机方向(a，e)上。即使在碰撞后，小颗粒中的对流过程似乎主导了聚结过程[图 8.9(b)]。此外，较大粒子中的动能转移到较小粒子上，小粒子和大粒子之间的色差可以证明这一点[图 8.9(f)]。提醒读者，模拟是在恒温条件下进行的，这样系统的总动能不变。然而，动量差在碰撞过程中加速并使较小的粒子发生了变形。对流过程除对较小粒子的动能转换外，还会使较小粒子变形，因为粒子试图向外扩散，从而为从较小粒子尾端对流的原子留出空间[图 8.9(c)和(g)]。对流过程在聚结过程结束时衰减，在较小颗粒中观察到的局部变形扩展到了整个颗粒[图 8.9(d)和(h)]。注意，这种对流过程不包括聚结模型式(8.3)和式(8.4)的分析中。

图 8.10 为 1000K 时，体积比为 0.053 的不等尺寸近固体颗粒的聚结事件。与液体情况一样，初始方法使较小粒子[图 8.10(a)和(e)]加速。然而，在 1000K 的情况下，对流在碰撞后立即消失[图 8.10(b)和(f)]。一旦碰撞事件发生，正是扩散过程促使团聚体变成球体，而扩散过程是分散在整个粒子上的，这与液体情况[图 8.10(c)~(h)]不同。图 8.11 显示了体积比为 0.25，在 1000K 下大小不等的颗粒的聚结事件。在最初的方法中，由于颗粒大小的差异不像之前情况的那么大，两个粒子彼此加速，就像体积比较小的情况一样(图 8.10)，碰撞后对流效应消失，扩散过程促使团聚体变成球体[图 8.11(b)和(f)]。然而，在凝聚过程接近尾声时，原子在大粒子核心的运动被放大[图 8.11(c)和(g)]。由于此模拟中的粒子大小彼此之间并没有太大差异，较大的粒子也必须变形才能演化成球形[图 8.11(d)和(h)]。最后，与液体粒子不同的是，没有内部对流发生，直接速度矢量在撞击时被打乱。在整个过程中，扩散过程控制着类固体颗粒的聚结。

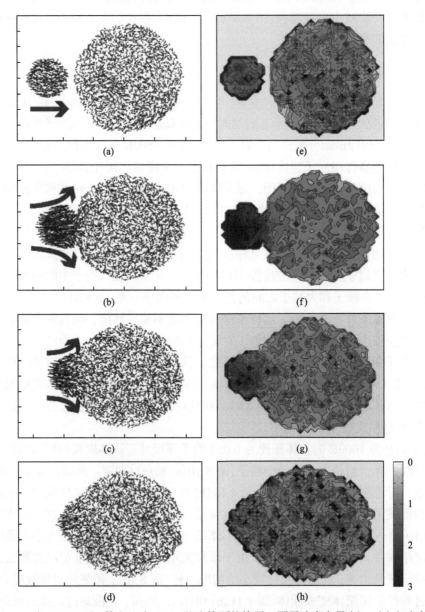

图 8.9　在 1500K 下，体积比为 0.053 的液体颗粒快照，原子速度向量(a)～(d)和速度的
等高线图(e)～(h)显示为厚度为–0.5nm<y<0.5nm 的横截面

(a)、(e)t=0ps，(b)、(f)t=1ps，(c)、(g)t=5ps，(d)、(h)t=11ps

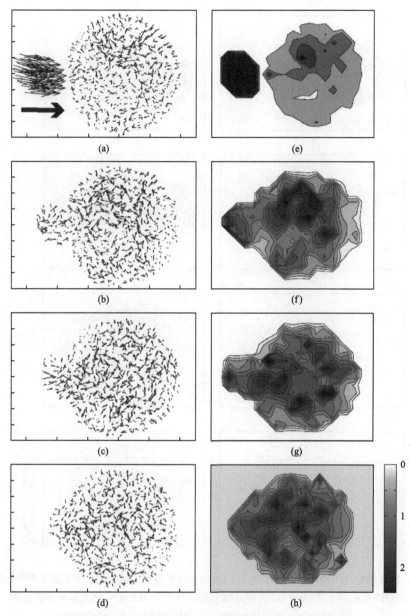

图 8.10　在 1000K 下，体积比为 0.053 的固体颗粒的聚结过程，原子速度向量(a)～(d)和速度
(e)～(h) 的等高线图显示厚度为−0.5nm＜y＜0.5nm 的横截面

(a)、(e)t=0ps，　(b)、(f)t=30ps，　(c)、(g)t=90ps，　(d)、(h)t=140ps

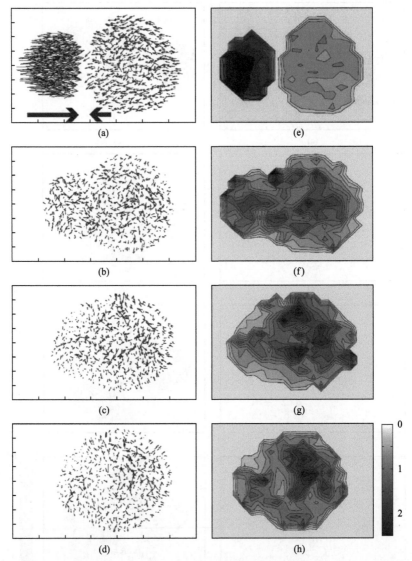

图 8.11　固体颗粒在 1000K 下, 体积比为 0.25 的固体颗粒聚结过程中, 原子速度矢量(a)～(d)
的时间演化和速度(e)～(h)的等高线图显示厚度为–0.5nm<y<0.5nm 的横截面
(a)、(e)t=0ps,　(b)、(f)t=50ps,　(c)、(g)t=200ps,　(d)、(h)t=300ps

形状和聚结随时间的演化是最容易量化和跟踪的，其方法是计算约化惯性矩的时间变化，将其定义为垂直于碰撞方向的惯性矩与碰撞方向的比值。较小颗粒与较大颗粒的比值，其中 $0<x<1$。在所有情况下，纳米原子的总数保持不变，为 10000，初始体积比分别为 0.053、0.111、0.250、0.429 和 1。对于图 8.12 的计算，温度保持在 1500K(即液体)。当粒子为球形时，约化惯量收敛到单位。然而，这些粒子($1\sim8$nm)是动态的，由于原子的运动，它们永远不会变成完美的球形。因此，定义 1.1 的简化惯性矩可作为实现完全合并的条件。从图中可以看出，减少的转动惯量单调地收敛到 1.1(球形)。对所有曲线的直接观察表明，向球形方向的衰减率是单调的，并且随初始体积比的增大而减小。初始体积比越小，聚结过程越快。由于聚结时间取决于根据约化惯性矩定义的球形形状，因此聚结时间的精度随初始体积比的减小而降低。

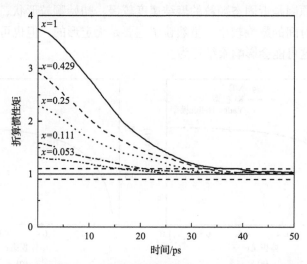

图 8.12　不同体积比下颗粒的折算惯性矩随时间的变化(颗粒原子总数为 10000 个，温度保持在 1500K)

图 8.13 总结了以符号(o)表示的 1500K(a)和 1000K(b)下作为初始颗粒体积比 x 在恒温过程模拟的聚结时间 t_c。图中垂直轴上的聚结时间用两个大小相同的颗粒的聚结时间进行归一化。在 1500K(液体)下，如图 8.13(a)所示，随着颗粒尺寸的不同，归一化聚结时间逐渐减小。当 $x<0.4$ 时，聚结事件明显加速，当 $x\sim0.1$ 时，聚结时间下降到等尺寸情况的一半。由 KF 模型得到的标准化聚结时间如图 8.13 中实线所示。由于 KF 模型给出了一个渐近解，定义了当粒子表面积 a 为 1.05 时的完全聚结沥青 As 结果图中给出了解决方案。图 8.13(a)和图 8.13(b)仅对 $x<0.025$ 有效。当 $x>0.1$ 时，结果与模拟结果具有很好的一致性，虽然 $x=0.05$ 时出现了显著偏差，这可归因于使用 KF 模型生成实体曲线时使用的完全合并定义。

但总的来说，这些结果表明初始表面积和最终表面积之间的差异控制着大小不等的液体颗粒的聚结动力学。此外，最重要的是，可将相同的特征聚结时间 f 用于任何粒径比，以从 KF 模型中获得聚结时间。将这些结果与 Yadha-Helble (YH) 模型进行比较，该模型是对大小不等的液滴的合并所进行的数值研究，图中以符号(+)表示。对于所有体积比，YH 模型预测的聚结时间比 KF 模型或分子动力学的结果稍快。然而，其趋势是高度一致的。

这些结果表明，简单的表面模型以总的表面积减少为驱动力，而不考虑初始相对颗粒体积，这是求解不均匀颗粒聚结问题的一种合理、充分和可靠的解决方案。

图 8.13(b) 中 T=1000K 时的类固体颗粒表现出与液体情况相似的行为。然而，随着初始体积比的减小，KF 模型与分子动力学结果之间的偏差变得更大。产生这种差异的可能原因是近固态颗粒的聚结速度较慢，初始颗粒形状、碰撞方向等因素对模拟烧结时间的影响较小。虽然粒子主要是无定形的，但也可能发生一些短程有序化，而这可能会影响聚结行为。

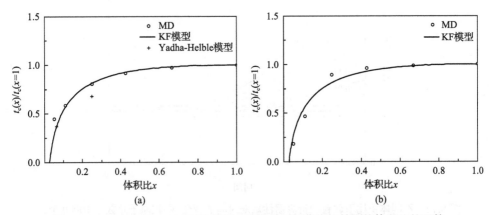

图 8.13　1500K(a) 和 1000K(b) 的归一化聚结时间作为初始颗粒体积比的函数

8.3　点火条件下纳米铝颗粒烧结过程研究

金属颗粒是一种对各种推进和能量转换应用的很有前景的候选燃料，主要是因为它们具有高能量密度[31]。铝和其他金属颗粒已成功地应用于许多能源领域，如火箭推进和生物燃料系统[31-33]。铝在金属材料中尤为突出，它在地球上的含量丰富，燃烧产物对大气无毒。由于纳米材料具有比表面积比大、熔化温度低、质量和能量特征次数小、化学反应性高等特点，所以与微米级的同类材料相比，纳米铝颗粒表现出了更好的性能。然而，纳米铝颗粒具有极高的反应活性：一旦纳米铝颗粒被氧化，它们将变成氧化铝，这对大多数能源系统都是无用的。纳米铝颗粒的烧结问题不仅是固体推进剂的重要问题，也是纳米粉体生产的关键因素。纳米铝颗粒在制造后通常被 2～4nm 厚的氧化层覆盖，而这会降低其热动力学性能[35]。对于 3nm 的氧化层厚度，无用物质（Al_2O_3）的质量分数随着粒径的减小而增加，对于直径为 38nm 的颗粒，其质量分数达到 52%。然而，在点火前和点火过程中，更不利于纳米铝颗粒燃烧的是聚集和烧结。高表面能赋予纳米颗粒优异的热动力学性能，但反过来又使它们易于相互接触，特别是当温度升高时。有证据表明，纳米铝颗粒的聚集是由于在钝化过程中形成的熔融层氧化物的存在，从而使多个粒子共享一个共同的氧化层，该氧化层将粒子永久地连接在一起。此外，这种聚集甚至可以在粒子钝化之前发生：在这种情况下，两个裸纳米铝颗粒接触并共享一个均匀的氧化层。这种现象在商业纳米铝颗粒中也很常见。聚集和烧结使纳米铝颗粒失去了作为纳米含能材料的优势。基于以上事实，研究者们致力于用不同的功能性材料来包覆纳米铝颗粒，以解决因纳米铝颗粒表面过于活跃而引起的聚集问题。虽然在工厂的生产过程中有许多防止聚集的方法，但从原子的角度理解纳米粒子聚集和烧结的基本原理仍然是很重要的。

多年来，人们通过模拟和实验对纳米颗粒的聚集和烧结进行了研究。分子动力学模拟是研究纳米材料从建模到分析的有力工具。Raut 等首先通过分子动力学模拟研究了纳米铝颗粒烧结受粒径、温度和晶体取向的影响[33]。他们消除了剪切应力作为影响烧结过程的一个因素并得出结论，通过使颗粒沿不同方向定向可以改变其表面扩散效应。虽然他们使用的力场（分子动力学/蒙特卡洛修正的有效介质）在今天看来并不十分精确，但他们的工作仍然给后续研究带来了很多启发。Zachariah 和 Carrier 研究了硅粒子的烧结，并将经典分子动力学的计算结果与现象模型的结果进行了比较[34]。考虑到不同的温度和粒度，他们发现固态和液态颗粒的烧结分别由扩散和黏性流动机制控制。之后，Zachariah 的团队继续探索硅颗粒的聚结动力学，包括大小不等和长链的情况，这些都通过系统模拟和数学推导得到了很好的总结。结果表明，不同粒径的两个颗粒的比例及其初始和最终表面积的差异决定了聚结动力学。对于长链烧结，连续黏性流动的数学模型可以预测烧结时间，而 Frenkel 黏性流动方程可以很好地拟合这种情况。同时，他们还研究了氢原子钝化的硅纳米颗粒。与裸粒子相比，由于 H-H 相互作用的排斥效应和 Si-Si 相互作用产生的吸引力之间存在竞争过程，因此单层 H 原子涂层可以有效地防止粒子团聚[35, 36]。近年来，他们提供了包括实验和模拟在内的确凿证据，指出涂有氧化铝外壳的纳米铝颗粒在被点燃之前将不可避免地经历一个烧结过程[37, 38]。他们不仅考虑了传统的热运动，而且首次提出了感应电场效应来解释烧结过程，对其他金属颗粒的烧结也得到了广泛的研究。Ding 等用经典分子动力学和 L-J 势函数研究了二维颗粒的烧结过程[39]。结果表明，连续介质模型不适用于纳米尺度，两个粒子之间形成的颈取决于晶体的取向和初始排列。Song 和 Wen 对镍纳米粒子进行了分子动力学模拟，得出两种不同颗粒的烧结状态取决于表面张力梯度[40]。Buesser 和 Pratsinis 用嵌入原子法模拟了银纳米粒子从双粒子到多粒子体系的烧结过程，指出熔融温度是区分烧结机理的一个临界点[41]。Seong 等和 Li 等研究了铜纳米粒子的烧结过程，并分别将重点放在晶体失准和升温速率上。结果表明，烧结过程不是一个简单的热运动过程，而是一个包括边界扩散和初始接触温度在内的多因素相互作用的过程[42,43]。Li 等利用基于 Finnis-Sinclair 型势的分子动力学模拟研究了钨纳米粒子的聚结。他们关注粒子间的相对速度(100～3000m/s)，并考虑了基板对粒子的影响[44]。与分子动力学模拟相比，实验方法通常使用电子显微镜和宏观参数分析来研究纳米颗粒的性质，但受仪器精度的限制，在高温或非平衡条件下很难观察到纳米颗粒烧结的全过程[45-47]。

8.3.1　纳米铝颗粒烧结分子动力学模拟设置

ReaxFF 原子间势是一种基于量子力学原理的方法。力场参数来源于基于分子动力学计算的多参数数学拟合结果。与其他传统的力场或经验原子间势不同，ReaxFF 采用键序形式来判断原子间的相互作用，包括键和长程对的相互作用。其可由原子间的键级和电荷转移程度来判断。式(8.6)为通过原子间距离经验公式计算键级的方法：

$$
\mathrm{BO}_{ij} = \mathrm{BO}_{ij}^{\sigma} + \mathrm{BO}_{ij}^{\pi} + \mathrm{BO}_{ij}^{\pi\pi} = \exp\left[p_{\mathrm{bo}1}\left(\frac{r_{ij}}{r_0^{\sigma}}\right)^{p_{\mathrm{bo}2}}\right] + \exp\left[p_{\mathrm{bo}3}\left(\frac{r_{ij}}{r_0^{\pi}}\right)^{p_{\mathrm{bo}4}}\right] \\
+ \exp\left[p_{\mathrm{bo}5}\left(\frac{r_{ij}}{r_0^{\pi\pi}}\right)^{p_{\mathrm{bo}6}}\right]
\tag{8.6}
$$

式中，BO 为 i 和 j 原子之间的键级；r_0 为平衡键长；p_{bo} 为经验参数。

该方程是连续的，不包含因 σ、π 和 ππ 键特征之间的转换而产生的间断。作为 BO 表达式中唯一的变量，原子间的实时距离 r_{ij} 对反应是否发生起着重要的作用。注意键序并不包括所有的对相互作用。相反，力场将为每个原子建立键邻域列表，以避免虚假的键特征，并且任何过多的近距离非键相互作用将被屏蔽项排除。在分子动力学模拟中，键邻域列表将在每次迭代后更新，以重新计算所有键合相互作用并检测潜在反应。在每个迭代步骤之后，将检查并更新绑定的邻居列表，以重新确定是否存在任何潜在反应。

$$
E_{\mathrm{system}} = E_{\mathrm{bond}} + E_{\mathrm{over}} + E_{\mathrm{under}} + E_{\mathrm{lp}} + E_{\mathrm{val}} + E_{\mathrm{tors}} + E_{\mathrm{vdWaals}} + E_{\mathrm{Coulomb}} \tag{8.7}
$$

式中，E_{system} 为系统的总能量。键(E_{bond})、过配位(E_{over})、欠配位(E_{under})、孤对(E_{lp})、价角(E_{val})、范德瓦耳斯($E_{vdWaals}$)和库仑($E_{Coulomb}$)能项对总能量的贡献程度不同。

本节所用的力场来自参考文献，未做任何修改[48]。在分子动力学计算的基础上，建立了 Al-C 体系的力场，并与实验文献进行比较，验证了用该力场描述 Al、O、C 相互作用的适用性。因此，选择该势文件模拟 Al-C 纳米颗粒体系的烧结过程是合理的。在之前的工作中，已经证明本节所用的场可以预测纳米铝颗粒(2~4nm)[49]的熔点与尺寸之间的线性关系。关于 ReaxFF 力场如何工作的更多信息可在参考文献[50]~[52]中找到。使用带有 USER-REAXC 软件包的 LAMMPS 进行仿真[53,54]，本研究中的所有系统配置和快照都是使用 VMD 或 OVITIO 软件编写的[55, 56]。

单粒子系统的模拟箱是一个测量值为 70Å×70Å×70Å 的立方盒，具有周期性边界。考虑到不同类型原子在相对高温(高达 1000K)下的相互作用，选择 0.1fs 作为可以描述的时间步长。所有的模拟都是在正则系综下进行的，采用 Berendsen 温度控制方法，将 Berendsen 阻尼因子设为 5.0fs，表明系统将每 0.5fs 松弛一次温度[57]。

本节考虑了两个系统：一个是裸双纳米铝颗粒系统，另一个是乙醇处理的双纳米铝颗粒系统。对于前者，从直径为 2.0~4.0nm 的 FCC 铝块体上切取单个颗粒，研究烧结纳米铝颗粒的尺寸效应。表 8.2 还显示了先前工作中使用相同电位场文件的不同尺寸纳米铝颗粒的熔点。为了消除表面的边缘效应，退火过程如下：在正则系综下，将粒子从高于表 1 所示熔点的 300K 加热到 100K；然后进行细致的冷却过程，粒子从当前温度冷却到 300K，温度每下降 20K 平衡 10ps；最后退火粒子在 300K 下再平衡 5ps，以稳定系统势能。

表 8.2　单纳米铝颗粒的建模原子数量及熔点信息

D/nm	2.0	2.5	3.0	3.5	4.0
原子数量	253	546	846	1481	2025
熔点/K	440	480	520	560	600

与 bare-纳米铝颗粒的烧结模拟不同，在乙醇处理的双粒子体系中，重点研究了有机组分的加入对纳米铝颗粒烧结的影响。直径为 3nm 和 4nm 的纳米铝颗粒分别代表了富醇和富铝的两种环境。碳涂层纳米铝颗粒的建模过程与之前参考文献中描述的相同[58]。采用循环涂布法来涂布纳米铝颗粒。简言之，能量最小化后的裸纳米铝颗粒将放在立方体模拟箱的中心。然后，分别将 250 个和 350 个乙醇分子随机分布在裸纳米铝颗粒表面上方 5.0Å 的环状区域，粒径分别为 3nm 和 4nm。在涂布过程中，纳米铝颗粒和乙醇分子的温度分别固定在 300K 和 800K。将乙醇分子的温度设置为高温有两个原因：一是高温可为乙醇分子在纳米铝颗粒表面的

化学吸附提供能量，加速涂层的形成；二是考虑到模拟箱中倾倒的乙醇密度，乙醇分子可以形成液体聚集，800K 的温度足以打破分子间的氢键，从而使乙醇分子能够独立地与颗粒表面发生相互作用[59]。在每个循环结束时，没有吸附在表面上的原子将被移除，并且具有相同初始设置的新乙醇分子将再次被添加到盒子中。图 8.14 显示了吸附原子数随涂层循环次数的变化曲线。3nm 和 4nm 的纳米铝颗粒吸附原子数接近饱和值。涂层后，粒子在 300K 下松弛 20ps，以去除与纳米铝颗粒表面没有形成稳定化学吸附的原子。图 8.15(a) 显示了 3nm 和 4nm 涂层粒子的截面快照，表 8.3 中列出了松弛粒子的元素分布信息。注意到两个铝原子在循环过程中失去了一些不稳定的铝粒子。图 8.15(b) 显示了 H 原子在粒子中扩散得最远，C 和 O 更倾向于在表面下形成化学吸附层。与 3nm 粒子相比，4nm 的纳米铝颗粒呈现出相对完整的核心区，这两个模型将用于研究不同包覆程度对烧结的影响。有机化合物的详细数量和分布信息见表 8.3。需要注意的是，在分子动力学模拟中，由于表面势能的不稳定涨落，在不同温度下不可避免地会有一些原子从表面脱离[59]。

在得到单粒子模型后，用 4.5Å 对粒子进行复制和分离，使粒子不发生任何相互作用。模拟结果已经证明，如果粒子被分离超过 4.5Å，在 400K 下不会发生烧结，并且在任何热处理之前，每个原子的角动量也被去除了。

表 8.3　9 次包覆循环驰豫后的纳米铝颗粒中的元素数量信息

	Al	C	H	O
3nm 纳米铝颗粒	795	281	917	447
4nm 纳米铝颗粒	1908	406	1446	744

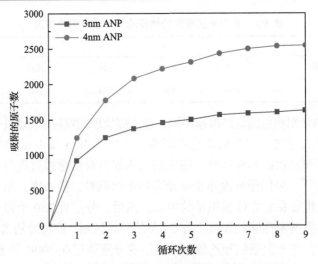

图 8.14　吸附原子数信息随包覆循环次数变化图

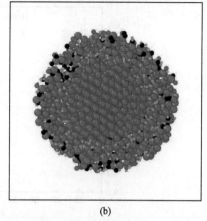

(a) (b)

图 8.15　3nm(a)和 4nm(b)乙醇包覆纳米铝颗粒的初始构型

8.3.2　不同粒径纳米铝颗粒烧结过程研究

首先，本节研究了两种直径为 2.0～4.0nm 的裸纳米铝颗粒在相同温度下的烧结。本节采用收缩率、回转半径、转动惯量等参数对烧结过程进行量化。

收缩率定义为两个粒子的实时质心距离除以初始放置距离，它反映了聚集演化过程。同样，颈部区域的生长速率描述了两个粒子之间的颈部形成过程，可通过测量颈部区域的宽度来计算。回转半径的计算如下：

$$R_{\mathrm{g}}^2 = \frac{1}{M} \sum_i m_i (r_i - r_{\mathrm{cm}})^2 \tag{8.8}$$

式中，M 为指定原子的总质量；r_{cm} 为原子团的质心位置，其和是群中所有原子的总和。

随着烧结过程的进行，系统的回转半径值有望定量描述系统的质量分布。

转动惯量可以作为判断烧结过程是否结束的指标。由于两个粒子是沿 x 轴排列的，因此当粒子成为完全球形时，x 方向上的转动惯量将趋于统一，同时也可以用来跟踪聚集的相位。请注意，由于模拟时间不足和粒子形状的固有波动，将永远无法获得 1.0 的减小惯性矩[54]。

如上节所述，纳米铝颗粒烧结过程中的尺寸效应是本研究最感兴趣的方向之一。图 8.16 为不同粒径在不同温度下的收缩率随时间变化的曲线。温度在烧结过程中起着重要作用：很明显，较高的烧结温度使烧结收缩率更高，除 700K 外，纳米铝颗粒在未熔温度(400K 和 500K)时的烧结过程在 200ps 内都能达到其饱和收缩率。本节计算的前 10ps 的收缩率和后 10ps 的平均收缩率的结果如表 8.4 所示。

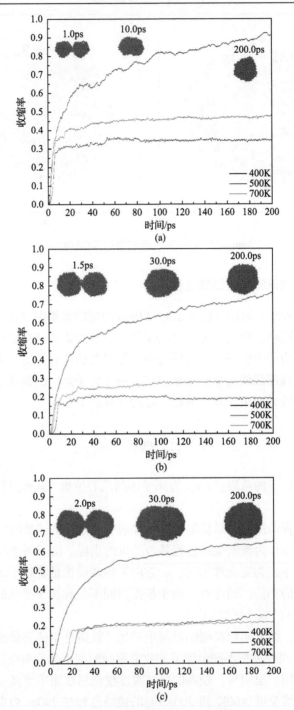

图 8.16　收缩率随时间变化关系图

(a)2.0nm；(b)3.0nm；(c)4.0nm(图片中还显示了 700K 时在不同时刻的 4nm 纳米铝颗粒的烧结构型)

表 8.4　不同尺寸纳米铝颗粒在不同温度下的收缩比信息

D/nm	烧结温度/K	初始收缩率	最终收缩率(190～200ps)
	400	29.95	0.41
2.0	500	36.02	0.78
	700	43.73	0.30
	400	16.71	0.15
3.0	500	18.46	0.53
	700	28.08	2.10
	400	0.88	0.59
4.0	500	1.12	0.09
	700	19.50	1.42

在 700K(一个可以熔化任何算例的温度)下,不同粒径的纳米铝颗粒的变化趋势相似:表现为先是快速上升阶段,然后是波动上升期。低温收缩率也不随温度呈线性变化。对于 4nm 的纳米铝颗粒,当单颗粒未熔化时,提高 100K 的温度并不会显著加快烧结过程。根据之前的研究,直径为 6～100nm 的纳米铝颗粒的熔点变化不大。因此,可以合理地认为,当低于熔点时,用于固体推进的纳米铝颗粒的聚集对温度并不敏感。虽然,2nm 的纳米铝颗粒在 500K 以下的熔点为 440K,但 500K 下的烧结过程并不像液体,而是与 400K 有相似的趋势。可以将这种现象归因于两个粒子烧结在一起,因而具有较高的熔点。事实上,在 27fs 处观察到第一次接触,收缩率在 10ps 内突然增加到 0.36,如图 8.16(a)中的快照所示。在纳米尺度下,粒径越小,粒径效应越明显。插入的快照还显示了 700K 下颈部区域的宽度。颈部区域的形成与收缩率直接相关:相反表面上的欠协调原子相互吸引,降低了表面能量,最终驱动了两个粒子质心的靠近。由表 8.3 可知,与其他两种尺寸相比,4nm 的纳米铝颗粒具有明显的烧结延迟,如图 8.16(c)所示。然而,这种聚集延迟只在低温下发生。当温度超过熔点时,延迟过程可以忽略。这些结果表明,烧结过程与铝原子的迁移率密切相关。图 8.16 中还显示了 700K 下具有不同大小颗粒的快照,以供说明,其中第一个快照显示了不同纳米铝颗粒的第一次接触。

为了研究原子的热力学行为,首先记录原子的均方位移,然后计算均方位移随时间变化的斜率值,以反映原子的扩散率。标度扩散系数(SD)可由方程式(8.1)计算得出。

其中,r 为每个原子的位置。结果如图 8.17 所示。与收缩率的研究相似,在不同温度下,粒径越小,初期烧结速度越快。巨大的动能有助于原子的热振动并离开原来的晶格位置。在熔化前(400K 和 500K),2.0nm 和 3.0nm 颗粒的峰值高

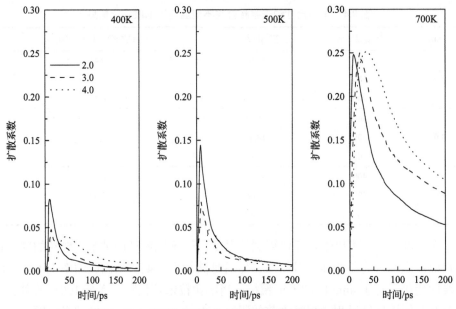

图 8.17　不同尺寸颗粒的扩散系数随时间变化关系图

于 4nm 的颗粒。这可以用纳米铝颗粒在 4nm 以下的熔点与粒径之间的线性关系来解释。然而，在 700K 时，2nm、3nm 和 4nm 纳米铝颗粒的标度扩散系数的最大值几乎相同，分别为 0.2502、0.2508 和 0.2519。根据铝原子的状态，熔融粒子的烧结应遵循黏性流动区[60]，其中黏度依赖性是影响烧结速率的主要因素。固体颗粒烧结的驱动力是由化学势梯度引起的表面自由能最小化。粒子表面配位数较低的原子是导致势能差异的主要原因。以 4nm 粒子为例，在图 8.18 中分别展示了 400K 和 500K 时在 50ps 的势能和颗粒表面积[61]随时间的变化曲线，因为颈部区域主要形成在这一时期，熔融颗粒的表面积一直在波动，所以无法得到有效研究。其他大小的颗粒也显示出类似趋势。对于 400K 时 4nm 的纳米铝颗粒，在最初的 20ps 内，比表面积从 9473.89Å^2 增加到 9744.96Å^2，这可以解释为原子从内区向表面的连续扩散，准备形成颈部区域。在 15ps 内，由于烧结温度的变化，颈部区的半径不断增大，比表面积迅速减小。相应地，势能曲线随表面积的增加而缓慢上升，这表明表面欠协调原子的数量增加。两个粒子结合的驱动力来源于势能最小化的过程。350ps 后，比表面积和势能趋于稳定，当温度达到 500K 时，比表面积在 10ps 内完成生长，比表面积在 400K 以上急剧下降。在 400K 下烧结的颗粒在 40ps 后的表面积几乎没有变化。虽然烧结过程开始得更早，但在烧结温度为 500K 时，颗粒的表面积仍有降低的潜力，这表明表面原子的势能受温度的影响，进而控制颈部区域的形成。

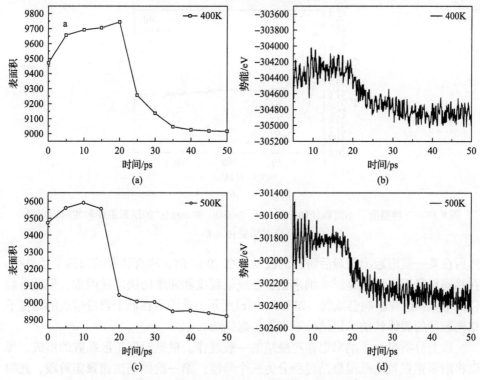

图 8.18　在烧结过程开始 50ps 时系统的势能和表面积随时间变化图

　　另外，在 700K 前烧结 4nm 颗粒时，也发现了烧结延迟现象，这与收缩率的分析结果一致。液态铝原子最终收敛到图 8.18(c) 中的某个值，但受模拟时间的限制，较大的粒子需要额外的时间来完成这一过程。

　　图 8.19 为回转半径随时间的变化曲线。旋转半径反映了原子相对于系统质心的分布情况。与收缩率分析一样，三阶段烧结是公认的结果。旋转半径在第一阶段迅速减小，与颗粒大小和系统温度无关。随后，回转半径值减小的速度放慢，

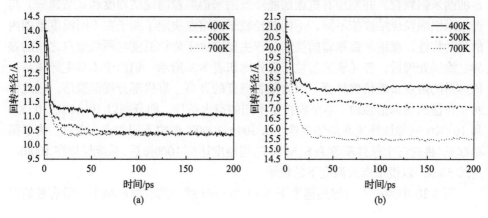

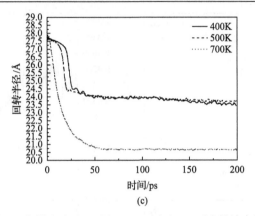

图 8.19　三种温度下不同粒径如 2nm(a)、3nm(b) 和 4nm(c) 的纳米铝颗粒的回转半径
随时间变化关系

然后在某一值附近出现最后阶段的波动。在 700K 时，所有颗粒的回转半径最小。
在相同粒径下，温度是影响纳米铝颗粒烧结程度和速度的决定性因素，但随着粒
径的增大，这种影响会减弱，如图 8.19(c) 所示。这说明在低于自身熔点的温度下
相同粒径的固体状纳米铝颗粒不容易一起烧结。

　　以上分析揭示了纳米铝颗粒烧结的一般规律。根据标度扩散系数的形成，可
以将纳米铝颗粒的低温烧结过程分为三个阶段：第一阶段是快速聚集阶段，此时
收缩率和原子扩散速率均为最大，驱动力来源于势能最小化过程，反映在颗粒表
面积的变化和颈部区域的形成。对于 4nm 或更大的粒子，在这一阶段之前存在明
显延迟；第二阶段的特征是原子扩散系数从峰值迅速下降，粒子收缩率的增长速
率较慢；第三阶段的特征是原子扩散系数在当前温度下逐渐收敛到常数。

8.3.3　有机物小分子包覆后纳米铝颗粒烧结过程研究

　　在讨论了温度和粒径对纳米铝颗粒烧结过程的影响后，本节重点研究乙醇包
覆的纳米铝颗粒，并期望有机涂层能降低纳米铝颗粒的烧结程度和烧结速率。与
裸纳米铝颗粒烧结模拟不同，不同粒径粒子的熔点决定了原子在不同温度范围内
的运动特性。裸纳米铝颗粒的烧结过程主要取决于烧结温度与颗粒熔点之间的差
异。涂层处理后，各元素的新粒子百分比如表 8.3 所示，铝原子不再主导体系。
该体系的熔点很难精确计算，因为随着温度的升高，有机部分逐渐脱落。因此，
对于包覆的纳米铝颗粒，本节模拟了不同的点火条件，即分别以 10^{12}K/s、10^{13}K/s
和 10^{14}K/s 三种加热速率加热颗粒，从 300～1000K 模拟不同的点火条件。为了简
单起见，将这三个条件简称为 S、M 和 F。当温度达到 1000K 后，系统保持在 1000K，
持续 50ps，以模拟点火温度下的粒子。

　　图 8.20 中为在不同加热速率下 3nm 和 4nm 颗粒的收缩率结果。最有趣的发

现是，在模拟结束前，4nm 粒子的收缩率变为负值。换言之，在任何加热速率下，甚至在 1000K 下持续 50ps，4nm 涂层粒子并不会发生烧结过程。

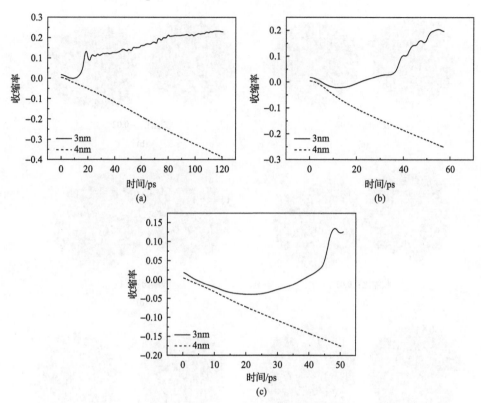

图 8.20　不同加热速率下 3nm 和 4nm 包覆后纳米铝颗粒的收缩率随时间变化关系
(a) 10^{12}K/s；(b) 10^{13}K/s；(c) 10^{14}K/s

对于 3nm 的颗粒，不同的升温速率对其烧结行为具有显著影响，但它们有一个共同的趋势：从加热开始，颗粒经过一个分离阶段（收缩率降低）；之后，在前一个加热过程中升温速率较低的颗粒，其接触时间越早颈部区域形成过程中的收缩率更不稳定（由曲线尾部的波动反映）。虽然涂层颗粒也进行了烧结，但最大收缩率 0.5 远小于图 8.16 的任何情况，即使在 700K 下也为 0.6。这表明有机层极大地降低了烧结程度，涂层的存在延缓了烧结过程。图 8.21 显示了 3nm 和 4nm 纳米铝颗粒烧结模拟过程的快照。结果表明，3nm 颗粒先分离后烧结，4nm 颗粒以一定速度分离。

烧结两个粒子的驱动力来自其表面的不饱和键和双粒子系统降低势能的趋势。在分子动力学模拟中，计算机通过计算系综的平均动能来估计和调整系统温度。在 1000K 烧结实验前，不同的升温速率可形成不同的初始结构。因此，系统结构的差异反映在势能的波动上。系统势能随时间的变化曲线如图 8.22 所示。最

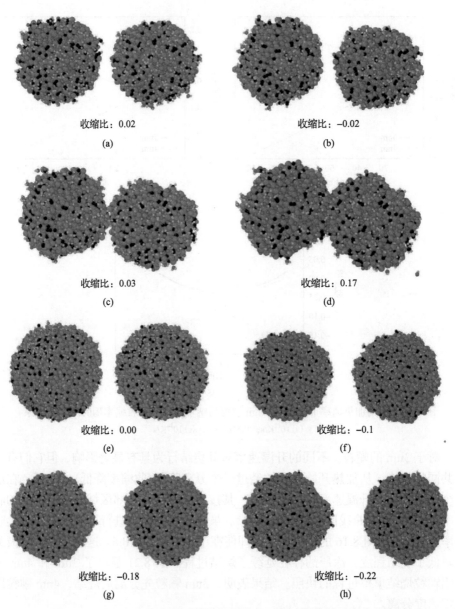

收缩比：0.02　　　　　　　　　　收缩比：−0.02

(a)　　　　　　　　　　　　　　　　(b)

收缩比：0.03　　　　　　　　　　收缩比：0.17

(c)　　　　　　　　　　　　　　　　(d)

收缩比：0.00　　　　　　　　　　收缩比：−0.1

(e)　　　　　　　　　　　　　　　　(f)

收缩比：−0.18　　　　　　　　　　收缩比：−0.22

(g)　　　　　　　　　　　　　　　　(h)

图 8.21　3nm 和 4nm 包覆后纳米铝颗粒在 1000K 下烧结过程中的快照

(a) 0ps；(b) 11.4ps；(c) 35.0ps；(d) 50.0ps；(e) 0ps；(f) 20.0ps；(g) 40.0ps；(h) 50.0ps

（原子由元素种类染色。加热速率为 10^{13}K/s）

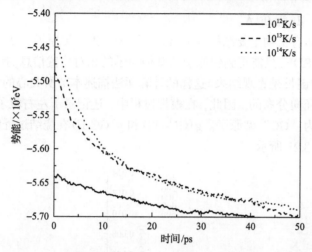

图 8.22　1000K 时以不同加热速率的 3nm 包覆后纳米铝颗粒的势能随时间变化图

低的升温速率 10^{12}K/s 可以产生最稳定的初始构型,因为在当前温度下,原子有更多的时间移动到接近平衡态的位置。在升温和烧结过程中,由于表面原子的振动和表面结构的改变,所以无法达到真正的平衡。根据势能在 50ps 内均匀下降的 10^{12}K/s 势能曲线,可以将其作为准平衡过程的一个例子。然而,10^{13}K/s 和 10^{14}K/s 表现出了典型的快速加热特征:势能远离平衡态,在烧结前 10ps 迅速下降,这也与图 8.20 的结果相对应。20ps 后,势能曲线的斜率减小,收缩率分析表明,双颗粒开始接触并形成颈部区域。但是,与图 8.17 中势能曲线的变化相比,包覆粒子的势能曲线并没有呈现阶梯状,而是呈快速下降而后缓慢下降的趋势。对于裸粒子,势能的突变可以用表面不协调原子数的突然减少来解释。这种差异表明,在涂层颗粒初次接触后,颈部区域并没有迅速扩张。此外,电位分析还表明双粒子系统在烧结前需要进行自我调节,所以采用低升温速率是一种有效的烧结方法。

此外,观察到有机层中的原子除氢原子外,其他原子不会扩散到粒子内部,而是留在粒子表面。由于氢原子体积小,铝-氢相互作用弱,氢原子可以移动并扩散到铝晶格空间中[62]。在烧结过程中检查有机层原子的分布是解释包覆颗粒不易烧结的另一种方法。径向分布函数(RDF)$g(r)$ 适用于描述球形体系中的原子分布。所有的 RDF 结果都是用 VMD 代码计算的。方程式(8.9)显示了如何在分子动力学模拟中计算 $g(r)$:

$$g(r)=\frac{1}{\rho 4\pi r^2 \delta r}\frac{\sum_{t=1}^{T}\sum_{j=1}^{N}\Delta N\left(r\xrightarrow{\Delta}r+\mathrm{d}r\right)}{N\times T} \tag{8.9}$$

式中,ρ 为系统密度(数量密度);N 为原子数;T 为计算时间(步数);r 为远离参考原子的半径；dr 为 0.1Å。

可以把构成有机物主要结构的 C 和 O 原子归为一类原子：OS。如果直接计算 Al-OS 对的 RDF，只能得到铝原子与其他原子的相对位置信息。换句话说，Al-O 键和 Al-C 键的键长是直观结果。这样的计算无法描述本节所关心的元素是如何沿纳米铝颗粒的径向分布的。因此，在模拟过程中，还记录了左右粒子的重心坐标。这两个重心称为"GC"型原子。g(GC-OS) 和 g(GC-H) 在烧结过程中不同时间的 RDF 结果如图 8.23 所示。

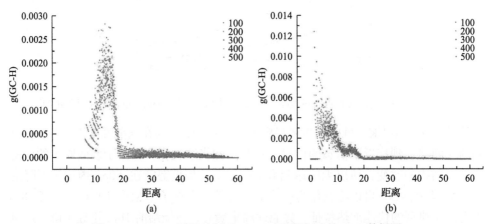

图 8.23　GC-OS 原子对 (a) 和 GC-H 原子对 (b) 的 RDF 数据图

在图 8.23(a) 中，曲线为一个单峰，峰值位置在距纳米铝颗粒重心 10~20Å。考虑到每个纳米铝颗粒的半径在 15Å 左右，这一结果证明有机涂层中的碳和氧原子并不容易扩散到纳米铝颗粒的内部区域，而是留在表面区域，即使在 1000K 的温度下，3nm 的纳米铝颗粒早已熔化。此外，随着烧结过程的进行，峰值位置不断向右移动，并接近颈部区域增长的 15Å 的位置。然而，对于 GC-H 对，情况则完全不同。GC-H 曲线表现为主峰和副峰。GC-H-RDF 的主峰位置表明氢原子已经扩散到纳米铝颗粒内部，峰 1.40Å 被认为是 Al-H 键长。此外，在图 8.23(b) 中，随着烧结过程的进行，主峰的位置收敛到该值。这一结果表明，氢原子已经与来自核心区的液态铝原子完全混合，使原来的纳米铝颗粒变成了 Al-H 复合粒子。小峰又出现在 15Å 左右的地方，这是颈部生长的地方。两个图形的比较表明，碳原子和氧原子并没有扩散到粒子中，而是分散在粒子表面。烧结过程中颈部区域聚集表面原子，降低了系统势能。对于包覆的纳米铝颗粒，有机组分占据了这个区域，而不是铝原子，因为铝原子很容易相互结合。颈部不同原子的分布信息见表 8.5。无论以哪个升温速率，铝原子数在颈部区域占主导地位，但属于有机化合物的总原子数之比约为铝原子数的 2 倍。结果表明，在纳米铝颗粒的烧结过程中，有机涂层对阻碍颈部区域的形成起着明显作用。

表 8.5　在最终构型中不同颗粒颈部区域的元素数量比例

	10^{12}K/s	10^{13}K/s	10^{14}K/s
C	29	23	27
O	40	35	36
H	57	47	45
Al	65	47	58

由于有机涂层的存在，颈部区域的形成将受到限制，残留在表面的有机物降低了纳米铝颗粒的表面势能。因为与裸纳米铝颗粒相比，表面不协调的铝原子大幅减少，并且有机原子之间没有很强的吸引力。

参 考 文 献

[1] Levitas V I, Asay B W, Son S F, et al. Melt dispersion mechanism for fast reaction of nanothermites[J]. Applied Physics Letters, 2006, 89(7): 071909.

[2] Levitas V I, Asay B W, Son S F, et al. Mechanochemical mechanism for fast reaction of metastable intermolecular composites based on dispersion of liquid metal[J]. Journal of Applied Physics, 2007, 101(8): 083524.

[3] Puri P, Yang V. Thermo-mechanical behavior of nano aluminum particles with oxide layers during melting[J]. Journal of Nanoparticle Research, 2010, 12: 2989-3002.

[4] Rai A, Park K, Zhou L, et al. Understanding the mechanism of aluminium nanoparticle oxidation[J]. Combustion Theory and Modelling, 2006, 10(5): 843-859.

[5] Nakamura R, Tokozakura D, Nakajima H, et al. Hollow oxide formation by oxidation of Al and Cu nanoparticles[J]. Journal of Applied Physics, 2007, 101(7): 074303.

[6] Cabrera N, Mott N F. Theory of the oxidation of metals[J]. Reports on Progress in Physics, 1949, 12(1): 163.

[7] Fromhold Jr A T, Cook E L. Kinetics of oxide film growth on metal crystals: Electron tunneling and ionic diffusion[J]. Physical Review, 1967, 158(3): 600.

[8] Shakkira Erimban, Snehasis Daschakraborty. Fickian yet Non-Gaussian Nanoscopic Lipid Diffusion in the Raft-Mimetic Membrane[J]. The Journal of Physical Chemistry B, 2023, 127(22): 4939-4951.

[9] Jeurgens L P H, Sloof W G, Tichelaar F D, et al. Growth kinetics and mechanisms of aluminum-oxide films formed by thermal oxidation of aluminum[J]. Journal of Applied Physics, 2002, 92(3): 1649-1656.

[10] Henz B J, Hawa T, Zachariah M R. On the role of built-in electric fields on the ignition of oxide coated nanoaluminum: Ion mobility versus Fickian diffusion[J]. Journal of Applied Physics, 2010, 107(2): 024901.

[11] Anisha Shakya, John T. King. Non-Fickian Molecular Transport in Protein—DNA Droplets[J]. ACS Macro Letters, 2018, 7(10): 1220-1225.

[12] Lustig S R, Caruthers J M, Peppas N A. Continuum thermodynamics and transport theory for polymer—fluid mixtures[J]. Chemical Engineering Science, 1992, 47(12): 3037-3057.

[13] Zhdanov V P, Kasemo B. Cabrera-Mott kinetics of oxidation of nm-sized metal particles[J]. Chemical Physics Letters, 2008, 452(4-6): 285-288.

[14] Ermoline A, Dreizin E L. Equations for the Cabrera-Mott kinetics of oxidation for spherical nanoparticles[J]. Chemical Physics Letters, 2011, 505(1-3): 47-50.

[15] Matijevic E. Production of monodispersed colloidal particles[J]. Annual Review of Materials Science, 1985, 15(1): 483-516.

[16] Matijevic E. Monodispersed colloids: Art and science[J]. Langmuir, 1986, 2(1): 12-20.

[17] Grieve K, Mulvaney P, Grieser F. Synthesis and electronic properties of semiconductor nanoparticles/quantum dots[J]. Current Opinion in Colloid & Interface Science, 2000, 5(1-2): 168-172.

[18] Murray C B, Kagan C R, Bawendi M G. Synthesis and characterization of monodisperse nanocrystals and close-packed nanocrystal assemblies[J]. Annual Review of Materials Science, 2000, 30(1): 545-610.

[19] Trindade T, O'Brien P, Pickett N L. Nanocrystalline semiconductors: Synthesis, properties, and perspectives[J]. Chemistry of Materials, 2001, 13(11): 3843-3858.

[20] Mukherjee D, Sonwane C G, Zachariah M R. Kinetic Monte Carlo simulation of the effect of coalescence energy release on the size and shape evolution of nanoparticles grown as an aerosol[J]. The Journal of Chemical Physics, 2003, 119(6): 3391-3404.

[21] Ulrich G D. Theory of particle formation and growth in oxide synthesis flames[J]. Combustion Science and Technology, 1971, 4(1): 47-57.

[22] Ulrich G D, Rieh J W. Aggregation and growth of submicron oxide particles in flames[J]. Journal of Colloid and Interface Science, 1982, 87(1): 257-265.

[23] Bolsaitis P P, McCarthy J F, Mohiuddin G, et al. Formation of metal oxide aerosols for conditions of high supersaturation[J]. Aerosol Science and Technology, 1987, 6(3): 225-246.

[24] Koch W, Friedlander S K. The effect of particle coalescence on the surface area of a coagulating aerosol[J]. Journal of Colloid and Interface Science, 1990, 140(2): 419-427.

[25] Lehtinen K E J, Windeler R S, Friedlander S K. Prediction of nanoparticle size and the onset of dendrite formation using the method of characteristic times[J]. Journal of Aerosol Science, 1996, 27(6): 883-896.

[26] Steinfeld J I. Atmospheric chemistry and physics: From air pollution to climate change[J]. Environment: Science and Policy for Sustainable Development, 1998, 40(7): 26.

[27] Mukherjee D, Sonwane C G, Zachariah M R. Kinetic Monte Carlo simulation of the effect of coalescence energy release on the size and shape evolution of nanoparticles grown as an aerosol[J]. The Journal of Chemical Physics, 2003, 119(6): 3391-3404.

[28] Garabedian R S, Helble J J. A model for the viscous coalescence of amorphous particles[J]. Journal of Colloid and Interface Science, 2001, 234(2): 248-260.

[29] Yadha V, Helble J J. Modeling the coalescence of heterogenous amorphous particles[J]. Journal of Aerosol Science, 2004, 35(6): 665-681.

[30] Martínez-Herrera J I, Derby J J. Viscous sintering of spherical particles via finite element analysis[J]. Journal of the American Ceramic Society, 1995, 78(3): 645-649.

[31] Sundaram D, Yang V, Yetter R A. Metal-based nanoenergetic materials: Synthesis, properties, and applications[J]. Progress in Energy and Combustion Science, 2017, 61: 293-365.

[32] Crouse C A, Pierce C J, Spowart J E. Influencing solvent miscibility and aqueous stability of aluminum nanoparticles through surface functionalization with acrylic monomers[J]. ACS Applied Materials & Interfaces, 2010, 2(9): 2560-2569.

[33] Raut J S, Bhagat R B, Fichthorn K A. Sintering of aluminum nanoparticles: A molecular dynamics study[J]. Nanostructured Materials, 1998, 10(5): 837-851.

[34] Zachariah M R, Carrier M J. Molecular dynamics computation of gas-phase nanoparticle sintering: A comparison with phenomenological models[J]. Journal of Aerosol Science, 1999, 30(9): 1139-1151.

[35] Hawa T, Zachariah M R. Molecular dynamics study of particle-particle collisions between hydrogen-passivated silicon nanoparticles[J]. Physical Review B, 2004, 69(3): 035417.

[36] Hawa T, Zachariah M R. Coalescence kinetics of bare and hydrogen-coated silicon nanoparticles: A molecular dynamics study[J]. Physical Review B, 2005, 71(16): 165434.

[37] Chakraborty P, Zachariah M R. Do nanoenergetic particles remain nano-sized during combustion?[J]. Combustion and Flame, 2014, 161(5): 1408-1416.

[38] Egan G C, Sullivan K T, LaGrange T, et al. In situ imaging of ultra-fast loss of nanostructure in nanoparticle aggregates[J]. Journal of Applied Physics, 2014, 115(8): 084903.

[39] Ding L, Davidchack R L, Pan J. A molecular dynamics study of sintering between nanoparticles[J]. Computational Materials Science, 2009, 45(2): 247-256.

[40] Song P, Wen D. Molecular dynamics simulation of the sintering of metallic nanoparticles[J]. Journal of Nanoparticle Research, 2010, 12(3): 823-829.

[41] Buesser B, Pratsinis S E. Morphology and crystallinity of coalescing nanosilver by molecular dynamics[J]. The Journal of Physical Chemistry C, 2015, 119(18): 10116-10122.

[42] Seong Y, Kim Y, German R, et al. Dominant mechanisms of the sintering of copper nano-powders depending on the crystal misalignment[J]. Computational Materials Science, 2016, 123: 164-175.

[43] Li Q, Wang M, Liang Y, et al. Molecular dynamics simulations of aggregation of copper nanoparticles with different heating rates[J]. Physica E: Low-Dimensional Systems and Nanostructures, 2017, 90: 137-142.

[44] Li M, Hou Q, Wang J. A molecular dynamics study of coalescence of tungsten nanoparticles[J]. Nuclear Instruments and Methods in Physics Research Section B: Beam Interactions with Materials and Atoms, 2017, 410: 171-178.

[45] Jallo L J, Schoenitz M, Dreizin E L, et al. The effect of surface modification of aluminum powder on its flowability, combustion and reactivity[J]. Powder Technology, 2010, 204(1): 63-70.

[46] Sippel T R, Son S F, Groven L J. Aluminum agglomeration reduction in a composite propellant using tailored Al/PTFE particles[J]. Combustion and Flame, 2014, 161(1): 311-321.

[47] Hojin K, Nurul H S, Xin X, et al. Multiscale contact mechanics model for RF-MEMS switches with quantified uncertainties[J]. Modelling and Simullation in Materials Science and Engineering, 2013, 21: 085002- 085010.

[48] Hong S, van Duin A C T. Atomistic-scale analysis of carbon coating and its effect on the oxidation of aluminum nanoparticles by ReaxFF-molecular dynamics simulations[J]. The Journal of Physical Chemistry C, 2016, 120(17): 9464-9474.

[49] Liu J, Wang M, Liu P. Molecular dynamical simulations of melting Al nanoparticles using a reaxff reactive force field[J]. Materials Research Express, 2018, 5(6): 065011.

[50] van Duin A C T, Dasgupta S, Lorant F, et al. ReaxFF: A reactive force field for hydrocarbons[J]. The Journal of Physical Chemistry A, 2001, 105(41): 9396-9409.

[51] Chenoweth K, Van Duin A C T, Goddard W A. ReaxFF reactive force field for molecular dynamics simulations of hydrocarbon oxidation[J]. The Journal of Physical Chemistry A, 2008, 112(5): 1040-1053.

[52] Senftle T P, Hong S, Islam M M, et al. The ReaxFF reactive force-field: Development, applications and future directions[J]. NPJ Computational Materials, 2016, 2(1): 1-14.

[53] Plimpton S. Fast parallel algorithms for short-range molecular dynamics[J]. Journal of Computational Physics, 1995, 117(1): 1-19.

[54] Aktulga H M, Fogarty J C, Pandit S A, et al. Parallel reactive molecular dynamics: Numerical methods and algorithmic techniques[J]. Parallel Computing, 2012, 38(4-5): 245-259.

[55] Stukowski A. Visualization and analysis of atomistic simulation data with OVITO—The open visualization tool[J]. Modelling and Simulation in Materials Science and Engineering, 2009, 18(1): 015012.

[56] Humphrey W, Dalke A, Schulten K. VMD: Visual molecular dynamics[J]. Journal of Molecular Graphics, 1996, 14(1): 33-38.

[57] Berendsen H J C, Postma J P M, van Gunsteren W F, et al. Molecular dynamics with coupling to an external bath[J]. The Journal of Chemical Physics, 1984, 81(8): 3684-3690.

[58] Liu J, Liu P, Wang M, et al. Combustion of Al nanoparticles coated with ethanol/ether molecules by non-equilibrium molecular dynamics simulations[J]. Materials Today Communications, 2020, 22: 100819.

[59] Liu J, Liu P, Wang M. Molecular dynamics simulations of aluminum nanoparticles adsorbed by ethanol molecules using the ReaxFF reactive force field[J]. Computational Materials Science, 2018, 151: 95-105.

[60] Randall J T, Wilkins M H F. Phosphorescence and electron traps-I. The study of trap distributions[J]. Proceedings of the Royal Society of London. Series A. Mathematical and Physical Sciences, 1945, 184(999): 365-389.

[61] Stukowski A. Computational analysis methods in atomistic modeling of crystals[J]. Jom, 2014, 66(3): 399-407.

[62] Ramaswamy A L, Kaste P. A "nanovision" of the physiochemical phenomena occurring in nanoparticles of aluminum[J]. Journal of Energetic Materials, 2005, 23(1): 1-25.